酱腌菜生产一本通

· 徐清萍　主　编

· 支欢欢　副主编

化学工业出版社

·北京·

图书在版编目（CIP）数据

酱腌菜生产一本通/徐清萍主编. —北京：化学工业出版社，2017.5(2024.4重印)
ISBN 978-7-122-29130-1

Ⅰ.①酱… Ⅱ.①徐… Ⅲ.①酱菜加工②腌菜-蔬菜加工 Ⅳ.①TS255.53

中国版本图书馆 CIP 数据核字（2017）第 033948 号

责任编辑：彭爱铭　　　　装帧设计：韩　飞
责任校对：王　静

出版发行：化学工业出版社（北京市东城区青年湖南街 13 号　邮政编码 100011）
印　　装：北京盛通数码印刷有限公司
850mm×1168mm　1/32　印张 11¼　字数 302 千字
2024 年 4 月北京第 1 版第 8 次印刷

购书咨询：010-64518888
售后服务：010-64518899
网　　址：http://www.cip.com.cn
凡购买本书，如有缺损质量问题，本社销售中心负责调换。

定　　价：39.80 元　

前言

FOREWORD

经过酱、盐、糖、醋等渍制而成的酱腌菜，具有风味独特、口感鲜脆等特点，既可有效缓解蔬菜淡季供应不足的现象，又可作为日常开胃小菜。酱腌菜种类繁多，历史悠久，生产加工企业众多，但也存在着一些问题，如产能分散、中小企业技术落后、从业人员质量意识淡薄等。

为了系统地总结酱腌菜生产中存在的问题及可能的解决方法，促进酱腌菜工业的发展，为从事酱腌菜生产的技术人员提供参考，我们编写了本书。本书着重介绍有关酱腌菜生产所用原辅料的选择及处理、酱腌菜生产通用工艺、各类酱腌菜的配方及工艺、生产设备、质量控制要求等。

本书由郑州轻工业学院徐清萍教授主编，支欢欢博士副主编，纵伟教授参加了部分章节的编写。本书在编写过程中查阅了大量相关文献，由于篇幅有限，参考文献未能一一列出，在此，谨向文献的作者表示衷心感谢！

由于笔者水平有限，不当之处在所难免，敬请读者批评指正。

编者

2016. 12

目录

CONTENTS

第一章

酱腌菜加工原辅料

第一节　酱腌菜原料选择及预处理

酱腌菜的主要原料是蔬菜。我国蔬菜资源十分丰富，蔬菜种类很多。在同一种类中，有许多变种，每一变种中又有许多品种。蔬菜有三种分类法：植物学上的分类；按照食用器官的分类；按照农业生物学的分类。从加工上讲，以食用器官的分类较为适宜。

按照食用部分的器官形态分类，可将蔬菜分为根、茎、叶、花和果五类。并不是所有蔬菜均适合制作腌制品，制作腌制品以根菜类和茎菜类为主，还有部分叶菜类和瓜果类，而花菜类是很少的。此外，有些果仁、果脯、海藻及野生植物也可用来加工酱腌菜。由于取用部位不同、要求各异，差异很大，无法统一规格。但总的来说，腌制用的蔬菜必须新鲜，无病虫害，肉质应紧密而脆嫩，粗纤维少，以在适当的发育程度时采收为宜。各种不同的蔬菜，其规格质量和采收成熟度均能直接影响到蔬菜腌制品的品质，必须充分考虑。现分别介绍如下。

一、根菜类

根菜类蔬菜指具有可食用的肥大肉质直根的蔬菜，分为肉质根类，如萝卜、胡萝卜、大头菜、芜菁等；以及块根类，如豆薯、葛等，其中以萝卜和胡萝卜栽培最广。

(一) 萝卜

萝卜，又名莱菔、芦菔，属十字花科，一年或二年生的直根作物。我国是萝卜栽培起源地，古已有之。

萝卜原为野生植物，经过我国劳动人民长期的驯化培育，品种不断增加。从季节上分为冬萝卜、春萝卜、夏秋萝卜及四季萝卜；以形状来分，有长、圆、短筒等；按颜色分，有红皮、青皮、紫皮、白皮等。

萝卜的种类繁多，据统计大约100多个品种。作腌制品原料的萝卜，要求肉质厚皮薄，质地紧密，嫩脆味甜，辣味少，不糠心，干物质含量高，不带苦味，无粗纤维，幼嫩时采收，圆球形或卵圆形。

为了便于生产应用，依萝卜收获期的不同，分为四类。

(1) 四季萝卜　湖北省、江西省等地栽培品种为红皮四季萝卜，根皮洋红色，肉白色，味微甜，可生食和熟食，也可干制及腌渍。

(2) 春萝卜　浙江省杭州市郊栽培品种为杭州洋红萝卜，皮全部为深红色，肉白色，皮薄多汁，肉质极脆嫩，味甜不辣，最适于小吃，收获后多运往上海、苏州各地作水果出售。

(3) 夏秋萝卜　产地北京市郊，栽培品种为北京象牙白萝卜，根外皮白色、光滑，根头部有时也带浅绿色，肉白色，肉质致密细嫩，含水分中等，味淡，适于酱渍加工，北京酱萝卜均用此品种。

(4) 冬萝卜　心里美萝卜：北京市郊栽培品种，长圆形、球形或圆锥形，根皮绿色、白色、粉红色或紫色，肉为鲜艳的紫红色。北京心里美萝卜现除少数地区外，均有栽培。青海省西宁市栽培后，称之为最好的果用萝卜，肉质脆味甜，宜于生食。

天津青萝卜：肉淡绿色，质细密，汁多，宜于生食。

露头青萝卜：河南洛阳市郊盛行栽培品种露头青，品质上等，适宜腌渍。

透顶白：山东济南市郊多栽培透顶白，肉皮均白，肉质致密，适于腌渍。

系马桩萝卜：湖北武汉市及黄冈、武穴等地栽培品种系马桩萝卜，根长圆筒形，长30～50cm，根下部分露于上面，故称“系马桩”。根皮色出土部分为绿白色，入土部分为微带淡紫的白色，根肉白色，含水分较少，宜腌渍加工、酱渍。

黄州萝卜：湖北黄冈栽培的黄州萝卜，纤维素少，汁多而脆，品质佳，适宜腌渍、泡渍或干制。

圆白萝卜：江苏如皋地方特产，品质洁白、脆嫩、甘甜，素有“如皋萝卜赛雪梨”之称，适合腌制萝卜条。

此外，适宜腌制的萝卜品种还有济南的算盘子、南京的皇城小萝卜和成都白玉春等。

（二）胡萝卜

胡萝卜为伞形科二年生草本植物，原产中亚细亚一带，元朝时传入我国。

胡萝卜品种较多，依肉质根的皮色可分为红、黄、紫三类；依肉质根的形状可分为长圆柱形、长圆锥形和短圆锥形三类。

（1）长圆柱形　根细长，肩部粗大，根前端钝圆，晚熟。主要品种有南京长胡萝卜、上海长胡萝卜、湖北麻城棒槌胡萝卜、浙江东阳黄胡萝卜、安徽肥东黄胡萝卜、河南杞县胡萝卜等。其中内外均为红色，中柱细者最适于酱渍。河南杞县酱胡萝卜和扬州、镇江什锦菜中的酱胡萝卜就以此种胡萝卜为原料。

（2）长圆锥形　根细长，前端尖，味甜，耐储藏，多为中晚熟种。如烟台五寸胡萝卜、汕头红萝卜等，它们只宜生食或熟食。

（3）短圆锥形　早熟，产量低，春栽抽薹迟。如烟台三寸胡萝卜等，均不适于酱渍。

（三）大头菜

大头菜，又名大头芥、辣疙瘩、芥菜疙瘩等，为一二年生草本植物，开小黄花，叶大，根块小，质密，云南、广东、山东、辽宁均有栽培。大头菜的根是做酱腌菜的原料，云南玫瑰大头菜、浙江南沼大头菜、湖北襄樊大头菜、开封大头菜等产品在国内外颇负盛名。

作腌制原料的大头菜，要求肉质根皮厚而硬，肉质致密坚实，水分少，肉白色，未抽薹，不糠心。适宜腌制的品种有四川成都大头菜、四川内江红缨子大头菜、浙江慈溪板叶大头菜、山东济南疙瘩菜、云南昆明油菜叶大头菜、湖北来风大花叶大头菜等。大头菜经过腌制后，由于酶的作用，氨基酸和糖的含量增多，是腌制酱菜、咸菜、干菜的最好原料之一。

(四) 芜菁

芜菁，又名蔓青，为十字花科二年生草本植物，主要产于我国北部。肉质根可供鲜食、煮食，有的可做酱腌菜。

腌渍用芜菁要求是青白色，肉质细密，组织紧脆，表皮光滑，无须根和糠心，单个重量在125～250g。分为扁圆种和圆形种，扁圆种如浙江温州的盘菜，直径约20cm，纵径5～7cm；圆形种如北京的光头蔓菁。

(五) 芜菁甘蓝

又名洋大头菜，武汉叫土苤蓝。为二年生草本植物，根部肥大，很像芜菁，球形或纺锤形，皮色有白色与稍带红色的两种，单根重0.5～1kg。

芜菁甘蓝耐寒，生长适温13～18℃，幼苗能耐－2～－1℃，播种期比冬萝卜早，生长期90～120天。因为芜菁甘蓝和芜菁、大头菜有相似之处，因此，也往往用作制大头菜的原料。

二、茎菜类

茎菜类蔬菜分为地上茎类和地下茎类。地上茎分为嫩茎类及肉质茎类，嫩茎如莴苣、菜薹、蒜苗、茭白等；肉质茎如榨菜、球茎甘蓝（苤蓝）等。地下茎的食用部位生长于地下，又分为块茎类如马铃薯、菊芋、山药等；根状茎类如藕、姜等；球茎类如荸荠、芋等；鳞茎类如大蒜、葱头等。

(一) 莴苣

莴苣有叶用莴苣和茎用莴苣两种。叶用莴苣，又名生菜，宜生食；茎用莴苣，又名莴笋，可生食、熟食、腌渍及干制。我国各地都有栽培，以广东、广西及长江流域较为普遍。其肥大嫩茎和嫩叶可供炒煮凉拌，又是盐渍、酱渍、糖渍的好原料，加工成品可供终年食用，是我国广大人民所喜爱的品种。著名的潼关酱笋、西安油泼笋丝、扬州和镇江的酱香菜心和油辣香菜心以及河南商丘的酱虎皮菜就是以莴笋为原料制作的，还外销日本和东南亚等地。

供腌渍的莴笋要求皮薄肉嫩脆，横径 4～5cm，表皮白绿色，肉质浅绿色。质地新鲜脆嫩，无伤疤，无烂斑，无空心，无软腐，以晚期收获的莴苣较好，因晚期收获莴苣比早期收获莴苣含水量少而干物质多，出品率高，成本低。供腌渍的部分品种有北京紫叶莴苣、上海市郊的大圆叶莴苣、湖南竹篙莴苣、湖南长沙的竹竿莴笋等。

(二) 苤蓝

又名球茎甘蓝，它以肥大的茎供食，可以鲜食，也可以加工腌制。我国的西北、华北等地栽培较多，有大型种和小型种两种。大型种的叶片较大，球茎每只重 1～1.5kg，陇西的大苤蓝球茎重达 4～4.5kg；小型种叶片较小，球茎每只重 0.25～0.5kg，如北京的早白。

(三) 大蒜

蔬菜栽培学专家将大蒜列为葱蒜类蔬菜。它的可食部分为地上茎，由许多层叶鞘包裹而形成的假茎是叶用大蒜，蒜苗（薹）是大蒜的花茎，由茎盘所生的侧芽发育形成的鳞茎叫蒜头。除叶用大蒜外，蒜苗和蒜头都可以用于加工酱腌菜。咸蒜苗、糖醋蒜苗、咸蒜头、糖醋蒜头、蜂蜜蒜米、白玉蒜米等都是它们的加工产品。

蒜头按鳞茎多少分为四瓣蒜、六瓣蒜、八瓣蒜、九瓣蒜；按皮色分类有白皮大蒜和紫皮大蒜两种，其中紫皮大蒜又有大红皮和小红皮之分。

腌制用蒜要求蒜皮洁白，鳞茎肥大，蒜头高 4cm 左右，横径 4～5cm，每个蒜头有蒜瓣 7～8 个，结瓣完整，质地脆嫩新鲜，不干瘪，不发芽。如山东产的济南大蒜皮白色、蒜头大，每个有7～8个蒜瓣，湖北黄冈的白蒜蒜头较大而整齐、质量好，吉林的白皮马牙蒜品质较优，河南的中牟大蒜个大皮白，以上四个品种均适宜腌制。

(四) 薤头

外形同韭菜，花紫红白色，鲜茎为加工腌制的原料。薤头为华中特产，现全国有些地区已引进栽培，以湖北武昌梁子湖产的为最佳，是适合外销的甜咸腌制佳品。

(五) 青菜头

俗称榨菜，属茎用芥菜，取用部位是膨大的茎，每年春季采收。腌制用青菜头要求菜体粗短，瘤状突起明显，不开裂、不空心，纤维少，优良品种有草腰子、蔺市草腰子、三转子、露酒壶、鹅公苞、碎叶种、涪丰 14 和永安小叶等。

这种茎用芥菜的播种期，因气候条件不同，大多数在八月、九月、十月。生长期一般为 150 天左右，少的 120 天，多则 180～190 天，故榨菜加工多集中在第一季度，每只菜头以 250g 左右为宜。

(六) 生姜

姜是宿根性单子叶草本植物，我国自古栽培，分布南北各地，长江以南栽培很普遍。姜除直接作为烹调的佐料外，还广泛用于加工成酱腌菜，如扬州的酱佛手姜、湖北蕲春的酱油姜、安徽铜陵的糖冰姜，各地什锦菜、八宝菜中也都配有姜丝、姜丁。

姜的食用部分是地下块状根。块状茎可分为初生根茎，以后发育成“母姜”，母姜在生出新芽的同时陆续膨大形成二次生根茎，叫子姜，子姜在生出新芽的同时又陆续膨大形成三次生根茎，称为孙姜。依此类推，四次生和五次生根茎叫曾孙姜和玄孙姜。子姜和孙姜肉质肥大，是每株姜的重要部分，也是加工的好原料，酱腌菜一般要求用子姜作原料即源于此。

供腌制用的以嫩姜为主，要求姜体肥大，新鲜饱满，皮色浅黄，姜芽淡红，肉质脆嫩，粗纤维少，辣味淡，不皱缩，不腐烂。品种有浙江红瓜姜、福建红芽姜、广东大肉姜、四川蛾眉姜、湖北来凤姜等。

生姜的收获季节因气候和用途不同而有差异。广东、广西 7 月即可开始收姜，长江流域一般在 9～10 月收姜，中秋节前收的姜较嫩，作种姜及调味品可晚收；作酱腌菜的原料宜早收，以保证生姜含纤维少，肉质嫩。

（七）草石蚕

草石蚕又名宝塔菜、甘露、螺丝菜、地梨、地环等，属唇形科草本宿根植物。我国自古栽培，主要分布在长江流域，目前在西北地区和内蒙古也大量种植。

草石蚕食用部分为地下茎，白色，肉质柔嫩，是作酱腌菜的好原料。

草石蚕三、四月种植，六、七月开淡紫色小花，花后结成黑色小坚果。秋季自根际发生地下茎，其先端膨大，成蚕蛹形，故名草石蚕。草石蚕最多有 5～6 环，少的 3～4 环，3 环以下的只能作低档酱腌菜的原料。

（八）藕

藕属睡莲科，为多年生水生草本植物，在我国栽培约有 3000 年历史。

作为酱腌菜原料的部分是地下茎。早藕脆嫩，适于加工酱菜，早藕在立秋以后 20 天即可采收。老藕一般含淀粉 20%，藕的切片可做酱菜、蜜饯。

藕有浅水藕和深水藕两类。浅水藕藕和叶子都比较短小，适合在15～30cm深的水层中种植的莲藕，有名的有苏州花藕、湖北六月报、重庆反背肘、广东玉藕、南京花香藕等。藕鞭上初生的叫母藕，母藕节上抽生肥大的一次分枝叫子藕，子藕还可以抽生孙藕。深水藕是指藕节细长，茎叶高大，适合在0.6～1m的深水中栽培的莲藕，多为观赏莲花用，莲花多复瓣，以淡紫红为佳。

（九）菊芋

菊芋，又名土姜、地姜、洋姜、鬼子姜、姜不辣等，是多年生草本宿根植物。菊芋的地上茎多为绿色，细而长，开黄色小花，地下茎为不规则椭圆形，皮黄褐色，肉白色，秋末收获，肉质致密脆嫩，可作酱腌菜原料。

三、叶菜类

叶菜是以蔬菜植物的肥嫩叶片、叶鞘和叶柄供食用的一大类蔬菜。叶菜的品种繁多，既有生长期短的快熟菜（如小白菜、小油菜），又有高产耐储运的品种（如大白菜、洋白菜），此外还有调味的蔬菜品种（如韭菜）。叶菜类蔬菜是加工腌制的主要原料，如大白菜、小白菜、芥菜、包心菜、包心芥菜、葱、韭菜等。

叶菜按照产品的形态特点可分为三种类型。

（一）普通叶菜

普通叶菜是以幼嫩的绿叶、叶柄或嫩茎为产品，生长期短，属于快熟菜或速生蔬菜。常见的品种有小白菜、油菜、菠菜、芹菜、苋菜、芥菜、太古菜、生菜、根刀菜等。

（二）结球叶菜

结球叶菜叶片大而圆，叶柄宽而肥嫩。在蔬菜生长的末期，其叶片具有包心结球的生物学特性，形成紧实的叶球产品，主要品种是大白菜和结球甘蓝。

（三）香辛叶菜

这类叶菜为绿叶蔬菜，但叶片和叶柄中含有挥发油，具有特殊芳香或辛辣味，是一种调味蔬菜，如大葱、韭菜、香菜、茴香等。而腌制咸菜时以下 4 种应用较为普遍。

1. 雪里蕻

雪里蕻的维生素 C 含量丰富，维生素 B_2 的含量也不少，还含有很多磷和钙，是腌制菜的主要原料。

供腌制的雪里蕻，要求菜质新鲜，分枝多，色泽深绿，组织脆嫩，无病虫害，无黄叶老叶。

2. 大白菜

也叫结球白菜、黄芽白或色心白，在结球期的茎极短，在正常情况下，呈球形或短圆锥形。

大白菜是我国冬季主要蔬菜，可做酱腌菜的原料，著名的京冬菜、津冬菜都是以大白菜为原料加工而成的。

3. 箭杆白菜

又名高脚白菜，我国普遍栽培，箭杆白菜株高 30～60cm，叶绿或深绿色，叶柄白色细长，基部稍向内弯曲，叶柄有圆形与扁形，圆形的长而较细，且水分较少，适于腌制，且腌制后储藏时间较长不变质。

4. 芹菜

芹菜属伞形花科的二年生蔬菜，主要以叶柄供食，芹菜所含有挥发性的芹菜油具香味，能促进食欲。

芹菜分为本芹和洋芹两种，我国栽培的多为本芹，少数沿海地区及北京有洋芹栽培。本芹叶柄细长，洋芹叶柄宽厚，又依叶柄颜色分为白色种和青色种，主要品种有早青芹、晚青芹、白芹等。

四、花菜类

以幼嫩的花器官作为食用产品的蔬菜种类不多，主要有菜花、黄花菜和韭菜花，鲜黄花菜主要用作加工干黄花菜的原料，韭菜花是腌制的原料，可做成咸韭花及韭花糊。

（一）黄花菜

又名金针菜，属百合科。黄花菜花蕾部分可供食用，其肉质根也可食用或酿酒，其叶可作饲料或作为造纸和人造棉的原料。酱黄花菜是酱菜中的高档产品，酱黄花菜是安徽亳州和河南商丘的传统产品。

(二) 韭菜花

韭菜和大蒜、葱、圆葱及葱头同属葱蒜类蔬菜。韭菜在我国南北方都普遍栽培，它是多年生植物，一次播种以后，可以生长多年，每年又可以采收多次，除采收青韭外，还可以收韭菜薹和韭菜花。韭菜经软化栽培可以采收韭黄，韭菜花可以作为咸韭菜花的原料，韭菜中含硫化二丙烯，具有特殊香气，深受我国北方人的喜爱。

腌制用的韭菜花宜在开花盛期而不结籽时采收，种子已经充实的则不宜使用。

五、果菜类

果菜是蔬菜中一大类别，产品形态各异，此类蔬菜供食用的器官是果实和幼嫩种子。由于果实的构造特点不同又可分以下三类。一是瓜类，瓜类蔬菜种类多，目前栽培有 10 余种，其中最主要的有黄瓜、冬瓜、西葫芦等，其次是南瓜、瓠瓜、丝瓜、苦瓜等；二是茄果类，茄果类蔬菜是以茄科蔬菜的果实为食用产品的，主要有西红柿、茄子和辣椒等；三是豆类，豆类蔬菜是以豆科蔬菜的嫩豆和幼嫩种子作为食用产品的，种类很多，主要有菜豆、扁豆、蚕豆等。

(一) 茄子

茄子属茄科，系茄果类蔬菜。茄子有长茄、圆茄和卵茄三个类型。

1. 圆茄类

植株高大、健壮，叶大而厚，呈浓绿色，花大，呈淡紫色。果实为大型种，呈圆形或长圆形，果实为黑紫色、赤紫色至白色，肉质致密优良。

2. 长茄类

植株中大，茎枝叶稍较圆茄类为小，果形细长，前端稍弯曲，果形由细长到粗棒状，果色由黑紫、赤紫到绿色、白色。

3. 卵茄类

植株一般较矮，茎枝横展，果形为椭圆或卵圆等，果实由黑紫、赤紫到绿色，属优良品种。

我国茄子按成熟期可分为三类。一是早熟种，如南京的紫面条茄（也叫狗尾巴茄）、上海的牛奶茄、杭州的红茄、宁波的线条茄、广州的早红茄和早青茄、成都的早红茄、长沙的茄包茄、武昌的兰草花等；二是中熟种，如湖南白荷包茄、江西牛角紫茄、成都竹线茄、重庆牛奶茄、衡阳油罐茄、广州南头茄和荷包茄；三是晚熟种，如北京八叶茄和九叶茄、黄岩白茄、成都墨茄。

凡是用于加工酱腌菜的茄子都必须鲜嫩，子房中已经可以看到种子的茄子不适于作酱腌菜的原料。

（二）辣椒

辣椒属茄科，系茄果类蔬菜，可食部分为果实和嫩叶。在我国，辣椒果实被广泛用作酱腌菜的原料及辅料。

辣椒有樱桃椒、圆锥椒、簇生椒、长形椒、灯笼椒五类，樱桃椒多作为观赏用。目前栽培的主要品种有灯笼椒和长形椒，也有圆锥椒及簇生椒。甜辣椒属于灯笼椒类型，如上海茄门椒、北京甜椒、东北大甜椒、柿子椒等，多为中晚熟种，味甜、内厚，作为鲜菜食用。

长形椒，其中有的作为鲜食用，但很大一部分品种作为调味的干辣椒用和作酱腌菜的主料用，如天津的蒜蓉辣酱。我国南方主要的辣椒品种有上海茄门椒、武汉矮脚黄、杭州羊角椒、成都二斧头，以及湖南的朝天椒、伏地椒、矮树椒等。

（三）黄瓜

黄瓜又名胡瓜、王瓜，以幼嫩的果实供食，生食、热食、盐渍及酱制，各具风味。黄瓜品种很多，按果形分为刺黄瓜类、鞭黄瓜类、短黄瓜类和小黄瓜类四类，其中适于生食、熟食者占多数，适于盐渍和酱制的有部分刺黄瓜、小黄瓜，如北京的虾油黄瓜、锦州的虾油小黄瓜和上海的甜酸黄瓜等。

我国黄瓜栽培期很长，有春黄瓜、夏黄瓜、秋黄瓜，广东有时冬季也可栽培，所以，从全国来说，一年四季都可以吃到黄瓜，但适于加工的是春黄瓜和秋黄瓜。按皮色，黄瓜有白皮和青皮两种，青皮种肉层较厚，要求横径 2～3cm，长 8～12cm，条形直而整齐，无鸡头、大肚及斑疤，果实饱满，籽少肉厚，粗细均匀，新鲜而脆嫩，乳熟期时采收。

（四）苦瓜

苦瓜，又名金荔枝及癞蛤蟆，个别地方叫它癞葡萄，因其果实有苦味，故名苦瓜，原产东印度，在南方各地均有栽培。果实一般为纺锤形，果面有许多瘤状突起。幼果绿或浅绿色，老熟后为橙红色，易裂开，果瓤红色有甜味，种子为鲜红色果瓤包被。在北方，有的地方作观赏用，只吃甜果瓤，不吃苦瓜皮，湖南省有用苦瓜作酱腌菜的习惯，产品叫苦瓜花、苦瓜脯。

（五）菜瓜、越瓜、甜瓜

菜瓜是甜瓜的变种之一，是我国酱瓜的主要原料。著名的山西酱玉瓜、南通酱瓜、安徽蚌埠培瓜等都是用菜瓜作原料的。

菜瓜的主要品种，一是青菜瓜，果实长棒状，横端稍大，表面粗糙，底色黑绿，有淡绿色的细条纹 10 条，肉绿白色，质地坚硬；二是花色菜瓜，果长 50～60cm，果皮色浓绿，有白色条纹，皮较厚，肉质脆。选作酱瓜的原料，必须采用初伏瓜，它的肉厚膛小，瓜子不多，皮薄肉嫩，长 30cm 左右，老熟后品质下降。

越瓜也是甜瓜的变种之一，也称“梢瓜”，福建的酱越瓜就是用它作原料的，主要品种有白皮梢瓜、花皮梢瓜等。

甜瓜中的普通甜瓜，果实圆筒形或卵圆形，外皮光滑，也有出现纵沟或突起的，果皮黄色、绿色或白色，果肉白色或淡绿色。果实多汁而味甜，有香气，为南方消夏解暑的优良瓜果之一。但在幼嫩时期，可以作为酱包瓜的瓜皮，如北京的八宝瓜、山东的甜包瓜等。适于作瓜皮的甜瓜要求每千克有 6～8 个。

（六）豇豆

豇豆又名豆角、长豆角、角豆、带豆等，在我国南北方均有栽培，在长江流域自 3 月下旬开始至 7 月播种，5 月下旬至 11 月收获。用豇豆作酱腌菜原料的较少，如锦州虾油什锦小菜中配有幼嫩的豇豆，它的直径只有 3～5mm 时就采收，但在四川、湖北、湖南等省多用作泡菜的原料。

（七）菜豆

菜豆又名四季豆、芸豆、玉豆等，为一年生草本植物，在冬季温暖的华南地区可作多年生栽培。菜豆的嫩豆荚和老熟种子都可以食用，以熟食为主，还可以做成罐头，只有个别地方作为酱腌菜的原料，如锦州虾油什锦小菜中配有虾油小芸豆，虾油小芸豆取最幼嫩的豆荚，荚长只有 3cm 多，籽极嫩，这种豆晚春栽培，立秋前后来收。

菜豆虽然也叫刀豆、扁豆，但在植物学上是有区别的，菜豆为豆科菜豆属，扁豆又名鹊豆、面豆、沿篱豆等，为豆科扁豆属。

（八）刀豆

刀豆为一年生草本植物，在冬季温暖的华南地区可作多年生栽培。一般栽培的刀豆有蔓性刀豆和矮性刀豆两种，我国栽培的主要是蔓性刀豆，又叫大刀豆。蔓粗壮，长 2.5～3m，花淡紫红色，种子淡红色，荚宽 3cm 左右，长 33cm 左右，为晚熟种。湖南省用刀豆作原料可制成酱刀豆、辣椒刀豆、泡刀豆、甘草刀豆、刀豆花多种产品，其中刀豆花是菜脯，味甜，微咸酸，鲜红色，有透明感，造型多种多样，非常美观。

第二节 酱腌菜辅料

酱腌菜生产的主要原料是蔬菜，但在生产过程中大多要加入一些不同的辅助原料，加入的辅助原料对酱腌菜的色、香、味、体起着很大的作用，有的甚至起着决定作用，辅料对提高酱腌菜质量、延长保存时间也起重要作用。

酱腌菜的辅料由多种调味料及香辛料组成。各种调味料和香辛料的选用，应当适合酱腌菜生产的特点，利于保持和增进酱腌菜产品的风味，适合当地人民群众的不同需要。常用的辅助原料有食盐、水、调味品、香辛料、甜味料、着色料、防腐剂等。

一、食盐

食盐是酱腌菜的主要辅助原料之一，使酱腌菜具有咸味，并可与谷氨酸结合成为谷氨酸钠而具有鲜味，更重要的是食盐具有防腐作用，使酱腌菜能够长期储存。

食盐的质量直接影响酱腌菜的质量，从加工角度要求，选择食盐应注意以下几点：水分及夹杂物要少；颜色洁白；氯化钠含量高（应在97%以上）；含其他盐类（如氯化钙、氯化镁、硫酸钙、硫酸镁、硫酸钠等）要少，含其他盐类过多会使酱腌菜带有苦味，使酱菜品质降低；以干盐处理时，盐必须干燥不结团块，必要时需炒过再用，用量通常按准备就绪的菜重计算。加盐时往往与菜一同搓揉，其目的在于破坏菜的外皮，促进盐分的渗透，使菜汁可以迅速地抽出，淹没菜体，对腌制有利。

二、调味品

酱腌菜的风味除本身蔬菜所含特殊成分和生产过程中发酵产生的风味外，主要是靠加入调味品来形成的。酱腌菜生产中常用调味品有酱油、酱、食醋、味精等。

（一）酱类

酱是酱腌菜生产的主要辅助原料。酱腌菜质量的好坏在很大程度上是由酱的质量来决定的，特别是风味与酱的质量有直接的关系。

酱有黄酱和面酱两类。黄酱，又称豆酱，用蒸熟的黄豆拌和生面粉后制成豆曲，再将豆曲加盐水制成酱醅，经日晒而成。豆酱应具有红褐色或棕褐色，鲜艳有光泽，有酱香和酯香味，无其他不良气味，咸淡适口，味鲜而醇厚，无焦苦和酸味及其他异味，体态黏稠适度，不稀拉，无霉花和杂质。

黄酱含有丰富的蛋白质和多种维生素等营养成分。黄酱分为干黄酱和稀黄酱两种。黄酱既是生产花色调制酱的主要原料，也是生产酱菜的辅料及其他调味品的调味料。黄酱质量的好坏直接影响着相关产品的质量优劣，决定着相关产品色、香、味的形成。

面酱是用面粉制成的，经制曲、发酵酿制而成，有甜面酱和稀甜面酱之分。按面酱生产的方法不同，又可分为火烤面酱和天然面酱。面酱为我国民间传统的调味料，由于生产时所用的原料及配比不同，生产工艺操作的不同，所以成品的特点及用途也不一样，如北方的火烤甜面酱主要作佐餐和烹调用，稀甜面酱和天然面酱作酱腌菜用，味鲜甜。大部分酱腌菜都用面酱生产，少部分用黄酱或两种酱混合使用。

甜面酱制醪时盐水的数量少，成品含水量较少，而稀甜面酱制醪时盐水用量较多，成品含水量较高。全国各地制作稀甜面酱的工艺不同，产品风味各异。

一般酱腌菜都用稀甜面酱，有些高档酱腌菜往往用两次酱，先用黄酱渍一次，再用甜面酱渍一次，这种酱渍菜风味更好。

（二）酱油类

酱油为我国传统调味品，以黄豆、豆饼、面粉、麸皮为主要原料，生产方法按生产工艺不同可分为高盐固稀发酵法、高盐稀醪发酵法、低盐固态发酵法和无盐固态发酵法四种酿造方法。前两种方法酿造的酱油色泽红褐、酱香浓郁、滋味鲜美，最适于酱菜使用，可分为天然发酵和人工控制发酵两种，以天然发酵的酱油色、香、味最好。后两种方法发酵的酱油质次，一般不宜在酱腌菜加工中使用。

酱油感官质量要求红褐色或棕褐色，鲜而有光泽，不发乌，酱香味和酯香味浓，无其他不良气味，咸甜适口，味鲜美而醇厚，无苦、涩、酸、霉等异味，体态澄清，浓度适当，无沉淀、霉衣浮膜。

（三）食醋类

食醋是具有芳香的酸性调味品。我国食醋多以含淀粉、糖、酒等原料酿造，其中用得最多的是含淀粉原料。以淀粉原料酿造食醋要经历液化、糖化、酒精发酵、醋酸发酵四个生化阶段，其中醋酸发酵在固态下进行的，叫固态发酵法，在液态下进行的叫液体发酵法。用于酱腌菜的食醋要求呈琥珀色或红棕色，具有食醋特有的香气，无其他不良气味；酸味柔和，稍有甜味，不涩无异味；体态澄清，浓度适当，无悬浮物和沉淀物，无霉花浮膜和醋螨等杂质。

（四）味精

味精是谷氨酸钠的商品名称，它的主要成分是谷氨酸钠，在酱腌菜生产中使用可增加产品的鲜味。味精在酸性介质中容易生成不溶性的谷氨酸，从而降低鲜味，故一般不用于酸泡菜类中，主要用于酱菜中。

味精用水稀释3000倍仍感到鲜味，根据这个特点，味精使用量不需很多就能达到增加鲜味的目的，而使用晶体味精时最好先用少量开水化开后再拌入酱腌菜中。

三、甜味料

除稀甜面酱外，干制酱菜和卤性酱菜主要使用白砂糖、红砂糖、绵白糖、饴糖、蜂蜜、糖精及其他甜味剂，以增加甜味。

白砂糖是食糖中品质最好的一种，含蔗糖达99%以上，色泽洁白明亮，晶粒晶莹整齐，水分、杂质、还原糖含量均少，在生产中使用较广泛。

糖精是人工合成的、具有甜味的物质，化学名称为邻苯甲酰磺酰亚胺。市售的“糖精”实际是糖精钠，是邻苯甲酰磺酰亚胺的钠盐，呈白色结晶状或粉末状，易溶于水，无营养价值，其甜度为蔗糖的500倍，后味微苦。食品中有十万分之一的糖精含量就能尝出甜味，浓度过大会有苦味。食用16～18h以后全部随同粪尿排出，排出时化学结构无变化。根据我国食品添加剂使用卫生标准规定，其在酱腌菜中最大使用量为0.15g/kg。糖精在用量不太大的情况下虽然还未发现其有致癌致畸问题，但尽量不用或少用为宜，因为用量少了不甜，用量多后味苦，而且没有营养价值。

红砂糖是一种带糖蜜的结晶糖，晶粒较明显，赤红色，含总糖分（蔗糖和还原糖）89%，糖蜜、水分等含量较大。酱腌菜生产使用的红砂糖除增加甜味外，还可增加色泽。

绵白糖，又称绵糖、白糖，色白、棉软细腻，入口易化，有特殊风味，其含水量和还原物质通常高于白砂糖，不易储存。绵白糖有两种，一种是精制绵白糖（全糖度为97.37%以上），质量好；一种是土法制的绵白糖（全糖度也在97.37%以上），色泽较暗或带微黄。

饴糖，也称麦芽糖浆、水饴或糖稀，由一分子的麦芽糖和一分子的葡萄糖组成。它是由含淀粉的粮食制成的，含有大量的麦芽糖及糊精，能增加腌菜的甜味及黏稠性，适用于甜蒜头等，还具有增加色泽，保护光泽的作用。由于饴糖甜味差，加工时还需加其他糖来提高甜味，故在外销产品中一般不使用。

蜂蜜又称蜜糖，为蜜蜂采取花的甜汁酿制而成，主要成分是果糖。蜂蜜较纯净，甜度、鲜味均较好，是一种较高级的甜味料，价格也较高。因此只有少数出口产品才使用蜂蜜，如蜂蜜蒜米等。

安赛蜜，又称为乙酰磺胺酸钾、A-K糖、乙酰舒泛钾。安赛蜜是目前世界上第四代合成甜味剂，类似糖精，易溶于水，没有营养，口感好，无热量，具有在人体内不代谢、不吸收，对热和酸稳定性好等特点。它和其他甜味剂混合使用能产生很强的协同效应，一般浓度下可增加甜度30%～50%。

四、着色料

酱腌菜品种的色泽可以影响其质量，如蔬菜腌渍制品多数不用着色，瓜类、蒜苗、豇豆、辣椒、胡萝卜等应尽量保持蔬菜本身的天然色泽，而有些产品如酱萝卜、甜咸大头菜等应使其改变颜色，才能体现出一定的特色，同时改善酱菜的外观和风味。这在加工中就需要使用一定的着色料，即色素。

酱腌菜生产中使用的着色料主要有酱色、姜黄等。酱油、食醋及红糖等在增加制品风味的同时，也可改变产品的颜色。

（一）酱色

酱色是传统的食品着色料，使用范围广泛，用量较多. 一般以饴糖为原料，经加热熬制而成。如大头芥加工复制的紫香芥、兰花芥及蜜枣萝卜头等干制酱菜，就是以酱色为辅料，增加色泽来改进制品的外观。

（二）姜黄

姜黄是一种中药材，其黄色色素的主要成分是姜黄素。将姜黄洗净晒干磨成粉末即得姜黄粉，是我国民间传统的食用天然色素。在蔬菜腌渍品上，主要用于黄色咸萝卜等制品上，其使用量可根据正常生产需要使用。

五、防腐剂

高温季节酱腌菜很易受到一些细菌、酵母及霉菌的作用而变质，使酱腌菜的保质期缩短，因此蔬菜腌制品在储存时，为了延长储存期限，可根据生产中的情况添加少量的防腐剂，以抑制细菌、酵母、霉菌等微生物的生长繁殖。酱腌菜生产中主要使用的防腐剂有苯甲酸及其钠盐、山梨酸及其钾盐、冰醋酸等，但必须严格遵守《食品添加剂使用卫生标准》（GB 2760—2015），限量使用。

（一）苯甲酸钠

又名安息香酸钠，为白色颗粒和结晶状粉末，易溶于水和乙醇，在酸性环境中防腐作用强，对较广范围的微生物有效，尤其是对霉菌和酵母菌作用较强，但对产酸菌作用较弱。在酱腌菜中最大使用量为 0.5g/kg。

（二）山梨酸钾

又名 2,4-已二烯酸钾，为无色至白色的鳞片状或粉末状结晶，是较好的防腐剂，对霉菌、酵母菌及好气性细菌均有抑制作用，但对厌气性芽孢菌和嗜酸乳杆菌作用较弱。最大使用量为 0.5g/kg。

（三）天然防腐剂

有人以中药肉桂提取物肉桂酸作为复配原料的主要成分，复配壳聚糖、茶多酚、聚赖氨酸及曲酸，作为酱腌菜天然防腐剂取得较好成效，其中起抑菌作用的主要是肉桂酸及其他活性成分的协同作用。

在使用防腐剂时必须严格按照食品添加剂的使用卫生标准进行添加。由于各种防腐剂抑菌特点不同，应根据具体产品微生物腐败的具体特征，有选择性地使用，也可以组合使用。目前使用得较为广泛的防腐剂为山梨酸及其钾盐，此类防腐剂副作用小，且添加量少，效果比较明显。防腐剂应用于储藏，只能作为一种辅助手段。

六、香辛料

用于腌制的香辛料种类很多，有些蔬菜如洋葱、大蒜、辣椒、生姜、芫荽、香芹等，本身就有香料的作用。一般将香辛料植物组织干燥后用于酱腌菜生产，现将常用的几种香辛料介绍如下。

（一）花椒

花椒是花椒树的果实，花椒树是落叶灌木，枝带刺，叶小呈椭圆形，生长在温带较干燥地区。果实裂口的花椒，市场上叫“睁眼”的，有大小之分，大花椒叫“大红袍”，小花椒叫“小红袍”。

花椒味涩麻辣、香味浓烈，我国西南地区居民尤为喜爱。花椒以皮色大红或淡红，肉色黄白，果实睁眼（椒果裂口），麻味足，香味大，干燥、无硬梗、无枝叶、黑籽少，不腐霉者为佳。四川汉源花椒以色黑红、香气浓、麻味长而强烈著称。

（二）桂皮

桂皮是桂树的树皮，普遍栽培于我国广东、广西、云南。干桂皮应卷曲成圆筒或半圆筒形，外带红棕色或黑棕色，常附有灰色的栓皮，桂皮气似樟脑，味微辛甜，内是棕红色，以皮肉厚、香气纯正、无霉变、无白色斑点者为佳。桂皮是五香粉的主要成分。

（三）八角茴香

又称大料、大茴香、八角等，系八角茴香的果实，有6～8茴香瓣（有八瓣的果实称为八角，而六瓣、七瓣者为茴香，一般八角茴香混用不分），状如五角星，我国广西、云南、广东土产，以广东的大茴香最为有名。茴香果实沿腹缝裂开，每箱中含有1粒种子，种皮坚硬，呈红褐色，具有浓烈香气。八角茴香以褐红、朵大饱满、完整不破、身干味香、无杂质、无腐烂者为佳。

（四）小茴香

又名谷茴香或香丝菜，有辛辣香气，是我国用于食品中的传统调味香料，主要产于甘肃、内蒙古、山西等地。小茴香以粒大饱满、色黄绿、鲜亮、无梗、无杂质、无土者为佳。

（五）胡椒

胡椒是胡椒树的果实，分黑胡椒与白胡椒两种，以颗粒饱满、均匀、洁净、干燥者为佳。黑胡椒（又名青胡椒），在果实未成熟时采摘，用沸水浸泡到果皮色发黑，晒干后则变黑棕色，研成粉末称为黑胡椒粉；白胡椒又名银椒、白古月，果实完全成熟后采摘或石灰水浸渍后晒干，除去外果皮即成淡黄灰色圆球形的白胡椒，研细后即成白胡椒粉，其辛辣味及芳香均较黑胡椒弱，但气味较佳，是常用的调味佳品。

（六）橘皮

橘为芸香科常绿小乔木或灌木，枝有刺，花白色，果实为柑果，种类颇多。橘的果皮，又名陈皮、青皮和甜皮，有芳香而味稍苦，能消痰、化食、增进食欲，可作为药用和香辛料。

（七）五香粉

具有多种香味，由桂皮、八角、花椒等多种香辛料研粉制成，香味浓郁持久。五香粉选料须新鲜、无霉变、不含杂质，磨粉后过 60 目筛，干燥储藏。

第二章

酱腌菜种类及加工通用工艺

第一节 酱腌菜种类及常用术语

酱腌菜是以新鲜蔬菜为主要原料，采用不同腌制工艺制作而成的各种蔬菜制品的总称。蔬菜中含有蛋白质、脂肪、糖、无机盐、维生素和水分，经过腌制后，蔬菜本身的营养成分虽有所改变，损失一些维生素，但却多了一些矿物质和调料中补充的营养成分。另外，在一些酸性的酱腌菜中含有很多乳酸，能促进人体对钙的吸收，刺激胃液分泌，帮助消化。

一、酱腌菜种类

人类经过几千年的实践，根据各自不同的口味、爱好，使用多种调味料，可以将同一种蔬菜制成多种不同味道的酱腌菜。按生产工艺及辅料不同，酱腌菜一般分为以下几大类。

（一）酱渍菜

酱渍菜是以蔬菜为主要原料，经盐腌或盐渍成蔬菜咸坯后，再经酱渍而成的蔬菜制品。我国酱渍菜主要有酱曲醅渍菜、麦酱渍菜、甜酱渍菜、黄酱渍菜、甜酱与黄酱混合渍菜、甜酱与酱油混合渍菜、黄酱和酱油混合渍菜、酱汁渍菜八类，如酱菜瓜、酱黄瓜、酱莴笋、酱姜、酱金针菜、酱什锦菜、酱八宝菜、酱包瓜、酱茄子等。

（二）糖醋渍菜

蔬菜咸坯经脱盐、脱水后用糖渍、醋渍或糖醋渍制作而成的蔬菜制品。醋渍菜具有较浓的酸味，除含发酵产生的有机酸以外，还添加大量醋酸；糖渍菜的特点是产品含糖量高，甜味浓，口感几乎尝不出酸味，它们或多或少都含有糖卤汁。糖醋渍菜是在传统的糖渍菜和醋渍菜基础上发展起来的蔬菜制品，甜中带酸，甜而不腻，酸甜适口，主要产品有糖醋蒜、甜酸乳瓜、糖醋萝卜、糖醋莴苣等。

（三）虾油渍菜

虾油渍菜是以蔬菜为主要原料，先经盐渍，再用虾油浸渍而成的蔬菜制品。我国知名度较高的虾油渍菜首推辽宁省锦州市的虾油什锦小菜，它是由小黄瓜、小茄子、小芸豆、长豇豆、芹菜、柿椒、苤蓝、生姜、宝塔菜和杏仁 10 种果蔬组成，在加工过程中，选料严格、精工细做、配比适宜，颜色以青翠为主，具有虾油香和菜香，滋味鲜咸，体态美观。其他地方生产的虾油渍菜多以单一蔬菜品种加工而成，如北京虾油黄瓜、沈阳虾油青椒等。这类产品的缺点是味极咸，氯化钠含量均在 20%以上。

（四）糟渍菜

以新鲜蔬菜为原料，经盐渍成咸坯后，再经黄酒糟或醪糟腌渍而成。在我国江南各地，自古以来就有糟菜的习惯，用酒糟做的产品有南京糟茄、扬州糟瓜，用醪糟做的糟菜有贵州独山盐酸菜。

（五）糠渍菜

新鲜蔬菜用食盐 5%～6%腌渍成咸坯后，以稻糠或粟糠拌和调味料、香辛料、着色剂混合腌渍制成糠渍菜，常见品种有米糠萝卜、米糠白菜。

(六) 酱油渍菜

以新鲜蔬菜为原料，经盐腌或盐渍成蔬菜咸坯后，储存备用。精加工时，先降低含盐量和含水量，再用酱油和其他香辛料共同腌制而成，如北京辣菜、榨菜萝卜、面条萝卜等，是目前我国生产量较大的一类酱腌菜。

(七) 清水渍菜

以新鲜蔬菜为原料，经烫漂、浸凉、踩压在耐酸容器中，经过清水熟渍或生渍（乳酸发酵）制成的具有酸味的蔬菜制品，主要产品是北方酸白菜。

(八) 盐水渍菜

以新鲜蔬菜为原料，经漂腌在不同浓度盐水中，进行乳酸发酵加工而成的蔬菜制品，如泡菜、酸黄瓜、盐水笋等。

(九) 盐渍菜

以新鲜蔬菜为原料，经盐腌或盐渍加工而成的蔬菜制品。根据成品形态不同，可分为湿态、半干态、干态三种。凡是盐渍菜都经过不同程度的乳酸发酵，只是用盐少的，乳酸发酵出现早，产酸高峰也来得快，用盐多的，乳酸发酵出现晚，产酸高峰来得慢。在腌渍过程中，由于蔬菜细胞外的渗透压大于细胞内的渗透压，导致蔬菜中的水分和可溶性物质通过细胞膜外渗形成菜卤。湿态盐渍菜是成品不与菜卤分开，如泡菜、酸黄瓜等；半干态盐渍菜是成品与菜卤分开，如榨菜、大头菜、萝卜干等；干态盐渍菜则为蔬菜经盐渍先脱去一部分水分，再经反复晾晒使含水量降至15%左右的蔬菜制品，如干菜笋、梅干菜、咸香椿芽等。

(十) 菜脯类

以新鲜蔬菜为原料，采用类似果脯工艺制作的蔬菜制品，如安徽糖冰姜、湖北苦瓜脯和刀豆脯及全国各地的糖藕、糖冬瓜条等。

(十一) 菜酱类

菜酱类是将新鲜蔬菜盐腌后，磨碎，添加香辛料制作成的糊状蔬菜制品，如辣椒酱、番茄酱等，另外，还有具西方风味的番茄沙司、辣椒沙司等。

刚腌制不久的蔬菜，亚硝酸盐含量较高，经过一段时间，又下降到原来水平。腌菜时，盐含量越低，气温越高，亚硝酸盐上升得越快，一般腌制 5～10 天，硝酸盐和亚硝酸盐上升到高峰，15 天后逐渐下降，20 天即可无害，所以，腌制的蔬菜一定要在 20 天以后食用。

二、酱腌菜生产常用术语

(一) 酱腌菜加工操作常用术语

1. 蔬菜咸坯

新鲜蔬菜经盐腌或盐渍而成的各种酱腌菜半成品。

2. 干腌法

新鲜蔬菜直接用食盐腌制成咸坯的方法，即干腌法。确定菜和盐的比例后将盐一次加入菜中叫单腌法；将盐分两次加入菜中叫双腌法；将盐分三次加入菜中叫三腌法。

3. 漂腌法（又名浮腌法）

将新鲜蔬菜放在一定浓度盐水中腌制成咸坯的方法。

4. 卤腌法

将新鲜蔬菜放在一定浓度盐水中浸泡，定时将咸卤放出，补盐至最初浓度，再淋浇在菜面上。反复如此，直到咸坯中达到要求含盐量为止。

5. 腌晒法

新鲜蔬菜先用单腌法盐腌，再经晾晒脱水成咸坯。

6. 烫漂盐渍法

新鲜蔬菜先经 100℃ 沸水漂烫 2～4min，捞出后用常温水浸凉，再经盐腌成咸坯。

7. 盐水（盐汤、盐卤）

酱腌菜行业内的行话，都是食盐水溶液的同义词。

食盐水溶液制备方法有三种。一是顺流溶盐法，将食盐置于底部及四周多孔的容器中，从上而下注入饮用水，使食盐溶解成食盐水流出。二是逆流溶法，在食盐容器的下面安装进水管，接连水源。另在容器上方安装溢流管，接连盐水容器。打开进水管，水自下而上流经食盐，使食盐溶解成食盐水从溢流管流出。三是将食盐堆积在容器内，注入饮用水，经人工或机械拌搅，使食盐溶解成盐水。

8. 脱盐

俗名拔淡、撤盐。将蔬菜咸坯置于清水中浸泡，利用咸坯组织液和清水的渗透压力差，使咸坯组织液中食盐溶在清水里，这种降低含盐量的过程叫脱盐。

9. 脱水

采取特定措施减少新鲜蔬菜或咸坯含水量的工艺过程。常用措施有四种：曝晒或晾晒脱水、盐渍脱水、压榨脱水、人工热风脱水。

10. 层菜层盐，下少上多

《酱腌菜生产工艺通用规程》标准中采用的术语。涵义是，腌菜时，铺一层菜，撒一层盐，层层如此，直到装满容器。用盐时，容器下部少于容器上部的用盐比例。

11. 菜卤

盐腌蔬菜时，在容器中出现的混合水溶液，主要成分包括水、食盐，以及从蔬菜中渗出的可溶性物质、发酵过程中的代谢产物，此外，还有一些微生物的菌体。

12. 卤汁（又名卤汤）

向成品酱腌菜中添加的酱汁、酱油、虾油、糖液、醋液、糖醋液的统称。

13. 酱汁

以黄酱或甜面酱为原料，榨取的汁液，是酱汁渍菜的辅助原料。

14. 酱菜卤汁

以甜面酱为原料，经压榨取得的酱汁，配以各种调味料，再加温、澄清、过滤而成，是灌入成品酱菜中的汁液，具有保持和改善成品色、香、味的多种作用。其制作方法如下。

（1）榨汁

方法一：甜面酱不经稀释，直接榨汁，产物为头汁；余下的头次酱渣，放入三酱汁中浸泡后再压榨，产物为二淋酱汁；余下的二次酱渣，放入13°Bé盐水中浸泡后又压榨，产物为三酱汁；三酱汁供下批浸泡头次酱渣用，头汁和二汁混合，配成酱菜卤汁。

方法二：甜面酱加入三酱汁稀释后再榨汁，产物为头汁；余下的头次酱渣，放入13°Bé盐水中浸泡后再压榨，产物为二酱汁；余下的二次酱渣，再加入13°Bé盐水中浸泡后又压榨，产物为三酱汁；三酱汁供下批浸泡头次酱渣用，头汁和二汁混合，配成酱菜卤汁。

方法三：甜面酱加入1～4倍浓度13°Bé盐水中浸泡后，只经一次压榨，取得酱菜卤汁。

（2）配兑

方法一（普通卤汁）：酱汁100kg，白砂糖8kg，味精0.25kg，苯甲酸钠0.1kg。

方法二（加甜卤汁）：酱汁100kg，白砂糖16kg，味精0.25kg，苯甲酸钠0.1kg。

（3）加热过滤　备不锈钢夹套锅一口，置酱汁于锅中，加入白砂糖、苯甲酸钠，汽浴加热至80～90℃，保持20min。制作滤液有三种方法，任取一种。

方法一：将已加热到80～90℃酱汁倒进圆柱形缸内，静置冷却一夜，次日用七层棉布过滤，再将味精溶解在滤液中。

方法二：将加热至80～90℃酱汁倒入圆柱形缸内，加一层泡沫蛋白在酱汁表面，搅匀，静置12h，用两层棉布过滤，再将味精溶解在滤液中。取新鲜鸡蛋的蛋白，置桶形容器中，用一束长竹筷快速打成泡沫即得泡沫蛋白。

方法三：按酱汁重量加2%左右硅藻土，搅匀，静置，再用板框压滤机压滤。

15. 二酱

酱渍菜用过一次的酱，重复使用时叫二酱，又名回笼酱、乏酱，第三、第四次重复使用时，相应叫三酱、四酱，它们都是回笼酱或乏酱。

16. 烫卤

在酱渍前，用70～80℃的澄清菜卤淋浇在用腌晒法制成的咸坯上，浸泡6～8h使之复水的工艺过程，叫烫卤。

17. 压缸（池）封存

保管咸坯的方法，具体做法有两种。一是盐水封存法，将咸坯置空容器中，分层放入、分层踩紧，装至九成满后，盖上竹席，席上按“井”字形排列竹片或杂木，再压上石块，最后注入18～23°Bé的盐水，水面高出竹席8～10cm。二是盐泥封存法，将咸坯置空容器中，分层放入、分层踩紧，装至九成满后，盖上聚乙烯塑料薄膜，再用盐泥封面，盐泥厚度10～15cm，含盐量在8%以上，盐泥层一角留出直径10cm左右小井一眼，以供排气，盐泥可反复使用。

18. 烫漂

又名焯、炸。将新鲜蔬菜置于沸水中浸烫2～4min，以驱逐蔬菜内空气显出鲜艳色，并可使影响蔬菜品质的氧化酶失活、杀死虫卵和无芽孢微生物。

19. 转缸（池）翻菜

蔬菜盐渍时，为促使食盐迅速溶解，使蔬菜各个部位都受到盐渍从而达到保脆目的而采取的工艺措施。方法是将蔬菜、菜卤及未溶食盐，从甲容器转入乙容器，使上下位置互换。

20. 并缸（池）

蔬菜经盐渍后，部分水分和可溶性物质渗出，体积缩小，将缩小体积的酱腌菜半成品并在同一容器中，叫并缸或并池。

21. 打耙

翻拌酱醪的术语。操作方法是将酱耙伸入容器底部，再用力沿容器边缘提出，反复操作，可将上下酱醪翻拌均匀。

22. 捺袋（又名摁袋）

酱菜在酱渍过程中，往往出现产酸产气现象，气体胀满菜袋，妨碍酱汁渗入酱菜，用人工挤捺菜袋排出气体叫捺袋或摁袋。

23. 克卤

将酱腌菜半成品中的菜卤或卤汁压挤出一部分。

24. 涸卤

酱腌菜半成品或成品失去菜卤或卤汁的现象。

25. 酱黄

又名酱曲、黄子，是甜面酱或黄酱成曲的统称。

26. 酶法甜面酱

麦粉经加水调浆，再经加热糊化后，在有盐状况下，添加3.324甘薯曲霉及3.042曲霉制作的粗酶液，人工控温将部分淀粉及蛋白质降解而成的甜面酱。

27. 多酶法稀甜酱

麦粉经加水调浆，再经加热糊化、液化后，在有盐状况下，添加麸曲，人工控温将部分淀粉及蛋白质降解，继之降低酱醪温度进行酒精发酵而成的稀甜酱。

（二）酱腌菜质量标准常用术语

1. 感官质量

感官是感觉器官的缩语，舌头是味觉器官，鼻子是嗅觉器官，眼睛是视觉器官，牙齿是咀嚼器官。凭借以上感官鉴定成品质量优劣谓之感官质量。

2. 宝光

酱腌菜行业术语。珍珠、玛瑙、翡翠、琥珀等被视为珍宝，它们大多颜色鲜明，光泽夺目，谓之宝光，用以评论酱腌菜感官质量，是指颜色和光泽都好，现在多以有光泽代之。

3. 琥珀色

琥珀是产于煤层中的树脂化石，黄至红褐色，有透明感，琥珀色就是指这种颜色和光泽。

4. 哈喇气

天然油酸败以后散发出的令人不愉快的气味。油脂酸败的原因，一是水解作用，油脂暴露在空气中，吸收一定潮湿，加之受光和热的影响，便发生水解作用而产生游离脂肪酸，低分子脂肪酸如丁酸的游离会使油脂产生特殊的臭气；二是氧化作用，油脂氧化首先是在未饱和脂肪酸的双键上构成过氧化物，然后分解成为容易挥发并有臭气的醛（如壬醛）及酸（如壬醛酸）等物质。

5. 质地

鉴定酱腌菜组织结构性质的指标，如脆或不脆。

6. 艮脆

指酱腌菜组织结构比较坚实，咀嚼时，须用力较大才能咬碎、嚼烂，并发响声。

7. 嫩脆

指酱腌菜组织结构不太坚实，咀嚼时，稍稍用力即能咬碎、嚼烂，并发轻微响声。

8. 柔脆

指酱腌菜组织结构不坚实，咀嚼时，有柔软和清脆双重感觉，一般无响声。

9. 酱香

甜面酱和黄酱固有的柔和、醇厚香气，挥发性能较差，嗅觉器官跟客体距离较近时方可察觉。

10. 酯香

甜面酱和黄酱伴随酒精发酵而产生的香气，主要物质是易挥发的酯类物质，嗅觉器官跟客体距离较远时也易于觉察。

11. 臭气

指硫化氢、氨以及挥发性胺等混合或单独散发的气息。

12. 酸气

指挥发酸如甲酸、乙酸、丙酸、丁酸等散发的气息。

13. 滋味

凭借味觉器官感受的咸、甜、酸、苦、辣、涩的味道。

（三）造型时常用术语

1. 造型刀法

应用人工持各种刀具将酱腌菜咸坯剖成条、丝、丁、片、角、菠萝、佛手、蓑衣等形状的方法。

2. 直切

左手按稳咸坯，右手持刀，一刀刀笔直切下去，切时宽窄厚薄一致，下刀要直，不能偏里偏外。

3. 推切与拉切

推切是刀由后向前推切下去，着力点在刀的后端，一刀推到底；拉切是刀由前向后拉下来，着力点在刀的前端，一刀拉到底。

4. 锯切

先将刀向前推，然后拉回来，一推一拉像拉锯一样。要求不论前推后拉都要缓缓下切，落刀开始用力不能过重，先轻轻推拉几次，待刀切入咸坯一半，再用力切到底，锯切时，左手要按稳咸坯勿使之移动。

5. 铡切

右手握住刀柄，左手按住刀背前端，两手平衡用力铡切下去，要求对准要切部位，不使咸坯移动，操作敏捷，不使汁液流失。

6. 滚切

滚切即滚刀切。左手五指伸直，按住咸坯，右手操刀，刀刃从咸坯右下方进入，切一刀，左手将咸坯向左移动一次，刀刃一直向前进入咸坯，反复如此，将圆柱形菜坯切完。切出来的形状像海带一样，要求每次进刀角度一致，不要切断。

7. 推刀片与拉刀片

左手按稳原料，右手操刀，放平刀身，使刀身与砧板呈平行状态，刀从咸坯右侧向前推进叫推片，刀从咸坯右侧向后拉进叫拉片，要求成片厚薄一致。

8. 斜刀片

左手按稳咸坯左边，右手操刀，刀口向左，刀身呈倾斜状，向左下方运动片进咸坯，要求成片厚薄、大小一致。

9. 反刀片

刀口向外，刀身由前向后倾斜，刀片进咸坯后，由里向外运动，类似削甘蔗皮，要求成片厚薄一致。

10. 剁

将咸坯先切成片状，再左右手各持一刀，上下交替将咸坯剁成丁或小块。

11. 锲

采用切和片的一种综合刀法，是将咸坯切成片，但不要切断或片断，使整个咸坯仍然连接在一起。

12. 梳子花刀

先用直刀锲，再将咸坯的4/5横切成丝，像梳子形状。

13. 蓑衣花刀

在咸坯的正面用斜刀锲一遍，再将咸坯翻过来，用直刀锲一遍，反面刀纹与正面刀纹交叉，呈斜十字刀纹，两面的刀纹深度均为4/5，提起来呈蓑衣状。

14. 扇子花刀

用刀将咸坯切成连块薄片，压扁即成扇子形。

15. 齿轮花刀

用独齿的刨子在咸坯纵面周围，刨5～7条小沟，然后换刀横切成片，成齿轮形的薄片。

16. 面条花刀

用滚刀法将咸坯切成薄片，再将薄片卷成卷，横切成丝，即面条形。

17. 鸡冠花刀

将咸坯用斜刀切成椭圆形长片，再将每片纵切为两半，然后在半圆弧上锲数齿，即成鸡冠形。

18. 菊花花刀

将圆柱形咸坯，从一端横竖各锲4～8刀，进4/5，切成方条，方条粗细自定，另一端不切开，即成菊花形。

19. 菠萝花刀

先用刀在咸坯周身划刻五条浅沟，再横切成片，每片约厚1cm，形似菠萝片。

20. 荸荠花刀

将咸坯横切成直径1.5cm的圆块，再将每块的两面边棱削去，即成荸荠形状。

21. 玫瑰花刀

用铁制的独眼刨子，在咸坯周身刨出五沟纹，再横切成厚度约1.5cm的细片。

22. 佛手花刀

将咸坯切成方形薄片，从薄片中间锲一刀，再将薄片横向锲5～6刀，形如佛手状。

第二节 各类酱腌菜通用工艺

一、盐渍菜

盐渍菜是以蔬菜为原料，用食盐腌渍而成的蔬菜制品，如腌香椿、腌韭菜等。盐渍菜根据其形态又可分为湿态盐渍菜、半干态盐渍菜、干态盐渍菜三类。

腌制初期，蔬菜仍具有生命活性，此时细胞膜是具有选择透性的半透膜，由于外界盐水的水势低于蔬菜细胞内的水势，细胞液的水分就向外流出，这虽然会造成蔬菜养分的一定流失，但起到消除蔬菜组织汁液的辛辣味，改善腌制的风味品质的作用。

当蔬菜腌制进入中后期时，由于食盐溶液的作用，蔬菜组织严重脱水，致使蔬菜细胞失活，原生质膜变为全透性膜，失去了选择透性，外部的腌渍液不断向蔬菜组织内扩散，这不仅促进了蔬菜腌制过程，而且使蔬菜细胞由于渗入了大量的腌渍液而使蔬菜恢复了膨压。

(一) 盐渍菜生产通用工艺

1. 工艺流程

鲜菜→预处理→洗涤→盐渍→倒菜→渍制→成品

2. 操作要点

盐渍菜是酱腌菜产品中量最大的一类，它不仅以成品直接销售到市场，而且可作为酱渍菜和其他渍菜的半成品，所以盐渍品的质量好坏，直接影响到其他渍制品的质量。

(1) 鲜菜预处理和洗涤　鲜菜进厂后，要严格按照规格要求验收、挑选、整理、洗涤，去掉没有用的部分，洗去泥沙。洗涤后的鲜菜不宜存放，应立即入容器内盐渍。

(2) 盐渍　前面已讲过用盐直接渍制蔬菜，盐渍时应把食盐均匀地拌入蔬菜中，使菜都能接触到食盐，防止一部分没有接触到食盐的蔬菜发生腐烂变质。

(3) 倒菜　盐渍菜在盐渍过程中必须进行倒菜，使食盐更均匀地接触菜体，使上下菜渍制均匀，并尽快散发腌制过程中产生的不良气味，增加渍制品的风味，缩短渍制时间。

(4) 渍制　此阶段为静止渍制，实际上是渍制品的后熟期，不仅食盐进一步渗入菜体而且通过微生物的作用，产生各种各样的特殊风味，如大头菜、榨菜等菜的生产，这一阶段是最重要的。这一过程中要防止菜的腐败变质，要采取各种方法使菜体与空气隔绝。

(二) 咸菜

咸菜种类繁多，有上千个品种，采用不同的蔬菜原料、辅助原料、工艺条件、操作方法，生产出的咸菜的风味迥异。

咸菜制品在腌制时，食盐用量较多，主要是利用食盐及其他调味品保藏制品，增进风味。需要强调的是，任何一种咸菜在生产过程中都会进行一定程度的发酵，不存在绝对不发酵的腌制品。

咸菜腌制是利用有益微生物的代谢产物以及各种配料来加强制品的保藏性，在腌制中，起主要作用的是食盐、微生物以及蛋白质的变化，同时，要注意腌制品的保脆和保绿。

1. 腌制中确定食盐浓度时注意事项

（1）微生物对食盐的耐受度　各种微生物都有其最高耐受的食盐浓度，3%的盐液对乳酸菌的活动有轻微影响，3%以上时就有明显的抑制，10%以上时乳酸菌发酵作用大大减弱，且食盐浓度高，乳酸发酵开始晚。各种微生物中，酵母菌和霉菌的抗盐力极强，甚至能忍受饱和食盐溶液。

（2）环境中的pH值　环境中pH值影响用盐浓度，低pH值可降低所用食盐溶液的浓度。

（3）蔬菜的质地和可溶性物质含量　蔬菜的质地和可溶性物质含量的多少是决定用盐量的主要因素，组织细嫩，可溶性物质含量少的蔬菜，用盐量要少。

（4）分批加盐　分批加盐可防止高浓度的食盐溶液引起蔬菜的剧烈渗透，致使蔬菜组织骤然失水而皱缩，同时可以保证发酵性制品腌制初期进行旺盛的发酵作用，迅速形成乳酸，从而抑制其他有害微生物的活动，有利于维生素的保存，而且可以缩短达到渗透平衡所需要的时间，提高腌制效果。

2. 咸菜腌制的影响因素

影响咸菜腌制的因素有许多，归纳如下。

（1）酸度　腌制中的有害微生物，除霉菌抗酸外，其他抗酸能力都不如乳酸菌和酵母菌，可通过降低pH值来抑制有害微生物，pH值应低于4.5。

（2）温度　适宜的温度可缩短发酵时间，乳酸发酵适宜温度在30～35℃。温度一般不宜过高，因为有害的丁酸发酵（会产生一种难闻的气味）的适宜温度为35℃。

（3）气体成分　乳酸菌是兼性的嫌气菌，在厌氧状态下能进行正常的发酵作用，而酵母菌和霉菌等有害微生物都是好气性菌，因此，通过隔绝氧气的措施可抑制它们的活动。咸菜在腌制过程中，由于酒精发酵及蔬菜本身的呼吸，会产生二氧化碳，其中部分二氧化碳溶于腌渍液中，能抑制霉菌活动，防止维生素C损耗。

(4) 香辛料　在腌制咸菜时，加入一些香辛料，一方面可改进制品的风味，另一方面有很强的防腐作用，如芥子油、大蒜油均有很强的防腐力。

(5) 原料的含糖量　供腌制的蔬菜，含糖量以维持在1.5%～3%为宜。

(6) 原料的质地　原料致密坚韧有碍渗透作用，为了加快细胞内外溶液渗透平衡速度，可采用切分、搓揉、重压、加温来改变表皮细胞的渗透性。

(7) 腌制的卫生条件　原料要清洗净，容器需要消毒，盐液必须杀菌，场所保持清洁。

(8) 食盐浓度　食盐溶液具有一定的渗透压，并随着盐浓度增大而增高。当食盐溶液的渗透压高于细菌细胞液的渗透压时，会引起细菌细胞脱水，抑制细胞生长，严重时导致细胞死亡。食盐在水中离解成Na^+和Cl^-，并发生水合作用，使溶液的水分活度降低，盐浓度越大，溶液水分活度降低也越大，对微生物的抑制也越严重，高浓度的Na^+和Cl^-，对细菌细胞有毒害作用。

(9) 腌制用水　水应呈微碱性，硬度为12°～16°，用这种水配制盐溶液，腌制咸菜时，咸菜质地脆而紧密，酸度较低，也有利保绿。

(三) 榨菜

生产榨菜的原料俗称青菜头，属十字花科，肉质茎，是芥菜的一个新变种，亦称菱角菜、包玉菜等，代表品种有涪陵榨菜、浙江榨菜等。

榨菜经过加工腌制，化学成分常常发生不同的变化。

1. 水分在榨菜腌制过程中的变化

水分依榨菜的品种不同而有所差别，同时也与气象因素（气温、雨量、日照）及采收成熟度有关系，如雨水多，榨菜内部水分不断增加，采收过早过嫩含水量多，过迟过老含水量少。一般含水量为91%～93%，干物质为7%～9%，水分与榨菜的风味品质有密切关系，也给微生物和酶的活动创造了有利条件，使榨菜容易腐烂变质。在榨菜腌制加工时，必须考虑到水分的影响，加以必要的控制。盐脱水榨菜在腌制加工过程中进行了4次脱水和1次小脱水的处理，其变化见表2-1。

表2-1 盐脱水榨菜水分变化

脱水次数	水分含量/%	干物质含量/%	榨菜出率/%
1	88.46～91.03	8.97～11.54	78
2	82.00～86.00	14.00～18.00	50
3	80.43～84.78	15.22～19.57	46
4	70.00～76.67	23.33～30.00	30
5	67.86～75.00	25.00～32.14	28

第1次是利用3%或5%的食盐脱水后，干物质的含量相对增加，含水量下降，但不能达到制作要求，还必须上囤加压脱水。第2次脱水，含水量还很高，用盐量较少，不能抑制微生物的生长，特别是酵母菌和乳酸菌的活动，产生大量乳酸，并消耗了营养物质，使菜块产生热量，表面发白，略带灰色，菜体松软有酱黄味。另外枯草杆菌，一遇到菜块含水量过高、含盐量低时活动频繁，特别是菜头顶部的组织细嫩，更易受害，而形成菜块顶部组织变软，甚至表面脱落，必须继续进行腌制。第3次盐脱水，其用盐量是前2次脱水后菜块重量的8%，脱水后，其水分含量降低，干物质的含量相应增加。第2次腌制除有继续脱水作用外，也能使食盐渗入菜块组织内部去，同时利用高浓度的盐水，暂时保存菜块坯子，以利随后的工序顺利进行。榨菜虽然经过2次盐脱水，1次加压脱水，菜块内含水量仍然很高，不耐储存，还必须加压进行第4次脱水后，才能拌料装坛。为了使装坛后熟的榨菜不失去鲜香味而变酸，装坛前菜块还要加入食盐，其用量是拌料时菜块重量的3%，

同时，在装坛时用压棒把榨菜压紧，压出卤水来，这是第5次脱水，其脱水量较少，成为榨菜坛内的保养卤。成品榨菜一般含水量67.86%～75.00%，其干物质含量也相应增加到25.00%～32.14%。所以在腌制加工榨菜时，应选择含水量在93%以下，干物质在7%以上的青菜头，才能保证榨菜的质量和成品的出品率。

2. 碳水化合物在榨菜腌制过程中的变化

碳水化合物是榨菜干物质的主要成分，它含有糖分、纤维素、半纤维素、果胶等物质，这些物质对榨菜的风味、品质、保藏有密切的关系。

榨菜内的糖分（单糖和双糖）在腌制加工过程中，除能给榨菜以甜味外，也是微生物的营养物质。当乳酸菌在糖介质中活动时，可将糖转变为乳酸、乙醇、醋酸和二氧化碳等。少量的醋酸反而会增加产品的风味，通过发酵产生的有机酸能改变环境的pH值，乙醇具有防腐能力，二氧化碳具有一定的绝氧作用，能抑制好氧微生物活动，所以轻微的发酵能防止产品腐败，增加产品风味。盐脱水榨菜总酸度为0.76～0.87g/100g（以乳酸含量计），含盐量为12%～13%，在这样的环境中，大肠杆菌、沙门菌、志贺菌、链球菌均受到抑制，所以榨菜中对人体有害的微生物是不易产生的。同时，榨菜经过腌制加工，由于乳酸和酒精发酵消耗了一些糖，所以榨菜中含糖量大大降低，而含酸量（主要是乳酸）明显增高。因此，在加工榨菜时加入适量甘草，增加榨菜的甜味。

纤维素和半纤维素都是榨菜的骨架物质，细胞壁的主要构成部分，起支持作用。纤维素在榨菜皮层特别发达，能与木质素、果胶等结合成复合纤维素，对榨菜脆嫩品质有很大的影响。因此，在腌制加工榨菜时必须考虑到原料本身细胞组织半纤维素的多少，即采收时菜头的老嫩程度，过老使纤维素木质化，影响榨菜脆嫩品质。

果胶物质是决定榨菜脆嫩的因素之一，榨菜的脆度好与差，是因为果胶物质发生变化的结果。因此，在腌制加工榨菜过程中必须根据果胶的特点，采取适当的措施，才能达到“保脆”的目的。在榨菜腌制加工过程中，必须掌握用盐量、温度和pH值。在榨菜腌制加工储藏过程中要抑制果胶酶的活性，以免影响其产品脆度。食盐对果胶酶活性的影响很大，含盐量达到14%时，果胶酶活性受到抑制，随着含盐量减少，果胶酶活性增强而影响脆度，所以在榨菜腌制加工时略为提高含盐量，可以抑制果胶酶的活性，保持产品脆度，一般掌握含盐量以11%～14%为宜；过高的温度会造成果胶酶的活性增强而影响脆度，一般掌握温度以25～30℃为佳；pH值也能对果胶酶活性产生影响，果胶酶在pH值为4～5时，活性受到抑制，能保持产品的脆度，而盐脱水榨菜的pH值为5～5.5，pH值略为偏高，但影响不大。另外，食盐中的钙离子与果胶酸化合后，生成果胶酸钙，能增加榨菜的脆度。

3. 含氮物质在榨菜腌制过程中的变化

榨菜中主要的含氮物质是蛋白质，其次是氨基酸态氮等。蛋白质是人体中最主要的营养物质，对调节人体的氮平衡起着一定的作用。在榨菜腌制加工过程中，由于含氮物质的存在和变化，对产品的色、香、味产生不同的影响，主要有以下几个方面。

① 含氮物质能改变榨菜的风味和鲜香味。榨菜腌制加工时，添加香辛料、辣粉等能增加产品的辛辣味和香气。在发酵过程中，榨菜内的蛋白质在蛋白酶的作用下，逐渐分解成各种氨基酸，从而产生鲜、香味，各种氨基酸都有一定的鲜味和甜味，故榨菜口感有回味返甜的感觉。榨菜内鲜味主要来源于谷氨酸与食盐作用产生谷氨酸钠（即味精），其谷氨酸含量高达0.4%，占氨基酸总含量的30%以上。氨基酸在酸的作用下变成醇，醇与酸化合为酯，产生香味。

② 含氮物质能改变榨菜的色泽。由于含氮物质能引起榨菜变色，除了还原糖与氨基酸反应外，还与金属有关。因此，榨菜在腌制加工时，不应用铁制的容具，避免产品变色。

③ 含氮物质能改变榨菜的蛋白质含量。蛋白质与单宁结合产生沉淀，有助于榨菜腌制时卤汁澄清，而腌制加工后的榨菜内蛋白质的含量亦明显减少，其原因一是部分蛋白质被微生物作为氮源消耗；二是食盐溶液把榨菜内的蛋白质浸出，一部分蛋白质渗入发酵

液中，因此减少了菜内蛋白质的含量。

总之，榨菜的色、鲜、香味和组织脆性等与微生物的发酵作用、蛋白质的分解作用有关。因此，必须善于掌握其中各个因素之间的相互关系，才能获得优良品质的榨菜。

4. 糖苷类在榨菜腌制过程中的变化

榨菜内的糖苷类物质是单糖分子与非糖物质相结合的化合物，它关系到榨菜的色、香、味和利用价值。青菜头内含有特殊的芥子素，具有特殊的苦辣味。在腌制加工过程中，由于踩踏、压榨使一部分细胞破裂，细胞内的黑芥子苷酶使芥子苷水解，生成具有特殊芳香而又带刺激性气味的芥子油及葡萄糖和硫酸氢钾，这一变化在榨菜腌制加工过程中可以产生芳香味，同时芥子油还具有很强的防腐能力，所以能保持产品的品质，抑制微生物的危害。

5. 色素物质在榨菜腌制过程中的变化

榨菜中最常见的色素是叶绿素，呈绿色，可分为A和B两种，一般以A∶B＝3∶1的比例存在于榨菜中。叶绿素A呈蓝绿色，叶绿素B呈黄绿色，叶绿素A的含量越高，绿色则越深。榨菜在各个不同的生长期，叶绿素A和叶绿素B的含量不同，因此呈现的颜色也不同。榨菜中的叶绿素含量与培管、施肥、水、气候有关，一般在“冬至”前，榨菜的叶绿素A的含量较高，叶色深绿，在清明节前后，榨菜快到成熟期，叶绿素B的含量较高，叶与肉质茎呈黄绿色。青菜头在腌制加工过程中由绿转黄色，是由于产生的乳酸和叶绿素作用的结果。叶绿素是一种不稳定的物质，不溶于水，在酸性条件中其分子中的 Mg^{2+} 易被 H^{+} 所取代，生成植物黑素，故容易变色。在碱性介质中叶绿素加水分解，生成叶绿酸、甲醇及叶醇能保持绿色，如进一步与碱反应形成钠盐则更为稳定。

在榨菜腌制加工中要保持绿色，必须了解叶绿素的性质，在生产工艺中加以控制。如榨菜第1次腌制时，适当地增加用盐量，缩短腌制期，使乳酸菌活动受到影响。在踩踏榨菜上多下工夫，做到轻踩勤踏，层层踏实、踏紧，直到盐粒溶化，菜身泛绿。踩踏能使菜块表层细胞组织部分破裂，细胞汁液外溢溶解食盐，溶解后的食盐渗入细胞组织内部，迫使细胞组织内部的部分水分和可溶性物质渗透出来。在食盐溶液高渗透压作用下，逐渐使细胞死亡，增加细胞膜的渗透性，加快细胞内的食盐含量与食盐溶液中食盐浓度达到平衡。同时，榨菜组织内的空气被排出，组织变得比较透明，绿色也就更加显现。因此，踩踏榨菜的主要作用是保持菜色青绿，加快脱水和成熟，以防菜块发热泛黄。

6. *矿物质在榨菜腌制过程中的变化*

榨菜中含有铁、磷和钙等矿物质。铁是血红蛋白的主要成分之一，没有铁质，有机体的细胞和组织就不能呼吸；磷是组成人体骨骼的主要成分。榨菜经过腌制加工后含钙量比腌制前增多，是由于食盐内所含的钙离子渗入的结果，而含铁和含磷量减少，其下降原因是由于食盐内不含磷和铁的化合物，而榨菜本身磷和铁的化合物又部分渗出的缘故。

7. *酶在榨菜腌制过程中的变化*

榨菜腌制加工过程中，如何进一步提高产品风味，主要就是如何充分发挥酶促作用，将青菜头内部各种营养物质转化。各种酶的活性受外界条件影响极大，如温度、含盐量及 pH 值等。

蛋白酶是促成蛋白质转化为氨基酸的动力，温度对酶活性的影响较大，蛋白酶活性温度为 20～60℃，50℃时活性最强，高于或低于上述温度均会受到影响。而盐脱水榨菜腌制加工在 4 月上、中旬，气温较低，酶促反应不大，其鲜味不突出。榨菜装在坛内经过 6 月、7 月高温季节后，由于温度升高，促使蛋白质转化为氨基酸，故鲜味浓、品质佳。但装坛后的榨菜不能放在日光下曝晒，要放在通风阴凉场所，以防影响其质量。

各种酶对食盐都比较敏感，食盐含量愈高，酶活性愈小。当食盐质量浓度达到 12%时，酶的活性开始减弱，超过 25%时，酶不发生作用，处于抑制状态。如果含盐量过高，榨菜就咸而苦，味不鲜，所以盐脱水榨菜腌制加工时既要减少含盐量以利蛋白质的转化、增强鲜味，又要略为提高含盐量以抑制原果胶酶的活性，保持产品的脆度，这是盐脱水榨菜腌制加工中的关键。

蛋白酶活性在 pH 值为 4～5 时最强，而原果胶酶在 pH 值为 4～5时活性受到抑制。因此，在腌制加工盐脱水榨菜时，必须重视酸碱度大小对榨菜品质的影响。

二、酱菜

酱菜类是在腌制基础上再渍制而成的，因此这类产品细胞结构的变化有别于盐渍菜。腌制好的咸坯在酱渍之前，需经过脱盐、脱水两步，先用清水浸泡咸坯脱盐，再用压榨的方法脱除部分水分，然后将处理好的咸坯放入酱等辅料中。在渍制过程中，由于咸坯细胞液与渍制液之间存在较大的浓度差，而此时咸坯的细胞膜已成为全透膜，渍制液中的有关成分能顺利进入细胞内，故酱等渍制液中营养物质大量地向咸坯细胞内扩散，形成独特的风味，恢复了细胞的外观形态。

因此，经渍制液渍制后的产品在形态上与盐渍品没有多大差别，但由于扩散作用的结果，使酱腌菜细胞内的营养成分发生了很大的变化。因为扩散速度与浓度梯度成正比，故要使渍制品尽快吸收更多的物质，就必须加大浓度梯度。在酱渍过程中，浓度梯度即是酱与咸坯细胞液间的浓度差，差值越大，生产周期越短。通过增加渍制液的浓度，降低咸坯的食盐浓度，可加大酱与咸坯细胞液间浓度差，浓度差越大，扩散速度就越快。

（一）传统酱菜生产工艺

酱菜的品种很多，风味、口感各异，但是传统酱菜的制作过程、操作方法基本一致，都是先将蔬菜腌成半成品，切制成形，然后再进行酱制工艺。凡是可以用来渍制加工、肉质肥厚、质地嫩脆、无病虫害的蔬菜类、茎菜类、瓜果类等均可制造酱菜，如萝卜、洋姜（菊芋）、嫩姜、莴苣、草石蚕、芥菜类、藕、黄瓜等。辅料主要是各种酱、食盐、香辛料、防腐剂等。

有些蔬菜经过挑选洗涤加工后可直接酱制，其酱渍品的品质和风味亦俱佳。绝大部分酱渍菜的生产工艺流程如下所示。

1. 工艺流程

盐或盐卤
↓初腌
蔬菜原料→咸菜坯→切制加工→水浸脱盐→压榨脱水→酱渍→成品
（酱类→酱渍）

2. 操作要点

(1) 初腌制咸坯　这是酱渍菜生产过程中半成品的制造过程。咸坯质量的好坏十分重要，直接影响酱渍菜的质量，关于咸坯的制作方法、质量及规格，南、北方都有具体要求。这在盐渍菜生产工艺中已详细阐述。

(2) 切制加工　蔬菜腌成咸坯后，有时还需切制成各种形状，如黄瓜切成条或片，萝卜切成寸金萝卜或萝卜丝，芹菜切成段等，总之在酱渍前要把各种形状的咸坯切制成比原来形状小而多的各种形状。

(3) 水浸脱盐　把切制好的咸坯放在清水中浸泡。如初腌时用盐量不多，即咸坯含盐量不高，可直接酱制，不需要脱盐。但有些咸坯的含盐量很高，不利于酱制，同时使成品含盐量太高，有些咸坯还带有一些苦味，所以不适合直接用于酱渍，而是要经过水浸脱盐。浸泡时间应根据咸坯含盐量和酱制时菜坯的含盐量的大小来决定，一般1～3天。含盐量较低、菜体小的菜坯浸泡半天即可。夏天，咸坯浸泡脱盐时间可以短些，12～24h，冬天可以多泡一些时间，2～3天即可，但在浸泡时仍要保持半成品一定的含盐量，以防腐败。经过浸泡，可以除去咸坯的苦辣味和一部分盐。咸坯含盐量低，相应渗透压亦低，这样才能和高渗透压酱发生较快的渗透。为了使半成品全部接触清水，达到脱盐均匀的目的，浸泡时要翻动，每天要换1～2次清水。

(4) 压榨脱水　浸泡脱盐后，捞出沥去水分。有些蔬菜咸坯含水量较大，为了利于酱制，保证酱汁浓度，必须通过压榨脱水除去咸坯中的部分水。压榨脱水的方法有两种，一种是把菜坯放在袋或筐内用重石或杠杆进行自然压榨；另一种是把菜坯放在箱内用压榨机压榨脱水。但无论采用哪种方法，咸坯脱水不要太多，咸坯的含水量一般以50%～60%为宜。酱渍时水分过小，菜坯膨胀过程较长或根本膨胀不起来，造成酱渍菜外观难看。

(5) 酱渍　经过脱盐、脱水的咸坯或者新鲜蔬菜装入空缸酱渍时，体形较大或韧性较强的原料可直接放入酱中。碎菜、体形小的或质地脆的、易折断的菜如姜芽、宝塔菜、八宝菜等，可装入布袋或丝袋里，用细麻线扎住袋口，再放在酱中进行酱渍。若直接将碎菜放至酱中，则会与酱混合，不易取出，取出后菜体上粘有大量的酱不易清除，造成酱渍菜的外观不美。

酱渍时，按菜坯和酱的比例，一层酱一层菜，最后用酱封面。在酱渍期间，要翻倒或搅拌，酱渍后的前10天翻倒次数要多一些，白天每隔2～4h搅拌1次，10天后可每隔1～2天翻倒1次。翻倒的方法有两种，一种是用酱耙在酱菜缸（池）内上下搅动，使缸内的菜随着酱耙上下翻倒，另一种方法是把菜和酱一起倒入另一个大缸内，使上部的菜倒到缸的下部，下部的菜倒到上部。翻倒的目的是使菜和酱能均匀接触，均匀地吸取酱汁，加快酱汁的渗透速度，缩短生产周期。酱渍时间一般为15～25天，直至酱渍菜的里外色泽均匀为止。

酱可连续使用2次，即第1次酱渍过的酱还可以用来再渍制1次。一般情况是制酱菜时先用二次酱（用过1次的）酱渍1次，再用原酱酱渍1次，使菜坯吸收原酱中的甜鲜物质及酱香气、酯香气，形成酱渍菜的风味。用这种方法酱制的酱渍菜，酱香酯香浓郁，醇味厚，后味长，具有各自的独特风味。但是此法劳动强度大，产量也受到一定的限制，因而有些地方改用酱汁酱渍菜坯。

3. 酱菜制作注意事项

① 采用机械切菜时，应保持刀片的锋利，否则会使菜坯表面粗糙，光泽度较差，同时产生碎末，造成浪费。

② 菜坯脱盐时，应采用少加水的方法，以水没过菜坯为佳。

及时搅拌，当菜卤中的食盐含量达到平衡时及时换水。夏季天热时，应注意菜坯的食盐变化，要及时进行脱水酱制。防止因食盐含量过低而产生杂菌污染，使菜坯发黏或产生异味。

③ 菜坯经适当脱水后要及时酱制。为提高酱菜的风味、口感，节约酱的用量，一般采用套用酱制的方法，每次使用的酱连续套用3次。第1次酱制菜坯放入使用过2次的酱内酱制，使其脱卤，将菜坯中的不良气味渗出；第2次酱制，将第1次倒菜后的菜坯放入使用过1次的酱内酱制，使酱中残存的有效成分渗入菜坯，并继续将菜坯中的菜卤置换出来；第3次酱制，将经第2次倒菜后的菜坯放入上等好的酱内酱制，此时菜坯中的菜卤大部分已渗出，并有部分酱汁中的有效成分渗入。当菜坯中渗透的有效成分与酱中的有效成分达到平衡时酱制过程结束。

④ 菜坯入酱后应及时倒菜。切制好的蔬菜经脱盐后酱制时，食盐含量较低，一般在10%左右。放入酱中的菜坯与空气隔绝，一些厌氧的微生物很容易产酸。第1次倒菜应在酱制7天进行。此时的菜坯经1周的静置渗透，在酱和菜坯自身的压力和渗透作用下，菜卤大部分进入次酱中，渗透基本达到平衡。此时倒菜的目的是使菜坯疏松，各部位疏松一致，并将菜坯中的卤汁控出，同时防止产酸。经第1次倒菜后的菜坯，一部分菜卤已被次酱中的有效成分置换，菜的风味有所改变。此时采用较第1次使用的酱质量较高的中等酱酱制，继续进行渗透置换。再过7天，渗透作用基本达到平衡，此时进行第2次倒菜。第1次和第2次倒菜时应适当将菜坯挤压一下，使菜卤充分溢出。倒菜后放入上等好酱中酱制，再过7天进行第3次倒菜。此次倒菜的目的是使菜坯均匀，疏松一致。

倒菜的时间不能过早也不能过迟。过早菜中的卤汁不能置换出来，起不到酱制的作用；过晚，由于菜坯中的食盐含量较低，很容易引起乳酸菌发酵，使酱菜发酸，特别是夏季更应注意。随着酱制时间的延长，酱中的糖类、有酸类、氨基酸类等物质不断地渗入到菜坯中去，逐渐达到平衡。温度对酱菜的生产周期有一定的影响，因此在冬季应注意生产车间的保暖工作。

（二）酱汁酱菜工艺

酱汁酱菜所用的设备采用不锈钢罐，并带有搅拌装置及水力输送装置，大小可根据生产量而定。脱水设备宜选用离心机或压榨机，此外还包括酱汁过滤机与汁菜分离器。

1. 工艺流程

酱汁（加入酱制）

腌制蔬菜→切制成形→脱盐→压榨脱水→酱制→搅拌→脱汁→成品酱菜

↓（压榨脱水）

卤水（回收利用）

2. 操作要点

按不同的蔬菜品种及酱菜要求将腌制好的蔬菜切制成形，按一定比例加入清水，浸泡脱盐，定时搅拌，经 4～6h 后，达到要求即可送入脱水设备脱水。脱水后，将菜坯送入酱制罐内酱制。入罐后每隔 4h 搅拌 1 次。经 48h 酱制后，菜坯与酱汁达到平衡，蔬菜细胞完全恢复正常，此时酱制完成。

3. 注意事项

脱盐在带有搅拌的浸泡罐中进行，加水量应根据蔬菜的含盐量来决定，并及时搅拌使食盐迅速脱掉。为节约用水可采用低浓度回泡的脱盐方法，用较少的水，达到脱盐的目的。

压榨时应采用缓慢的压力匀速压榨，避免破坏蔬菜细胞，将水分通过细胞壁渗透出。酱制过程中要间隔搅拌，促使蔬菜细胞对酱汁的渗透吸收速度加快，并使其均匀，力争在较短时间内达到酱制效果。

（三）真空渗透酱制工艺

真空渗透酱制工艺是指采取抽真空的强制手段，把菜坯细胞中和细胞间隙的气体抽走，为料液渗透打开通道，同时，抽走了菜坯中大部分气体，使菜坯内呈负压，这就加大了菜坯与料液的渗透压差，使渗透速度加快的一种腌制工艺。该工艺最突出的优点是大大缩短了生产周期，生产原酱菜需要半年，新酱菜生产只需 6～10

天，有些品种如花菜丝仅需2～3天。

1. 工艺流程

刮面酱→加水加温→搅拌装袋→压取酱汁↓

咸菜坯→改形加工→水浸脱盐→压榨脱水→真空酱制→

成品←保温检验←杀菌←密封←

2. 操作要点

（1）改形加工　将咸坯切成4条，再斜刀切成长1.5cm的柳叶形。

（2）水浸脱盐　将咸菜坯放在10倍的清水中浸泡以降低其含盐量，一般浸泡6～24h。咸坯含盐18.8%，浸泡20h，含盐量降至2.0%。

（3）真空酱制　真空酱制以改进高压蒸汽消毒釜为抽空容器，将菜坯和酱汁加入其中，密封，抽真空后，渗酱达一定时间后，解除真空，在自然条件下渗酱。

（4）密封　用真空包装机抽气封口。

（5）杀菌　采用水浴杀菌。

（6）保温检验　(37±2)℃，7天后观察并分析。

3. 不同酱制工艺比较

将同一批莴笋咸坯，分为两份，在相同条件下，分别进行自然酱制和真空酱制。真空酱制条件，真空度0.080MPa，抽真空1次，抽真空1h。结果见表2-2。

表2-2　真空酱制与自然酱制效果比较

方法	NaCl/%	还原糖/%	总酸/%	感官评分
真空酱制3天	5.84	10.32	0.54	10
自然酱制3天	3.72	4.02	0.45	6
自然酱制14天	5.92	10.60	0.99	9

由表2-2看出，真空酱制3天的样品比自然酱制14天的样品质量高，真空渗酱的速度远快于自然渗酱。

在低盐浓度下，乳酸菌的活动能力强，发酵产酸迅速，真空酱制得到成品只需 3 天，在这样短时间内，乳酸积累量较少，不会给制品风味带来不良影响，而自然酱制需要 14 天才能成熟，在这么长的时间内乳酸含量积累过多，严重地影响制品的风味。

4. 真空酱制条件优选

以腌莴笋条的真空酱制条件优选为例说明如下。

(1) 真空度　分别选择 0.067MPa、0.073MPa、0.080MPa 抽真空 1h，再自然酱制 3 天，结果见表 2-3。

表 2-3　不同真空度对酱制速度的影响

真空度/MPa	总酸/%	NaCl/%	还原糖/%	感官评分
0.067	0.52	4.86	7.22	8
0.073	0.50	5.22	9.83	9
0.080	0.54	5.84	10.32	10

从表 2-3 可以看出，真空度越高，渗透料液速度越快。真空度愈高，细胞及细胞间隙的气体抽出的越多，则渗酱通路越畅通，同时形成的负压大，渗酱速度快。

(2) 抽真空时间　在相同条件下，真空度选择 0.080MPa，对制品进行不同时间的抽真空，然后浸渍 3 天，测定结果见表 2-4。

表 2-4　不同抽真空时间对渗酱速度的影响

抽真空时间/h	总酸/%	NaCl/%	还原糖/%	感官评分
1	0.54	5.64	10.32	10
2	0.48	5.82	10.18	10
3	0.48	5.82	10.32	10

从试验结果可知，不同的抽真空时间，酱制品的成分相同，说明它们的渗酱速度相同。因为在一定的真空度下抽真空，当达到一定的时间后，菜坯内部的气体大部分已被抽出，内外压达到相对平衡，此时，若再延长抽真空时间，也不会有气体抽出。因此，抽真

空 1h 就足够了。

(3) 抽真空次数 在相同的真空度 (0.080MPa)、抽真空时间 (1h) 条件下，进行不同抽真空次数的比较试验：①第 1 天抽真空 1 次，浸渍 3 天；②第 1 天抽真空后，浸渍 1 天，再次抽真空，浸渍 2 天；③每天抽真空，共 3 天抽 3 次。试验结果见表 2-5。

表 2-5 抽真空次数对酱制的影响

测定项目 / 处理方法	NaCl/%	还原糖/%	总酸/%	感官评分
①	5.84	10.32	0.54	10
②	5.77	10.30	0.52	10
③	5.86	10.12	0.52	10

由表 2-5 可见，抽真空次数不同，渗酱速度相近，所以抽真空 1 次就可以了。因为原料浸泡在酱汁中，1 次抽真空已将组织内部的气体基本抽尽，停止抽真空后，原料组织内部因存在一定真空度，而逐渐吸入酱汁。菜坯浸渍在酱汁中，与空气隔绝，空气不会重新进入组织内，不必要再次抽真空。

真空酱制速度快，生产周期短，产品卫生，便于实现机械化操作，成本低。将真空酱制与真空包装综合起来，配合加热杀菌，并将酱腌菜制成软罐头，具有重量低、不怕挤压、携带方便、开袋可食的特点。

(四) 低盐酱菜加工

传统的蔬菜腌制工艺均采用高盐，食盐用量为 150～250g/kg。这样从原料成本上来分析，大大加重了企业负担，食盐成为蔬菜腌制产品的主要成本，在有些产品中，甚至超过原料（蔬菜）成本。而且成品盐度太高，对人体某些器官会造成永久性损坏，如肾脏、心血管系统等。随着我国人民生活水平的提高，高盐腌制食品也越来越不受欢迎，市场对低盐即食性蔬菜产品需求量猛增。蔬菜低盐腌制工艺流程如图 2-1 所示。

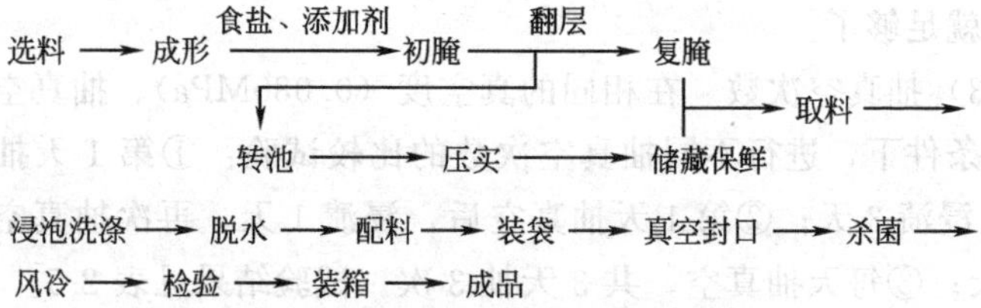

图 2-1　蔬菜低盐腌制工艺流程

开发低盐腌制蔬菜有利于人体健康，但是低盐腌制蔬菜腌制过程中产酸多，成品酸度大。而蔬菜腌制品酸度大，绝大多数消费者无法接受，且酸度太大，对人体胃有强烈的刺激作用。因此，生产酸度适中的低盐腌制蔬菜产品，酸度控制至关重要。

1. 不同食盐浓度对蔬菜腌制过程中的酸度变化的影响

蔬菜在腌制过程中经压紧和食盐作用，蔬菜组织中的水分和可溶性营养成分外溢，借助天然附着于蔬菜表面的有益微生物（主要是乳酸杆菌、醋酸杆菌、肠膜状明串珠菌）或接入纯种进行发酵产酸。

对不同食盐浓度下蔬菜腌制过程中的 pH 值变化进行分析，表明其产酸速度及总酸量受腌制过程中加入的食盐限制，结果见表 2-6。当食盐浓度达 6%时，产酸速度就受到较大的抑制；食盐浓度达到 9%时，发酵产酸作用就大大减弱；食盐浓度达到 12%时，腌制 30 天的腌菜，口感不会有明显的酸味。而 3%食盐浓度与对照组的 pH 值测定结果接近，说明 3%的食盐浓度对产酸菌的产酸能力抑制作用非常微弱。

表 2-6　不同食盐浓度下蔬菜腌制过程中的 pH 值变化

pH 值 / 腌制时间/d	食盐浓度/%				
	3	6	9	12	CK
3	5.0	5.2	5.2	5.4	5.0
10	3.2	3.8	4.6	4.8	3.0
17	2.5	3.0	3.5	4.2	2.0
24	1.8	2.7	3.2	3.6	1.6
30	1.6	2.5	3.0	3.6	1.5

2. 不同处理对蔬菜腌制过程中的酸度控制

传统蔬菜腌制一般采用8%～14%食盐浓度，其产品盐度太高，人们食用时感到特别咸，因此酱腌菜也称为咸菜。3%食盐浓度的酱腌菜，口感咸淡适中，适应消费者的需要。

在3%的食盐浓度条件下，进行了酸度控制试验，结果见表2-7～表2-9。处理Ⅰ，芥菜∶大蒜∶食盐＝900∶100∶30；处理Ⅱ，芥菜∶食盐∶苯甲酸钠＝1000∶30∶0.3；处理Ⅲ，芥菜∶食盐∶山梨酸钾＝1000∶30∶0.4；处理Ⅳ，芥菜∶食盐∶亚硫酸钠＝1000∶30∶3；处理Ⅴ，芥菜∶大蒜∶食盐∶亚硫酸钠＝970∶30∶30∶2；对照组（CK），芥菜∶食盐＝1000∶300。

表 2-7 蔬菜腌制过程中各处理组的 pH 值变化

pH值 / 腌制时间/d	处理组					
	Ⅰ	Ⅱ	Ⅲ	Ⅳ	Ⅴ	CK
7	4.2	4.5	4.5	4.8	4.8	3.5
14	3.5	3.8	3.8	4.0	4.0	2.9
21	3.0	3.0	3.2	3.5	3.8	1.8
28	2.8	1.8	2.4	3.2	3.5	1.5

表 2-8 不同处理组的总酸测定结果

总酸/(g/100mL) / 腌制时间/d	处理组					
	Ⅰ	Ⅱ	Ⅲ	Ⅳ	Ⅴ	CK
15	0.41	0.38	0.36	0.32	0.30	0.42
30	0.72	0.96	0.78	0.52	0.45	1.05

表 2-9 不同处理组的感官质量评比结果

感官 / 项目	处理组					
	Ⅰ	Ⅱ	Ⅲ	Ⅳ	Ⅴ	CK
酸味	较酸	很酸	较酸	稍酸	适中	极酸
色泽	黄色	淡褐色	淡褐色	黄绿色	黄绿色	褐色
气味	蒜臭味	有烂菜味	稍有烂菜味	酯香明显	蒜味与酯香协调	有烂菜臭味
形态	良好	一般	一般	好	好	较差

从表 2-7 可以获得不同处理组的酸度变化情况，抑制产酸效果从 V→Ⅳ→I→Ⅲ→Ⅱ→CK 依次减弱，Ⅳ和 V 的 pH 值均大于 3，酸度适宜，可以控制蔬菜腌制过程中的酸度变化。

表 2-7 和表 2-8 实验数据说明各处理组所用的添加物对蔬菜腌制前期产酸抑制作用较小，前期产酸多。这样有利于抑制杂菌生长，保持蔬菜的色泽和维生素 C 的稳定性。产生的有机酸与醇类，及其他代谢产物互相结合，使产品具有良好的风味。

各处理组感官评比结果（表 2-9）肯定了亚硫酸钠在蔬菜腌制过程中的作用。大蒜对产酸菌有较强抑制作用，但是大蒜用量过大容易把大蒜的蒜臭味带进产品，因此用量要适中。

传统蔬菜腌制采用食盐来防腐和控制酸度增大，高浓度食盐溶液具有很高的渗透压（1%食盐溶液其渗透压可达 0.61MPa），而微生物细胞液的渗透压一般为 0.35～1.67MPa。3%食盐浓度对大肠杆菌、肉毒杆菌等有害的腐败性微生物有明显抑制作用，而对发酵产酸杆菌的活动只有轻微的影响，食盐浓度大于 10%时就能抑制发酵产酸杆菌的活动。

大蒜含有蒜氨酸，在大蒜细胞破碎时，蒜氨酸便在细胞中的蒜酶作用下分解出一种具有强烈杀菌作用的挥发性物质——蒜素。因此，大蒜抑制发酵产酸杆菌效果比苯甲酸钠和山梨酸钾更好。

亚硫酸钠在蔬菜腌制时不仅起到抑制产酸和防腐作用，而且是良好的蔬菜护色剂，加入亚硫酸钠的Ⅳ和 V 组，产品感官质量比其他几个处理组均好。

采用大蒜泥和亚硫酸钠进行防腐和抑制产酸，可将蔬菜较长时间进行腌制保鲜，而不会发生腐烂变酸现象。这样生长季节性强的蔬菜在一年四季内均可生产出合格的腌制产品。

低盐腌制蔬菜能更好地保护蔬菜的原有营养成分。高浓度的盐液渗透压过高，引起剧烈的渗透作用，使蔬菜组织中水分和营养物质大量外溢，且所腌制蔬菜皱缩，产品不能保持饱满的外观。另外，高盐腌制好的半成品蔬菜，继续加工时，必须用清水进行浸泡洗涤，使食盐浓度下降。这样不仅增加劳动量，而且大量发酵产生的香味物质进入水中而损失。因此，低盐条件下控制蔬菜腌制过程中的酸度变化和防止腐烂对低盐腌制蔬菜产品的生产有着十分重要意义。

三、泡菜

泡菜属于发酵性蔬菜腌制品，是我国民间最广泛、最大众化的蔬菜加工品，只要将蔬菜浸在盐水中经乳酸发酵即成。其营养丰富，色香味独特，对消化道有保健作用，深受国内外消费者喜爱。

凡组织紧密、质地嫩脆、肉质肥厚、不易软化、含有一定糖分的幼嫩蔬菜都可加工泡菜。所用辅料主要包括酒、糖、食盐、红椒、香辛料等。制作时可选用不同规格的泡菜坛，要求坛子不漏气、不渗水。泡菜水配制以井水和矿泉水为好，要求符合国家生活饮用水标准，且硬度在16°以上。塘水、湖水均不宜作泡菜用水。

在泡菜发酵过程中有酵母、霉菌、细菌多种微生物参与，其中主要的产酸菌是乳酸菌。对自然发酵泡菜中的乳酸菌而言，发酵初期明串珠菌属占优势，生长产酸，随着酸度的增加，明串珠菌属停止生长并死亡，而乳杆菌属迅速繁殖，成为优势菌。

（一）工艺流程

配制泡菜水
↓
鲜菜→整理→洗涤→切分→晾干明水→入坛泡制→存放后熟

（二）操作要点

将经过预处理的原料装入坛内，先装半坛，装紧实，放入香辛料袋后再装原料，离坛口6～10cm时，用竹片将原料卡住，注入配好的泡菜水淹没原料，盐水装至离坛口3～5cm。若用陈泡菜水泡制时，可直接加入原料，然后补加食盐、香辛料及调味料，盖上坛盖，加满坛水，存放后熟。

泡制期首先应保持水槽的清洁卫生，水槽内应使用饮用水，并加入10%食盐，防止槽中的水被杂菌污染后带入坛内引起败坏；其次，泡菜坛内切忌带入油脂，以防油脂浮在水面，引起杂菌繁殖，导致臭味；再次，为防止杂菌繁殖，可在泡制时放入一些大蒜、洋葱、苦瓜、红皮萝卜、丁香、紫苏、白酒等，以防止长膜；最后，应掌握好食盐使用量。要求食盐平衡浓度为2%～4%。食盐过多，会咸而不酸，而食盐过少，是酸而不咸。

（三）技术关键

1. 创造缺氧环境

缺氧状态为乳酸菌完成乳酸发酵所必需，在有氧条件下，易使霉菌繁殖，造成加工失败。创造缺氧环境的方法有以下3种。一是选择合理的发酵容器，如泡菜坛是一种既科学又简单的隔氧容器，坛口外侧有沟，细颈、胖肚、尖底可沉淀杂质，胖肚可尽量容纳蔬菜盐水，细颈能减少空气进入机会，水槽可隔氧防菌。二是装坛时压实，使泡渍液浸没菜体。三是泡制期间不开盖。

2. 控制食盐浓度

食盐具有防腐和使蔬菜组织中水分析出、改善成品质地的作用，用量宜控制在配方总量的10%～15%。食盐浓度过高，乳酸发酵受抑制，风味差；过低，杂菌易繁殖，产生异味或变质。最好采取分批加盐，兼顾发酵和防腐，并可防皱皮，使外观舒展饱满，缩短加工周期，实现低盐化工艺，最后盐平衡浓度为8%以下。

3. 控制温度

温度以20～25℃为宜，偏高利于有害菌活动，偏低不利乳酸发酵。温度与盐浓度互相制约，当发酵温度偏高时，应提高食盐浓度；偏低时，可适当降低食盐浓度，以确保在自然室温下既能缩短周期，又能稳定质量。

4. 控制一定的pH值

发酵初期调节pH值至5.5～6，对腐败菌具有抑制作用，而乳酸菌能耐受较强的酸性。酵母、霉菌虽能耐受更强的酸性，但属好氧菌，在缺氧环境中不能活动。

5. 其他注意事项

一是盐水须煮沸，以消毒杀菌；二是蔬菜及泡菜坛须晾干，防发霉变质；三是水槽水要盛满，勤换保持清洁；四是泡过菜的老盐水保持好，可延续使用；五是时令蔬菜交替泡渍，使泡菜风味更具特色。

(四) 泡菜生产中存在的问题

1. 优良泡菜乳酸菌种的筛选和不同乳酸菌种之间的配比有待进一步研究

目前国内多数厂家采用陈泡菜水的自然发酵法生产泡菜，该种发酵方法成本低，操作简单，且风味较好。市面上所用乳酸菌多为酸奶等产品的专用菌，接种于泡菜适应性差，生长繁殖困难，生产出的产品无发酵泡菜独有的味道，且纯种发酵的泡菜风味比较单一，因而采用接种纯种乳酸菌发酵泡菜的厂家很少。要获得风味好、品质优良的泡菜，还需进一步研究异型发酵和同型发酵乳酸菌之间的恰当配比。

2. 纯乳酸菌发酵工艺的弊端制约了它在泡菜工业化生产中的应用

接种纯乳酸菌大大缩短了泡菜的生产时间，加速了泡菜的商品化速度，降低了泡菜中亚硝酸盐含量，保持了产品质量的稳定性，推动了泡菜的工业化发展。但在推广过程中尚存在诸多问题，如生产成本较高，操作比较繁琐，需要专业的技术人员以及保存菌种的专门设备，且菌种易变异。这些缺点制约了泡菜的工业化进程。

3. 终止发酵和防腐保鲜技术需待改进

泡菜必须在成熟时及时终止发酵，如果进入过酸阶段，酸味过高影响产品的品质。目前国内生产的泡菜都是经过热力杀菌再加防腐剂（如山梨酸钾、苯甲酸钠等）来延长货架期。但是，泡菜经过80～90℃杀菌后，乳酸菌被杀死，一些营养物质如蛋白质、酶已变性，泡菜中丰富的维生素C损失很大，产品的脆性下降，风味变差，颜色发生褐变。而且化学防腐剂本身有一定的毒性，其用量受到严格的限制。

因此，如能探索出一种既能有效地抑制乳酸菌的后发酵，又能较好地保持产品的营养和风味，且还能保证产品在保存期内有足够的活性乳酸菌的方法具有非常重大的意义。

4. 需进一步探索适宜的发酵温度

泡菜发酵产生的主要非挥发性酸为乳酸和琥珀酸，挥发性酸为甲酸和醋酸，这四种酸是形成泡菜风味的主要物质，越在低温、低盐的情况下生成的量越多。而我国生产的泡菜一般是在自然条件下发酵而成，因此探索出既能较好地保持泡菜的风味，又具有较快的泡菜生产周期的适宜发酵温度，对提高我国泡菜的经济价值具有重要的作用。

四、酸菜

酸菜是选用大白菜或圆白菜及一些调料等，经过渍泡，在乳酸杆菌作用下发酵而成的一种发酵性腌制蔬菜。大白菜和圆白菜是我国东北地区冬季主要蔬菜，原料中的单糖在乳酸杆菌的作用下发酵生成一定量的乳酸，在乳酸的作用下，使蔬菜淹泡而成酸菜。

酸菜是人们喜爱的一种有益乳酸菌发酵食品，以其特有的香、酸、脆、咸（适中）等优质口感、开胃保健以及低廉的价格，赢得消费者的青睐，占据了一定的菜篮子份额。腌制酸菜也由传统的制作工艺发展到运用现代生物技术，优选乳酸菌进行发酵腌制而成。大肉包心芥菜是南方最常用作腌制酸菜的蔬菜，其他可腌制酸菜的蔬菜品种还有芥菜、大白菜、小白菜、甘蓝、萝卜、黄瓜等。

乳酸菌在酸菜发酵各个时期都起主导作用，其数量和所占细菌总数之比，是影响发酵速度的重要因素。酸菜发酵汁中的乳酸菌主要有植物乳杆菌、短乳杆菌、乳酸链球菌、乳酸乳球菌等。除了乳酸菌外，还有微球菌属、杆菌属、假单胞菌属、酵母属、肠杆菌属、克雷伯菌属等。

（一）腌制的基本原理

在腌制的过程中，利用食盐水的高渗透压和排氧作用，降低微生物利用水的程度，从而控制微生物的活动，并通过加入调料（有益乳酸菌制剂或冰醋酸等）抑制丁酸菌、大肠杆菌等不良微生物的生长，促进以乳酸菌为主的有益厌氧微生物的生长，并通过芥菜体内蛋白质等有机物的分解作用，形成色、鲜、味俱全的酸菜制品。

（二）加工配方

加工配方一：大肉包心芥菜 100kg，食盐溶解成 7%盐水，调料（适量有益乳酸菌制剂）。

加工配方二：大肉包心芥菜 100kg，食盐溶解成 7%盐水，调料（冰醋酸按腌制用水量计，配制成 0.75%的浓度，甜蜜素也同样配制成 0.01%～0.02%的浓度）。

（三）工艺流程

大肉包心芥菜→适时采收→运输→晾晒→整理→入缸（桶、池）→加盐水、调料→腌制→成熟→整形→入销售桶→上市销售

（四）技术要求

大肉包心芥菜等原料宜选晴天采收，晾晒 1～2 天，使其软化，然后整理切头，除去老黄叶、病叶，菜要分层压实，要用塑料薄膜封口。根据腌制量的多少，选择合适的容器（用 1000 倍的高锰酸钾液杀菌消毒）。腌制成熟时间，一般暖天 4～8 天，冷天 8～13 天。对使用有益乳酸菌制剂或使用冰醋酸、甜蜜素，要从经济和方便等方面来考虑，其腌制效果基本一样。

（五）酸菜中亚硝酸盐含量变化规律及降低措施

1. 亚硝酸盐含量变化规律

（1）食盐浓度对亚硝酸盐含量的影响　腌制发酵初期，由于乳酸生成量较少，食盐的抑菌作用成为主要因素。食盐浓度低不能抑制硝酸还原菌的生长，则亚硝酸盐生成较快；高浓度的食盐可以不同程度地抑制那些对食盐耐受能力较差的微生物，使硝酸还原过程变慢。食盐浓度在 12%以下所产生的亚硝酸盐含量最多，15%食盐浓度次之。食盐浓度为 6%～12%时，8～10 天产生的亚硝酸盐含量最多；食盐浓度为 15%时，到 15 天时最高。

（2）腌制时间对亚硝酸盐含量的影响　从腌制时间上看，随着腌制时间的延长，亚硝酸盐含量上升，发酵6天时含量最高，20天后被降解完全。结果表明，食用腌制6～15天的酸菜容易造成中毒。

（3）换水次数对亚硝酸盐含量的影响　增加换水次数及延长浸泡时间，能有效去除酸菜亚硝酸盐含量。当换4次水后，酸菜中亚硝酸盐的去除率为90%左右。

2. 降低酸菜中亚硝酸盐含量的措施

亚硝酸盐已被公认为强致癌物质，降低蔬菜发酵过程中亚硝酸盐残留可从以下几方面进行：加强从业人员卫生意识，减少细菌污染，适当控制腌制前白菜的污染程度；适当提高食盐浓度，延长发酵时间和存放期；在腌制中或腌制后加入一些亚硝酸盐清除剂等措施。

五、糖醋菜

糖醋渍菜类是以蔬菜咸坯为原料，经脱盐脱水后，用糖、糖水、食醋或糖醋液浸渍而成的蔬菜制品，如糖醋黄瓜、甜藠头。

（一）工艺流程

鲜菜整理洗净→盐腌→脱盐→沥干→配制糖醋液→入坛浸渍→杀菌包装→成品

（二）操作要点

1. 原料选择整理

要求与酱菜基本相同。主要原料有葱头、蒜头、黄瓜、嫩姜、莴笋、萝卜、藕、芥菜、蒜薹等。原料要清洗干净，按需要去皮或去根、去核等，再按食用习惯切分。

2. 辅料

主要有桂皮、八角、丁香、胡椒、干红辣椒、生姜、蒜头等香辛料，食醋或冰醋酸，糖。

3. 盐渍处理

将整理好的原料用8%左右食盐腌制几天，至原料呈半透明为止。盐渍的作用主要是排除原料中不良风味，如苦涩味等，增强原料组织细胞膜的渗透性，使其呈半透明状，以利于糖醋液渗透。如果以半成品保存原料，则需补加食盐至15%～20%，并注意隔绝空气，防止原料露空，这样可大量处理新鲜原料。

4. 糖醋液配制

糖醋液与成品品质密切相关，要求甜酸适中。一般要求糖醋液含糖30%～40%，选用白砂糖或用甜味剂代替部分白砂糖；含酸2%左右，可用醋酸或与柠檬酸混合使用。为增加风味，可适当加一些调味品，如加入0.5%白酒、0.3%的辣椒、0.05%～0.1%以香气为主的香辛料或香精。香辛料要先用水熬煮过滤后备用。砂糖加热溶解过滤后煮沸，依次加入其他配料，待温度降至80℃时，加入醋酸、白酒和香精，另加入0.1%的氯化钙保脆。

5. 糖醋渍

将腌制好的原料浸泡在清水中脱盐，至稍有咸味捞起，并沥去水分，随即按6份脱盐沥干后的菜坯与4份糖醋液的比例装罐或装缸，密封保存，25～30天后便可取食。

6. 杀菌包装

如要较长期保存，需进行罐藏。包装容器可用玻璃瓶、塑料瓶或复合薄膜袋，进行热装罐包装或抽真空包装，如密封温度≥75℃，不再进行杀菌也可以长期保存。也可包装后进行杀菌处理，在70～80℃热水中杀菌10min。热装罐密封后或杀菌后都要迅速冷却，否则制品容易软化。

第三节 酱腌菜的包装及保存

一、酱腌菜败坏的原因

酱腌菜营养丰富，在环境条件作用下，发生微生物繁殖污染情况，能引起各种各样的败坏现象。败坏即变质、变色、变味、分解等不良变化的总称。酱腌菜发生败坏一般是外观不良，风味变劣，外表发黏长霉，并有异味。造成酱腌菜败坏的原因很多，可分为生物败坏、物理败坏、化学败坏三种。

（一）生物败坏

酱腌菜败坏主要由有害微生物的生长繁殖引起，好气性菌和耐盐菌是腌制加工中的主要有危害微生物。在空气存在条件下，容易造成酱腌菜的败坏，同时又促进氧化。酱腌菜周围环境中存在着大量细菌、霉菌、酵母菌，只要条件适宜就会大量生长繁殖，造成表面生花、酸败、发酵、软化、腐臭、变色等种种异常现象。这些现象的发生对腌制品造成严重的损失，往往不堪食用，甚至会危及人的身体健康。

1. 腌制加工中的主要有害微生物

酱腌菜加工中主要的有害微生物及其特性见表 2-10。这些有

表 2-10　酱腌菜加工中主要的有害微生物及其特性

菌类	耐受食盐浓度/%	耐受的pH值	生长适温/℃	好氧状况	危害现象
丁酸菌	8	4.5	30	厌氧	生成丁酸，产生强烈的不愉快气味
大肠杆菌	6	5.0～5.5	37	需(兼)氧	有致病作用，将硝酸盐还原为亚硝酸盐
变形杆菌	10	5.0	30～37	需(兼)氧	分解蛋白质，生成有臭味的物质如吲哚等
沙门菌	12～19	6.8～7.8	20～37	需(兼)氧	产生毒素，引起食物中毒
金黄色葡萄球菌	10～15	4.5～9.8	20～37	厌(兼)氧	产生毒素，引起食物中毒
肉毒杆菌	6	4.5～9.0	18～30	厌氧	产生毒素，引起食物中毒
酵母菌	10～15	2.5～3.0	28	需氧	生醭，分泌聚半乳糖醛酸酶，软化组织，产生不愉快气味
霉菌	10～15	1.2～3.0	25～30	需氧	生霉，降低酸度，软化组织，制品风味变劣，产生有害物质

害微生物大量繁殖后，会使产品变质。

2. 腌制品腐烂的变化过程

蔬菜在腌制过程中，有害微生物的作用会使制品生膜、长霉与腐败，从而使制品的质量下降或完全败坏而不能食用。

腌制品的腐烂与蔬菜中所含的蛋白质分解有很大的关系。植物中的含氮化合物主要是蛋白质，蛋白质在有害微生物作用下发生水解。首先，蛋白质在蛋白酶的作用下，分解为多肽。其次，多肽在各种肽酶的作用下，分解成游离氨基酸。氨基酸进一步降解可有多种方式，其中脱氨基而释放出氨是主要形式。另外，在脱羧酶（pH 值 4～7）作用下，氨基酸脱羧生成胺；大肠杆菌、变形杆菌等中的色氨酸酶可将色氨酸转化产生吲哚，变形杆菌可从半胱氨酸中释放硫化氢。腐败菌分解蔬菜组织中的蛋白质及其他含氮物质，生成吲哚、甲基吲哚、硫醇、硫化氢等，产生恶臭味。

（二）物理败坏

造成酱腌菜败坏的物理因素主要是光线和温度。酱腌菜在光照作用下，会造成成品中物质分解，引起变色变味和抗坏血酸的损失。

储藏温度不适对酱腌菜的保存也有不利的影响。储藏温度过高，会加速酱腌菜中各种化学和生物的变化，加大了挥发性物质的损失，使酱腌菜的成分、重量、外观及风味都发生变化。温度过低，如在冰点以下，会使酱腌菜的质地产生不良的变化。

（三）化学败坏

腌制加工中，各种化学反应引起的变化，如氧化、还原、分解、化合反应均会使酱腌菜等发生不同程度的败坏。在腌制品保藏期间，若有空气存在，易发生氧化、褐变反应，使酱腌菜变黑，温度过高时引起蛋白质分解。

二、酱腌菜的包装保存技术

导致酱腌菜败坏的通常是各种微生物，如霉菌、酵母菌和细菌等，很多都是好氧性微生物。真空包装可以创造无氧或低氧的环境，从而在很大程度上抑制其活动。在使用中要选择合适的真空度，太高则可能造成酱腌菜挤压出汁，太低则影响保存时间。

(一) 低盐榨菜包装保存技术

1. 加工工艺流程

原料选择→修整→洗涤→切条→人工脱水→加盐腌制→存放后熟→添加辅料和防腐物质→包装→杀菌→储存

2. 保存原理与包装要求

(1) 低盐榨菜的保存原理　加工后的低盐榨菜成品含水量较高，又是在常温下储运，随着保存时间的延长，不仅会在色泽、香气、滋味、脆度等感官品质上发生变化，而且可能发生长霉、产膜、酸败、胖袋等变质现象。霉菌和酵母菌对食盐的耐受力比细菌大得多，尤以酵母菌最强。延长低盐榨菜保存期的关键之一是要灭菌、抑菌。长霉、产膜主要是由霉菌和产膜酵母等好气性微生物引起的，而引起酸败的重要原因是厌气性微生物的作用，故可采用加热的方法杀菌并钝化酶的活性（注意控制好温度和时间，以免影响产品风味），添加防腐剂抑制残余微生物的活动，同时选用密封隔氧效果好的包装来延长低盐榨菜的保存时间。

(2) 低盐榨菜的包装要求　为延长低盐榨菜的保存期，根据其性状和保存原理，要求包装具有阻氧、防潮等性能，能保持原有风味，操作方便，成本较低。对包装材料而言，除了要求安全卫生、无毒无味外，还要求气密性和防潮性好，阻止异味通过（保香）能力强，封口牢靠，能耐高温杀菌和包装处理（如真空包装），机械强度较高。

(二) 袋装酱腌菜的包装保藏技术

1. 各种处理对酱腌菜的保藏影响

由于酱腌菜是一种微生物发酵制品，因此在成熟菜体中仍残留有大量的活菌体；酱腌菜的生产也是开放式的，空气、设备、各种配料、包装材料、操作人员等所携带的微生物会在生产的各个环节侵入腌菜中。因此，装袋后的酱腌菜中微生物数量很大，如果没有很好的抑制措施，菜体中的微生物会再次发酵，导致袋装酱腌菜败坏变质。

① 真空包装结合杀菌是抑制袋装酱腌菜中微生物发酵的重要措施。杀菌、真空包装、添加防腐剂和不拌料 4 种措施单独使用对袋装酱腌菜防腐和延长储期都有一定的作用，其中以杀菌处理储藏效果最显著，可达 180 天以上。两种或多种措施结合使用较单独使用效果好，其中以杀菌和真空包装组合效果最好，其不胀袋期限都在 1 年以上；如果不使用杀菌和真空包装，袋装酱腌菜的不胀袋期限最多不超过 15 天。

② 在酱腌菜类拌料时最好不要拌入砂糖等易发酵的调味料，相反可以加入适量的食醋、白酒等以增强防腐能力。成熟酱腌菜中的易发酵营养物质如糖等被微生物发酵消耗，在一定程度上能抑制酵母及乳酸菌的进一步活动。拌料时如加入了糖等易发酵的调味料，会再次激活此类微生物，引起二次发酵。因此，在其他处理都相同的条件下，拌料的袋装酱腌菜比不拌料的胀袋发生快。

③ 采用真空包装的处理较未真空包装的处理胀袋发生迟。酱腌菜类的含盐量一般在 10%以上，低盐产品含盐也在 4%～7%，导致这类食品败坏的通常是酵母、霉菌和耐盐细菌等较耐渗透压的微生物，其活动通常都需要有充足的氧，创造无氧或低氧的条件便能在很大程度上抑制其活动，这也是真空处理效果较好的原因。在生产中常可以见到因没有采用真空包装、真空度不够或包装袋达不到要求的袋装酱腌菜出现变质的现象。

2. 装量对杀菌和冷却的影响

加热杀菌是袋装酱腌菜防腐保藏的有效措施，但任何形式的加热都会使产品的营养、色泽、风味和质地受到一定程度的破坏。因此在操作时既要达到杀菌的工艺要求，又要尽可能地减轻因杀菌对酱腌菜品质造成的破坏。杀菌必须使袋中升温最慢的部位（冷点）满足杀菌要求，不同的装量袋中心的升温速度不同。

袋装酱腌菜应根据装量制定对应杀菌温时指标，最好是采用50g左右的小包装，因为小包装杀菌和冷却时升温、降温都很迅速，能很快除去产品中的余热，避免产品长时间受热使品质变劣。

第三章

各类酱腌菜加工配方与工艺流程

第一节 盐渍菜和盐水渍菜

盐渍菜是以蔬菜为原料，用食盐直接盐渍而成的蔬菜制品，根据含水量的相对多少（或凭感官）划分为湿态、半干态、干态，但三者之间没有明显的划分界线。

盐渍菜的生产工艺一般采用干压腌法和干腌法。我国南方和日本生产盐渍菜大部分都采用干压腌法，即把鲜菜洗净后，按一定的菜盐比例，顺序放在容器内，中部以下用盐 40%，中部以上用盐 60%，顶部封闭一层盐，压盖后再放上重石，利用重石的压力和盐的渗透作用，使菜汁外渗，菜汁逐渐把菜体浸没，食盐渗入菜体内部，达到渍制、保鲜和储存的目的。与干压腌法相比，干腌法不用重石，也不加水，用盐直接渍制，其用盐量按具体品种而定。一般来说，随产随销的盐渍菜每 100kg 用盐 6～8kg，需长期储存的盐渍菜用盐 16～18kg。干腌法中还有一种分批下盐法，即盐渍时分 2 次或 3 次下盐，该法常用于水分较大的蔬菜。它的优点如下。

① 高浓度的食盐渗透压力很高，会引起强烈的渗透作用，使蔬菜组织短时间内失水引起皱缩，分批下盐可以减慢这种失水的速度，使蔬菜渍制品能保持较为饱满的外观。

② 分批下盐可以使渍制品初期发酵旺盛，乳酸菌迅速繁殖，

产生较多的乳酸，抑制有害微生物的活动，并可减少维生素的损失。

③ 蔬菜盐渍时，食盐浓度愈大，则蔬菜组织与蔬菜中可溶性物质的浓度达到平衡时所需的时间也就越长，分批下盐可以缩短平衡时间，缩短盐渍时间。

一、根菜类盐渍菜

(一) 萧山萝卜干

萧山萝卜干起源于20世纪40年代，主要产于义蓬地区。该地区沙质土，土地肥沃，气候适宜，所产萝卜质地脆嫩，肉质紧密。其生产工艺特点是先经风脱水、两次腌渍、三次晾晒、入坛后熟，产品口感醇厚，咀嚼无渣，咸中微甜，深受消费者喜爱。

1. 原料配比

鲜萝卜100kg，食盐5～7kg，防腐剂50g。

2. 工艺流程

鲜萝卜→选料→洗涤→切条→白条去晒→第1次盐渍→咸条出晒→第2次盐渍→拌料→装坛→入库

3. 操作要点

(1) 选料　主要以白头一刀萝卜品种为主，要求其皮色全白，无虫蛀、无伤痕。

(2) 洗涤切条　将洗净的萝卜，去须根及头尾，再进行切条。切条时要求条条带皮呈橘瓣形，约2cm粗细，8cm长。若萝卜过大，就必须抽心，过长的要按长度要求切断。

(3) 白条出晒　要求晾晒的地方四面通风，特别要选能吹到西北风的地方。搭晒架要北高南低，高的一头约50cm，方向朝南。将切好的白萝卜条，放在芦席上，摊匀摊薄，要求每条都能晒到太阳。每天上下午各翻动1次，晚上将芦席折拢，并盖上草垫，以防霜冻、雾侵、雨淋。根据西北风大小决定晾晒时间，晒3～5天。一定要晒到手捏柔软，无硬条为止。大约100kg晒至35kg。

如白条出晒遇雨，应进室内摊开。如2～3天不能出晒，每

100kg 再加盐 2kg，拌匀进缸踏紧，待天晴出晒。如遇连续下雨，应翻缸去卤，每 100kg 加盐 1kg 腌制。

(4) 第 1 次盐渍　用清水洗净空坛，控干后使用（不准用装过农药和其他化学品的坛）。按白条重量计，每 100kg 加盐 3kg。食盐要求不含镁盐，不带苦卤。先将收得的白条摊晾，加盐拌均匀，用力揉透，要揉到盐溶化为止。将加盐揉好的白条，倒进缸里，每层 40kg，踏紧，越紧越好。看天气冷热情况，一般 3～5 天。如盐已溶化，即可出晒。

(5) 咸条出晒　摊平摊薄，使条条都能见到太阳，要勤翻动，晒 2～3 天即可。出晒时 100kg 晒到 70kg 为止。如萝卜过干，出现白肚过多时，应多翻多揉，消除白肚后再晒。如发现萝卜干发滑，用 17%盐水（100kg 水加盐 20kg），洗净后再出晒。

(6) 第 2 次盐渍　先将晒好的萝卜干摊晾。按第 1 次时操作，每 100kg 萝卜干加盐 1.5kg，拌匀，分层踏紧，越紧越好。盐渍时间，一般为 7 天左右。

(7) 拌料、装坛　出缸后，先将萝卜干分等级堆放，每 100kg 再加盐 2kg、防腐剂 100g。分 2 次加盐及防腐剂，每次翻拌必须均匀。装坛时，每坛分 7～8 层装入，层层压紧，用盐 0.25kg 封口（10kg 盐拌入 1kg 苯甲酸钠），顶上加盖毛竹叶，用稻草绳盘绕塞口。最后用水泥 30%、黄沙 70%拌和封口，厚 1cm。坛外用石灰刷白，坛肩用红漆和松香水调匀写标记。坛肚用草绳围 12 圈。出运时再用草绳捆“十”字 3 圈，以保安全。

（二）常州香甜萝卜干

常州香甜萝卜干是传统土特名产，具有 100 余年历史。最初以五香萝卜干成名，此后在此基础上又发展出了香甜萝卜干。常州香甜萝卜干具有香、甜、脆、嫩的独特风味，咸甜适口、细嚼无渣，用以佐餐实为佳品。

1. 原料配比

按每 100kg 白片计，细食盐 7～8kg（不包括初腌用盐），糖精

0.015kg，苯甲酸钠 0.1kg，大曲酒 0.5kg。

2. 工艺流程

鲜圆红萝卜→选料→洗净→切制→初腌→晒干→白片(收购)→入池腌制(撒入细盐)→翻池→封池伏熟→拣片(入缸)→洒酒→包装→成品

3. 操作要点

(1) 选料　选用常州郊区新闸所产“圆红萝卜”，该品种皮色鲜红光滑，肉白而致密，含有较高果糖，味甜而脆嫩。鲜萝卜要求个形均匀，不冻不空，无残斑、黑斑。

(2) 洗净、切制　用清水洗净后进行切制，首先切去头和根须，然后切制成橘瓣形，要求条口均匀，块块有皮，中间皮宽 2.5cm 左右。

(3) 初腌　切制好的鲜萝卜片入缸初腌，用盐量 2%左右（以鲜萝卜计)。要求分层撒盐均匀，4h 后倒缸 1 次，经 8h 左右捞出晾晒。

(4) 晒干　经初腌捞出即上晒架晒干，要求晒架架空使上下透风。摊晒萝卜片时要均匀，不宜太厚，勤翻晒，夜间需遮盖，并要防止淋雨受冻，其间应注意天气变化，防止产生黏片、红痔片，一般情况晴天晒 3 天左右。

(5) 白片收购质量要求　晒条无霉变，片形均匀，杂片（指空片、黑片、漏刀片三种）不超过 5%，含水分不超过 60%～70%，要求皮红肉片爽口，对水片、晒僵片、红痔片、枯片、浸卤片、阴雨片，及含水分超过 70%的均不予收购。

(6) 入池腌制　预先将细食盐、糖精、苯甲酸钠混合拌匀待用。白片当天收购当天腌制，白片下池每 100kg 撒 1 次混合盐，要求撒盐均匀。入池后每天翻池 1 次，连续 5 次，然后封池伏熟。

(7) 封池伏熟　封池先以食用塑料薄膜铺垫，再以细食盐封面，封池 1 个月以上，待色泽转为金黄色，辣味消失，产生萝卜干特有香味即为成熟。

(8) 拣片　按质量标准要求剔除空片、黑片等杂片。

(9) 洒酒、包装 每批产品由化验部门负责质量检定，经化验合格然后洒酒（经翻拌）包装。

(三) 如皋香甜萝卜条

如皋香甜萝卜条，是当地著名的土特产，有900多年的历史。以当地特产圆白萝卜（“鸭蛋头”）为原料，色白、光滑、尾细长、皮薄、肉嫩、多汁、木质素少，味甘不辣，嚼而无渣，素有“如皋萝卜赛雪梨”之称。

1. 原料配比

按100kg脱水萝卜条，配食盐12kg，白糖3kg，糖精15g，苯甲酸钠100g。

2. 工艺流程

鲜萝卜→选料→切片→晾晒→初腌→拣片→复腌→成品

3. 操作要点

(1) 选料 把圆白萝卜先去掉须、根蒂及黑斑，剔除花心空心、开裂畸形的萝卜，再用清水洗干净。

(2) 切片 将洗净的萝卜，切成大小均匀的橘片形萝卜条，要片片有皮。

(3) 晾晒 将切好后的萝卜条，摊晒在阳光充足，通风良好的竹帘上进行自然脱水，一般4天左右即干。由于水分蒸发，萝卜条表皮皱缩成不规则的密纹状态，条形卷曲，体积缩小，重量只有原来的1/3。晒制的质量要求为柔软清香，色泽清白，干潮适度，无冻片、破片等。

(4) 初腌 将晒后的萝卜片，先按每100kg加入食盐10kg、糖精10g及苯甲酸钠50g进行腌制，拌和均匀后，入缸并层层踏实。次日进行翻缸，以后每隔2天进行1次翻缸，共翻4～5次。先将上半缸萝卜条翻到另一个空缸内，拉平，再将下半缸萝卜条翻到上面并拉平，将卤水和未溶化的食盐粒也一并均匀移过去。翻完后，上层要加压干净石块。在初腌过程中，由于产生的醇类及有机酸作用，使生萝卜的一些气味消失，同时产生一种特殊的芳香气味，故此时已有清香柔甜之感。

(5) 拣片　经初腌半月以上的萝卜条，色泽由原来的白色转变为近乳白色。再进行拣片整形，选大小均匀的橘条片为正品。

(6) 复腌　经选出的正品再入缸，用干净的原卤水进行清洗，去掉萝卜条表面的污物。按每 100kg 成品片，补加盐 2kg、白糖 3kg、糖精 5g、苯甲酸钠 50g，充分拌和均匀，复腌 5 天左右（其间翻缸 1～2 次），即为成品。随吃随取，或包装销售。

(四) 萝卜干

1. 原料配比

(1) 盐渍阶段　鲜萝卜 100kg，食盐 8kg。

(2) 成品阶段　脱水萝卜干 100kg，白酒 1.2kg，五香粉 0.2kg，苯甲酸钠 0.1kg。

2. 工艺流程

鲜萝卜→选料→切制→盐渍→洗涤→造型→压榨→拌料→装坛后熟

3. 操作要点

(1) 盐渍　每 100kg 鲜萝卜用盐 8kg，层菜层盐，腌至满缸。每 3 天转缸 1 次，落入原菜卤，浸 10 天。

(2) 洗涤　以澄清过滤的菜卤作洗涤水，洗 2 次，洗净萝卜咸坯，捞出沥卤。

(3) 造型　将洗净的萝卜咸坯切成方柱形，要求长 8～10cm，宽 1.5cm 左右。

(4) 压榨　将切好的萝卜条咸坯，放入榨箱中，加压收榨，收得率为 30%左右。

(5) 拌料　将压榨脱水的萝卜条置于拌料容器中，撒入五香粉、白酒、苯甲酸钠混匀。

(6) 装坛后熟　拌料后立即装坛，层层捣实压紧，加盖面盐 0.5cm 厚，用咸菜叶或稻草绳塞紧坛口，再用混凝土密封坛口，室温下 50 天即为成品。

（五）福州五香大头菜

大头菜是我国著名的特产蔬菜之一，南北各地都有栽培。福州五香大头菜以福州郊区及郊县出产的大头菜为原料，呈长圆球形，个头硕大，肉质脆嫩，水足色鲜。

1. 原料配比

鲜大头菜 100kg，食盐 15kg，热盐 200g，五香粉 200g。

2. 工艺流程

鲜大头菜→选料→晾晒→初腌→二腌→日晒→回潮→配料→封缸

3. 操作要点

（1）选料　选择新鲜大头菜，要求无硬皮，质嫩，没柴心、黑洞、白洞，削去头部根皮及毛须，去除泥土杂质。

（2）晾晒　将大头菜带叶晾晒 2 天。晾晒情况视鲜菜的品质而定，如果大头菜的尾叶已经发黄了，表明菜质软弱，必须立即加工。

（3）初腌　将晾晒后的大头菜装缸，每 100kg 用盐 8kg，掺水 5kg，层层洒均匀盐水，装满缸后加石头重压。7 天后，翻菜过缸，除去原卤。

（4）二腌　第 2 次腌制时，用食盐 7kg，分层与原料菜掺拌入缸。操作时要注意，缸底部盐要少撒些，缸上部盐要多撒些。装菜满缸后，亦须用石头重压。过 2 天，如卤水漫头，则需要加原卤和盐，使其浓度达到 20°Bé。

（5）日晒　腌制 1 个月后便可将菜捞起，晒干。其干度以每 100kg 新鲜菜晒至 31～32kg 为佳。

（6）回潮　将腌制晒干后的原料菜，放置 1 天使其回潮，然后配以香辛料调味品。

（7）配料　每 100kg 原料，以热盐及五香粉各 200g，细研为末，插到菜心内部，扎紧菜叶后装缸，踩实，并在缸口用菜尾叶封面，然后加盖，再以食油密封。经过数日后便是成品，能储藏 1 年以上。

二、茎菜类盐渍菜

(一) 涪陵榨菜

涪陵榨菜是我国对外出口的三大名菜（榨菜、薇菜、竹笋）之一，其传统制作技艺被列入第二批国家级非物质文化遗产名录。清朝末年，人们仿照腌制大头菜的方法，把青菜头制成咸菜储存，鲜美可口。最初，由于在加工腌制青菜头的过程中使用木榨压出菜体内的水分，故取名“榨菜”。至1910年就有人办厂腌制榨菜，以后逐步发展。1915年涪陵创办万坛大厂，于是群商蜂起，争相仿制。

加工榨菜用的原料系一种茎用芥菜，俗称青菜头。适宜用作榨菜加工的品种有早熟品种如草腰子、翻叶鹅公包；中熟品种如三转子、三层楼、枇杷叶、细叶草腰子、鹅公包；晚熟品种如露酒壶、须须叶、绣球菜、立耳朵、浙江半碎叶。近年来在涪陵地区主要栽培品种为草腰子及三转子，其产量高，抗病性好，可溶性固形物含量高，加工适应性也较好。青菜头收获期的适当与否与榨菜品质的好坏及成品率的高低有着十分密切的关系。在立春前后5天内收获的原料称为头期菜，品质最好，成品率最高，也就是原料消耗定额最低。雨水节前10天收获的原料，品质开始下降，成品率也低一些。收获期越往后延，则品质越差，成品率越低。

1. 原料配比

以成品榨菜100kg计，青菜头头期菜280kg（或中期菜320kg，或尾期菜350kg），食盐16kg，辣椒面1.1kg，花椒0.03kg，混合香辛料0.12kg。

混合香辛料，八角85%，山柰10%，甘草5%，砂仁4%，肉桂8%，白胡椒3%，干姜15%（对香辛料总量而言的）。

2. 工艺流程

青菜头→选料→搭架→分类划块→串菜→脱水（晾架）→下架→剥皮去根→头腌→翻池→二腌→修剪青筋→整形分级→淘洗→压榨→拌料→装坛→扎口→后熟及清口→成品

3. 操作要点

(1) 选料　选择组织细嫩、紧密、皮薄、粗纤维少、突起物圆钝、凹沟浅而小、呈圆形或椭圆形、体形不太大的菜头。菜头含水量宜低于93%，可溶性固形物含量应在5%以上。

(2) 搭架　青菜头收获后必须先置于菜架上晾晒，脱去一部分水后才可进行腌制。所以事先必须搭好菜架，架地宜选择河边风向、风力好，地势平坦宽敞之处。务使菜架的各部位都能被河风吹透，以缩短脱水时间。菜架由檩木、脊绳和牵藤所组成。檩木用直径15cm、长6m的圆木柱；脊绳用竹篾编成，直径7～8m，长50m；牵藤用竹篾编成，直径2～3cm，长330m。每个菜架最好不超过40叉，架与架之间的距离至少10m。每叉用檩木2根，交叉成"X"形，檩木交叉处以脊绳套紧。叉脊到地面的垂直高度为5m左右，叉足距离约4m，叉与叉的间隔为4m。每隔5叉加支柱1根，每隔10叉加双支柱一副。架身两端用挽叉的脊绳紧套在两端的架尾上。架身的木叉与架层的距离约8m。最后由架尾通过架身到另一端架尾，自上而下来回网满牵藤。牵藤的距离宜上密下稀，架身的方位应与地势相适应并顺着风向以利风干。

(3) 分类划块　菜头大小不同，在混合加工时会给风干脱水、盐分渗透带来困难，影响产品质量。同时对成品进行切片、切丝等机械加工造成不便，因此应进行分类，分别加工。

全型加工菜：150～350g的青菜头可进行整体加工。

划块菜；350g以上的菜需进行划块处理。

级外菜：150g以下的作为级外菜。

菜尖：60g以下的不能作榨菜，只能同菜尖合并处理。

(4) 串菜　先用剥菜刀把菜头基部的粗皮老筋剥完。光剥去根茎部的青皮，抽去硬筋，但不伤及上部的青皮。然后用篾丝将菜块(菜块可稍留3cm根茎)穿成串，篾丝穿过根茎可避免损伤菜肉。根据大小将已划好的菜块必须分别穿串，穿串时划块的白面应对着绕丝的青面以免筋丝折断。每串两头同穿牢实，不许回大圈。每串可穿菜块4～5kg。穿好后应顺菜架摆在地上，不要堆得太高。篾丝不可削得太短。凡穿好后发现绕丝断了的要返工再穿。两头务必回穿牢实。每根接丝长 2m。

(5) 晾架　青菜头的脱水方法有 3 种：自然风力脱水、人工热风脱水、食盐脱水。脱水可使菜块的水分减少，细胞组织更为紧密，增加脆度，相对提高菜块干物质的含量，并使菜块柔软，减少用盐量，便于腌制。青菜头不宜过度脱水，因为过多脱水会使青菜头质软绵面不嫩脆，青菜头的表皮皱缩，欠饱满而不美观。

① 自然风力脱水法　即采用晾架法，将穿好的菜串搭在架上使其晾干。先搭架的放两端，后搭架的放中央，然后两边上菜，两面同时兼搭，使重量平衡。高的一面多晾，低的一面少晾，务使架身受力均匀。大、小分别上架，大块菜晾架顶，中等的菜块晾在架中间，小块菜晾在架的下部，架脚不得摊晾菜串。晾时应将菜块的切面向外，青面向里，以利脱水。串菜密度要均匀，头要搭稳，即菜串夹在牵藤之间的长度约为 20～22cm，不宜过长，每排菜应上下交错地搭，不要都压在同一根干藤上、以免压断干藤。并应适当留出风窗，使菜块受风均匀，加快脱水速度。

涪陵晾晒青菜头主要是利用长江的风吹干而不是晒干，故称为自然风力脱水。采用该法脱水设备简单，菜块的绿色不易发生变化，营养成分不遭受损失。但该法受气候变化的影响，易受微生物的侵害引起腐烂，脱水时间长，花费人力较多。

② 人工热风脱水法　利用各种形式的烘干设备，人工控制一定的温度、湿度及风速，以加快青菜头水分的蒸发，达到脱水的目的。青菜头剥皮划块后，平铺于供架上送入烘干室。烘干室的热风温度为 60～70℃，风速为 2～3 级，经过 7～8h，即可达到自然风力脱水的程度。

采用人工热风法脱水，不受气候的影响，脱水时间短，不易烂菜。人工控制温度、风速对提高榨菜质量和增加产量都有好处，并有利于实现机械化。该法的缺点是耗用燃料较多，成本增大。

③ 食盐脱水法　将划剥后的青菜头直接放入池内腌制，利用盐渍法来排除菜块内的水分。这种方法耗盐量比前两种方法多，一

般是100kg榨菜成品需用22kg盐。

采用食盐脱水法方法简单，不需晾晒和热源，处理迅速，不易发生烂菜现象。该法的缺点是增加了食盐的用量，会引起较多的营养成分流失，影响榨菜品质。

(6) 下架　在晾晒菜块时如果自然风力能保持2～3级，则一般晾晒7～8天，菜块即可下架，进行腌制。下架要坚持先晾先下，如天气不好，风力又小，则应适当延长晾晒时间，做到干度不够不下架，但又要避免烂菜现象出现。凡脱水合格的干菜块，用手捏之，菜块周身柔软而无硬心，表面皱缩而不干枯。下架菜块必须当天拌盐入池，防止堆积发热。

下架成品率是指青菜头原料，以去皮穿串，上架晾干后下架时所收干菜块重量与上架前菜块重量之比。头期菜的下架率为42%，中期菜为38%，尾期菜为36%。下架的干菜块重量以75～90g/块为宜，无霉烂斑点、黑黄空花、无发梗生芽及棉花包异变，无泥沙污物。干菜块的形态最好不要呈圆筒形或长条形。

下架成品率与榨菜成品的鲜香嫩脆的关系很大，是决定原料用量多少及成本高低的关键。经风脱水后相应地干物质含量的百分率可大大增加，为以后进行各种发酵作用提供物质基础。如果新鲜原料中可溶性固形物用测糖计测定时为5°Bé，下架率以40%计，那么其可溶性固形物含量应该在10～11°Bé之间，这样就等于增加了原料的干物质含量，比用盐脱水榨菜品质好得多。经风干后的菜块组织变得柔软且具有一定的弹性，所以腌制时用力搓、打、压而不致使其破碎，而且经盐渍后组织更加紧密。干菜块含水量降低，渍制时用盐量可以相应地减少一些，但是菜块过度干燥反而软绵不脆，表皮皱缩，难以恢复饱满。再者晾晒过久的菜块往往发梗生芽而形成棉花包，表皮上易生成腐烂黑斑点，品质外观均受影响。

(7) 剥皮去根　砍掉穿眼或过长根茎，剥尽茎部老皮。

(8) 头腌　目前都利用菜池进行腌制。先将干菜块称重入池，$3m^2$的菜池可先铺菜块750～1000kg，厚35～50cm。按100kg菜坯用盐4.5kg，将盐均匀地撒在菜块上，一层菜一层盐，留下10%

的盐作为盖面盐。池装满后撒上盖面盐。放菜坯时每层要压紧，使菜保持紧密。经过72h后，即可起池，起池时利用池内渗出的菜盐水，边淘洗边起池边上囤。池内剩余的盐菜水应立即转入盐水专用储存池内。上囤时所流出来的菜盐水也应利用沟渠使其流入上述专用菜池内储存。囤高不宜超过1m，上满囤后要适当踩压，以滤去菜块上所附着的水分。上囤可以调剂菜块的干湿，起到将菜块上下翻转的作用。经上囤24h后即成半熟菜块。

(9) 二腌　上囤完毕的菜块再过秤倒入菜池内进行二腌。操作方法与头腌法相同，只是每层下池菜的重量应减为600～800kg。按每100kg半熟菜块加盐5kg，将盐均匀地撒在菜块上，再用力压紧，直至装满压紧加盖面盐，早晚再压紧1次。腌制7天后食盐就能渗透到菜块肉质的内部，进一步使菜块中的水分渗出。然后再按上法起池上囤，仍将菜块压紧。

入池腌制的菜块应经常进行检查，切实掌握腌制时间，防止发酸、“烧池”。如果发现发热变酸或放出的气泡特别旺盛时应立即起池上囤。压干明水后转入第2道池加盐渍制，即可补救。

凡因久晴无风或久雨无风使菜块表面变硬，组织呈棉絮状或发生腐烂时，应作为特殊情况处理。为了避免损失，菜块虽未达到下架的干湿程度，也应立即下架入池腌制，进行食盐脱水。可按每100kg菜块用盐2kg，逐层撒盐，适当压紧，防止因菜块生硬增大破碎串。腌制24h后，即行起池上囤。囤可堆高些，但囤压时间不要超过12h。如此处理后再按上述头腌和二腌的方法继续加盐腌制才能保证菜块不变质。

(10) 修剪青筋　二腌好的菜块应及时起池，上囤24h后即成为毛熟菜块。应用剪刀仔细地挑净老筋、硬筋，修剪飞皮菜匙、菜顶尖锥，剔去黑斑、烂点、缝隙杂质。修剪看筋时防止损伤青皮、白肉，然后整形分级，将大菜块、小菜块及碎菜分别存放。

(11) 淘洗　可采用人工或机械法，用澄清的菜盐水对修剪好的菜块进行淘洗。连续淘洗3次，以除净菜块上泥沙污物。切忌用生水和变质盐水淘洗，以免冲淡菜块的食盐含量或带入杂菌，影响储存时间和榨菜品质。淘洗后的菜块即行上囤，并进行适当踩压，经过24h沥干菜块上所附着的水分之后，即可拌料装坛。

(12) 拌料、装坛 将上囤后的菜块，按青菜头100kg，加入食盐6kg、辣椒面1.1kg、花椒0.03kg及混合香辛料0.12kg。每次拌和的菜不宜太多，以200～250kg为宜。置于菜盆内充分拌均匀，使菜块沾满配料，立即进行装坛。装坛时因要加入食盐称为三腌。榨菜坛应选用两面真釉，经检查无砂眼、缝隙的坛子。菜坛系用陶土烧制而成，呈椭圆形，每个坛子可装菜35～40kg。先将空坛倒置于水中使其淹没，视其有无气泡放出，若无气泡则为完好坛子。

装坛时先在地面挖一坛窝，将空坛置于窝内，深及菜坛的3/4处，用稻草塞满坛窝周围的空隙处，勿使坛子摇动，以便操作。每坛榨菜分5次装满，头层装10kg，二层12.5kg，三层7.5kg，四层5kg，五层装满。每次装菜要均匀，并用木杆装紧，排出坛内空气。压菜时要用力均匀，防止捣碎菜块和坛子。装满后将坛子提出坛窝过称标明净重。在坛口菜面上再撒一层红盐60g（配制红盐的比例为食盐100kg加辣椒面2.5kg拌均匀），在红盐面上交错盖上2～3层干净的包谷壳。

(13) 扎口 选用色素少、纤维多的长梗菜叶或玉米壳，用盐腌制后拌和香辛料扎口封严，保证坛口清香，防止霉烂。随后即可入库储存待其发酵后熟。

(14) 后熟及清口 刚拌料装坛的菜块，蜡黄色泽、鲜味和香气还未完全形成。经存放后熟一段时间后，生味逐渐消失，蜡黄色泽、鲜味及清香气开始显现。在后熟期，食盐和香辛料要继续进行渗透和扩散，各种发酵、蛋白质的分解以及其他成分的氧化和酯化作用都要同时进行，其变化相当复杂。一般说来榨菜的后熟期至少要2个月，当然时间长一些品质会更好一些。

榨菜装坛后，应普遍进行1次清口，发现坛内榨菜过多或过少时，应适当进行增添和减少。扎口菜叶过少或扎口不严紧，应立即增添菜叶扎紧。榨菜在储存期间，应放在阴凉干燥的地方，每隔

30～45 天要进行 1 次敞口检查，称为“清口”，以保证榨菜品质不变。一般清口 2～3 次后，坛内发酵作用的旺盛期基本结束，这时可用水泥封口。水泥封口时中间要留一个小孔，以便坛内产生的气体跑出，可防止爆坛破裂的危险。

内销榨菜每块的重量应在 40～60g 之间，根据质量可分为三个等级。

一级菜：干湿适度，每 50kg 成品用青菜头头期菜为 140kg，中期菜为 160kg，尾期菜为 175kg，咸淡适口，淘洗干净。菜块无硬心，表面无皱纹，块形较好，修剪光滑无虚边，美观。辣椒鲜红细腻。菜块青皮白面，鲜香，嫩脆，咸而不苦，回味返甜，无泥沙污物、老筋菜匙、黑斑烂点。无箭杆及筒形菜，无棉花包及硬头菜，无通身无青皮的菜。

二级菜：咸淡、香味和卫生等符合一级标准，修剪略欠光滑，湿度稍差。每 50kg 成品用青菜头头期菜 135kg，中期菜 165kg，尾期菜 170kg，通身无青皮的菜、硬头菜不超过 5%，棉花包不超过 2%，无泥沙、无污物、无老筋菜匙、无黑斑烂点、无箭杆及筒形菜。

三级菜：咸淡、香味、卫生符合一级标准；干湿、颜色较差，块形不好，菜块偏湿。每 50kg 成品用青菜头头期菜不足 130kg，中期菜不足 150kg，尾期菜不足 165kg，通身无青皮的菜、硬头菜和棉花菜不超过 10%，无泥沙污物，无老筋菜匙，无黑斑烂点，无箭杆及筒形菜。

凡咸淡、香味、卫生不符合标准者，必须返工整理后再行定级出厂。凡菜块重量在 40g 以下，大小不均匀，但质量不低于三级菜标准的菜统称为小块菜。小块菜也就是等外级的菜。出口榨菜系在上述一级菜中选出形态团圆的整形菜块进行装坛，为了增加其鲜红色泽，装坛时每 100kg 菜块中加入辣椒面 1.2kg，有时食盐用量也有所增加。

4. 注意事项

榨菜在坛内发酵后熟期可能发生的变化和管理的方法如下。

（1）“翻水现象” 拌料装坛后，在储存期，坛口菜叶逐渐被翻上来的盐水浸湿而有黄褐色的盐水由坛口溢出坛外，称为“翻水”。这是由于装坛后气温逐渐上升，坛内的各种微生物发酵，引起菜块的营养物质分解而产生的气体越来越多，迫使坛内的菜水向坛口溢出，气体也由此而出。这是一种正常现象，凡菜块装得又紧又密，必然有翻水现象。翻水现象能反复出现几次，即菜水翻上来后不久又落下去，过了一段时间又翻上来落下去，至少要翻水 2～3 次。装坛后 1 个月之内还无翻水现象的菜坛，应立即检查，进行加工整理。装坛时装得不紧，扎口不严密或坛有渗漏时，榨菜不翻水，极易发生霉变。翻水结束后，每坛榨菜内允许残留的盐水为 0.75kg。如果超过这个标准就说明装坛时菜块过湿，榨菜的质量必然差。

（2）霉口现象 “翻水”之后，坛内菜块重量减轻，体积缩小，榨菜自然下沉，致使坛口的菜叶变得松弛并与坛沿离开，露出缝隙，空气乘机浸入。如果翻水后长时间不清口检查或坛口榨菜含盐量减少，就会使坛口表面的榨菜生长霉菌，霉烂变质，这种现象称为“霉口”。清口检查就是要把坛口的菜叶掀开，观察坛口榨菜是否下沉。如果发现下沉就要添加少量新的榨菜，扎紧坛颈和坛口。如果发现榨菜有一部分已经生霉，就应将霉榨菜取出另行处理，同时添加新榨菜装满塞紧，并更换新的坛口菜叶，把坛口塞实扎紧。

（3）菜坛爆破现象 由于在整个榨菜加工过程中未曾进行杀菌处理，只依靠食盐的高渗透压来抑制大部分有害微生物的活动，所以抗盐性强的微生物依然可以继续活动，坛内的气体含量会不断增加。如果坛内榨菜装得太多太紧，气温升高时，坛内气体产生得又快又多，一时无法由坛口逸出。当坛内压力超过瓦坛所能承受的压力时，菜坛就会爆破。因炸坛而发生变质的榨菜，可用冷开水溶解食盐，浓度达 3～4°Bé，把菜放入盐水中淘洗、晾干后，每 100kg 菜块加盐 1.5kg、辣椒面 0.5kg、香味香辛料粉 100g、花椒 30g，拌和均匀，重装入坛，装紧坛口。

（4）酸败现象 菜块太湿、加盐量不够或者在第 1、第 2 道菜池中停留时间过久，乳酸菌大量繁殖会使菜块的乳酸含量增多；或者由于菜块含水量较多，食盐用量不够，某些细菌大量繁殖，导致菜块变酸，引起酸败。装坛后熟的菜发生酸败，会失去鲜味，香气变差。

（二）浙江榨菜

1. 原料配比

（1）盐渍阶段　初腌，菜块100kg，食盐3.5kg；复腌，菜块100kg，食盐8kg。

（2）后熟阶段　脱水菜坯100kg，辣椒粉1.2kg，花椒50g，食盐4kg，复合香味香辛料0.22kg。

2. 工艺流程

鲜菜→修整→初腌→复腌→分级整形→淘洗压榨→拌料装坛→封口后熟→成品

3. 操作要点

（1）修整　用刀将青菜头基部老皮、老筋剥去，使菜头呈圆形。

（2）初腌　按每100kg菜头用盐3～3.50kg，将剥好的芥菜计量入缸。撒盐，层菜层盐，上多下少，分布均匀。层层压紧，至满缸，撒上盖面盐，然后铺上竹笆（竹编隔板），压上石头，腌40h。将菜在原卤中淘洗1次，捞出上囤。囤基先垫上竹隔板，囤用苇席围周正，高约2m左右。上囤时踩紧，排出菜卤，囤满后，压上石头。出囤率一般为原料重的50%～54%。

（3）复腌　初腌芥菜上囤24h后，散囤。每100kg初腌坯加盐8kg，计量撒盐入缸进行复腌，18～20天后即为咸坯。复腌除有继续脱水的作用外，也能使食盐渗入菜头肉质内部，同时利用高浓度卤水暂时保存菜头，以利随后工序充分进行。

（4）分级整形　按菜大小及品质分等级，体型不匀称的用刀整形，使菜形美观。

（5）淘洗压榨　将分等级的菜块，置于澄清菜卤中淘洗干净。然后，按级分别装入榨箱，缓缓加压。菜坯回收率60%～70%。

(6) 拌料装坛　将复合香味香辛料与食盐、辣椒粉、花椒等辅料拌和均匀，再与压榨后的菜坯拌匀。然后装入榨菜坛，层层捣实，留至坛口约2cm的空隙，加盖面盐，用干菜叶塞紧。

(7) 封口后熟　装坛腌15～20天后，取出塞口湿菜叶，检查坛口，若菜块下落，用同级菜块补充，混凝土封坛口，移至阴凉处后熟1个月即为成品。

(三) 福建咸竹笋

1. 原料配比

鲜笋100kg，食盐45kg。

2. 工艺流程

鲜笋→原料采收→整理→水煮→冷却→灭菌→腌制→调pH值→盐水及混合液循环→分级→包装

3. 操作要点

(1) 原料采收、整理　每根竹子有六七根地下茎，又叫“竹筋”，每根竹子生茎有三四节会生竹笋。但不管每根竹子生几条竹笋，一般都只能养活两条笋成竹，其余长到一定程度就停止甚至腐烂。所以，有经验的竹农总是及时地挖掉多余的笋，以促进主笋的成长。当日挖回鲜笋，剥掉外皮，冬、春笋应注意保留根点（即笋花），保护尾尖，切除老化部分。

(2) 水煮　按笋的大小程度分开、整理，投入足量沸水中，大火煮至笋熟透心。注意当天采收的笋要当日煮完。

(3) 冷却　煮好即捞起放入清水中冷却。然后认真剥去笋尖的全部嫩壳（注意保护笋尖），春笋要用竹竿穿通笋的内节。

(4) 灭菌　为防止杂菌繁殖，把冷却好的笋捞出放入浓度为0.03%的次氯酸钠或漂白粉溶液中，浸泡15～30min杀菌。经灭菌后的笋不能再接触生水，以免杂菌感染发生腐烂。

(5) 腌制　第1次腌制鲜笋100kg，食盐25kg。先在干净水泥池内放一层底盐，按一层笋一层盐、盐量逐层增多的原则排放。最上层覆上2cm厚的封面盐，再铺上无味木板，压上干净的重石头（石重与笋量相等），压力要均匀，腌制7天后再行第2次腌制。第2次腌制按第1次笋量100kg用食盐20kg，把第1次腌制过的在上面的笋倒翻在底层，也是一层笋一层盐排叠好，盐量逐层增多，上层多放盐。然后将第1次腌过、经过滤后的盐水灌进水池，淹过笋面。如盐水不够时，需加冷盐水或经漂白粉消毒过的饱和盐水，然后再铺上木板，压上轻于第1次重量的石头。要使笋没入卤中，密封好，不能露出水面，防止烂笋，腌制15～20天。

腌制要在阴凉处，防止日晒、风吹、雨淋并注意环境卫生。预防小虫和其他杂物混入。水泥池最好要用500号水泥，防止漏盐水。

（6）调pH值　在这2次腌制过程中，每隔两三天后都要测定1次pH值，要求pH值维持在3～3.5，如pH值超过3.5以上者，就要加入偏磷酸钠：柠檬酸：明矾（60：35：5）的混合溶液，使卤水的pH值下降到3.5以下。混合溶液的使用量取决于池内酸度的高低。加入混合溶液后用水泵循环卤水，混合均匀后用pH试纸测定，如pH值下降至3.5以下即不用再加，如pH值>3.5则需再加混合液，重复操作，直到pH值<3.5。

（7）盐水及混合液循环　在水泥池中间插一二根粗竹，竹筒的下端圆周钻些小孔，以便从竹筒内上部抽出卤水再倒回池内循环用。让盐水、混合液上下循环，有利于鲜笋对盐分和混合液中的成分充分吸收，是保证笋的质量、降低用盐、促进混合液作用的关键。

（8）分级　按笋株完整，保留原长度分级。小级，整株带尖长度15cm以下；中级，整株带尖长度16～25cm；大级，整株带尖长度26～30cm；统级，断尖笋或片笋30cm以上。

（9）包装　经过2次腌制后，将咸笋取出，按等级分好分别装入塑料捅内。每桶净重25kg，利用腌制过的盐水再加入盐，使溶液达到22°Bé，pH值达3～3.5，经过滤后再加入塑料桶内（盐水要超过笋面），外包装使用木格箱。

(四) 天目扁尖笋

扁尖笋是用竹子的笋或嫩竹鞭加工成的，体形扁圆而得名。在浙江、江西、湖南、福建等地均有产，但以浙江临安天目山产的质量最好，至今已有400多年历史。原料是石竹、早竹、洋毛竹、红壳竹、广竹等竹子出土35～50cm的青笋，以石竹笋为最好，早竹稍次。石竹笋5月上旬（立夏后）采收。粗者似腕，细者如指，笋壳上有一缕缕的红色，带黑斑，笋肉硬而肥厚。早竹笋4月中旬（清明后10天）即可采收，比一般竹笋早出土1个月，所以叫早竹笋，粗细与石竹笋相同，笋叶呈淡黄色，有深褐斑点，笋肉软。天目扁尖笋，味鲜醇香，清淡可口，天目山区的人特别喜欢用来做病人及孕妇的副食。

1. 原料配比

石竹笋100kg，食盐3kg。

2. 工艺流程

鲜笋→整理→煮笋→第1次烘焙→第2次烘焙→第1次搓笋→割尖→第3次烘焙→第2次搓笋→锤打→第4次烘焙→晾冷→包装→储藏

3. 操作要点

(1) 整理　选用肉质较嫩的笋做原料。用小刀在笋的两侧各削一刀，把笋壳削破，再剥去笋壳，割去纤维质过于粗老的笋节。笋细于拇指者，烘焙时才能卷成圆团，比拇指粗的笋要劈成几瓣。如果制造“摘头”，须把每一根笋的尖头摘下10cm，分开放置，然后用清水洗净。

(2) 煮笋　待锅略热时，用些食油把锅擦1遍，不使笋煮焦。每100kg尚未整理的笋，加水2kg。逐步往锅内放笋，逐层加上食盐，直到锅满。盖上锅盖，强火煮至锅水滚沸，蒸汽直线向上喷射时，略过片刻，锅内下半部的笋就煮好了。为了煮的熟度均匀，要进行翻锅，把上面的笋装在下面。翻锅后，再盖好锅盖，继续煮笋。煮到锅内的水再度滚沸，蒸汽再度向上喷射时，检查煮笋情况。笋如成黄绿色正好，如煮太熟，笋色发红，影响色泽；煮得不熟，笋色发黑，制成笋干后，容易霉烂。煮熟后，用铁耙把笋从锅内捞到筐里。

(3) 第1次烘焙　煮熟的笋出锅后，沥去水汁，趁热倒在焙炉盖上，摊平，铺得可以薄一些，不可超过10cm。勤翻动，使笋烘得均匀。烘至七成干，收入筐内用木棒捣压结实，闷24h左右。

(4) 第2次烘焙和第1次搓笋　把笋再倒在焙炉盖上，摊平，盖上棉被，勤翻动。当笋全部都烘得烫手时，揭开棉被一侧，露出小部分笋，趁热分堆揉搓。揉搓时两手放平，按住笋，反复揉搓至揉软，将其放入筐内。然后，再从棉被底下取出一小部分笋，照样加以揉搓。搓完后，把筐装满，捣压紧实。存放1～2天。

(5) 割尖　在整理时，没有摘掉尖头的笋，可用刀把它割成笋莛与尖头两个部分，尖头要10cm左右长。

(6) 第3次烘焙和第2次搓笋　烘得烫手后，进行揉搓。割下的尖头（包括整理过程中割下的和经过2次烘焙以后割下的），要单独烘焙，单独揉搓，搓成圆团，一直烘干。笋莛也要单独烘焙，单独揉搓。搓成圆团后，根据每个笋莛的肥瘦和大小程度，把笋分成肥差、中差、小莛三个等级。

(7) 锤打　把分过等级的笋莛，拿到竹垫子上去，用石锤打成扁圆形。

(8) 第4次烘焙　将打扁后的笋莛放到焙炉上烘干，再放在筐里捣压紧实，闷2天，使全部笋的干湿程度趋于一致。割下的尖头，不用打扁，搓成圆团后，在第3次烘焙时可在焙炉上继续烘干，也放在筐内，闷2天。

(9) 晾冷　把笋倒在箩筐内晾3～4h，即成“天目扁尖”。

(10) 包装　笋干经过晾晒后，即可装在篓内，以便储藏和外运。包装前，先将竹叶每3张做一叠，一叠的边压另一叠的边，在压边处用竹针别住，连在一起，这样联结几叠即成竹叶帘。把竹叶帘卷成圆圈，放在小篓内。篓底可把竹叶帘折叠过来，垫严密。可用两个与竹篓同样粗的圆竹圈，一里一外，把伸在篓外的竹叶夹起来。这时，即可把笋干装在篓内，容量 1kg 的小篓，可分 3 次装满，每装一层，用木杆捣结实。装满后，卸去竹圈，把伸在篓外的竹叶折叠起来，包住篓口，盖上篓盖，用细竹篾把盖缝在篓上，就完成了包装。如果须整批外运，可把小篓整批装在大篓中。

(11) 储藏 “扁尖”笋干应储藏在干燥清凉、有充分通风设备的库房。把笋干放在木地板或桅架上，存放时不要靠墙，以免潮气进入篓内。笋干受潮受热后，容易发黏，逐渐变成红色，再变成黑色。一旦发现受潮、受热、发黏等现象，应重新烘干，重新包装。

因为制造笋干的原料不同，所以成品品质有差异，成品率高低不一。用石笋为原料，品质最好，保存越久，色泽越好。每 100kg 石竹笋，经过剥壳、煮熟、烘干后，可出笋干 7kg；早竹笋，每 100kg 可出笋干 6kg；红壳竹笋、洋毛竹笋、广竹笋，每 100kg 可出笋干 5kg。

(五) 腌藕

1. 原料配比

鲜藕 100kg，精盐 3kg，明矾 0.5kg，柠檬酸 0.5kg。

2. 操作要点

(1) 清洗 将新鲜藕洗净、去孔泥，再用不锈钢刀削去藕皮和藕节，冲洗干净。根据直径大小，用不锈钢刀切成适当的段或片。

(2) 一次盐渍 配制饱和盐水，并加 0.1%的明矾和 3%的柠檬酸，搅拌溶解。将藕段放入盐水中浸没，进行腌制。经 12h 取出修整表面，有黑斑削去。

(3) 二次盐渍 配制 22°Bé 的盐水，加入 0.1%的明矾，再用柠檬酸调 pH 值为 3.0，一般腌 30h。盐水浓度稳定在 18～20°Bé，pH 值为 3.0～4.0 之间。腌制结束后装入干净的大口塑料桶中，灌满浓度为 20°Bé 和 pH 值 3.5 的澄清盐水，以浸没成品为准。排净桶中空气，拧紧盖口，确保盐水不外流。可保存 6 个月不变质，随吃随取。

(六) 腌洋姜

1. 原料配比

选新鲜、质嫩、无腐烂的洋姜 100kg，食盐 15kg，15°Bé 盐水 50kg，苯甲酸钠 100g。

2. 操作要点

选块形均匀的鲜洋姜，剪除须根，洗净泥沙，沥水 2h 后，下缸腌制。先在缸底撒层盐，再下一层菜，撒些盐水，撒一层盐，层层如此。盐是下少上多，最后加一层面盐。第 2 天翻缸，以后每 2 天翻 1 次，腌 20 天后，拌入苯甲酸钠，续盐水淹住菜。盖严，再腌 20 天即成。

(七) 腌红薯

1. 原料配比

红薯 100kg，盐 18kg。

2. 操作要点

选大小均匀、无伤的红薯，洗净放在缸内。把盐化成 60kg 盐水，澄清后加入缸内。每天翻缸 1 次，腌 15 天封缸。以后每天中午晒缸 2～4h，上面盖席，防止尘土侵入缸内。如盐水少时，应随时补添。如卤汤变黑色，是红薯内糖质较多的原因，不影响食用。

(八) 腌土豆

1. 原料配比

土豆 100kg，盐 18kg。

2. 操作要点

挑选个大、均匀、表面光滑的土豆，洗净放在缸内。把盐化成 60kg 盐水，澄清后加入缸内。每天翻缸 1 次，腌 15 天封缸。以后每天中午晒缸 2～4h，上面盖席，防止尘土侵入缸内。如盐水少时，应随时补添。晒缸后，应不发生黑汤现象。

（九）腌芹菜

1. 原料配比

鲜芹菜100kg，盐20kg。

2. 操作要点

选新鲜、脆嫩的芹菜，削去根，但不要把菜切散。用竹筷子顺着芹菜把叶打下来，然后用清水洗净，放入缸内，把盐撒匀，倒入清水10～16kg，每天翻缸1次，4～5天封缸。一般盐水要超过菜10cm深，上压石头块，随吃随取。

（十）腌薤头

1. 原料配比

薤头100kg，食盐18kg。

2. 操作要点

（1）盐渍　鲜薤头在产地将须、根剪去。地上茎留1.5～2cm，洗净，剥光黑、青皮，下缸腌。中下部菜用盐量50%，上部用盐量50%，每天从缸底抽出卤水，回淋上面，共淋7次。

（2）第1次换卤　配成22°Bé的卤水，澄清，把原缸内盐卤抽去，换入新盐水，浸泡7天。第2次换卤同第1次。

（3）分粒　取出二次换卤的咸薤头，分选为大、中、小三等。用11°Bé盐水漂洗，分别装坛，然后再配22°Bé盐水，澄清后加入坛内即成。

三、叶菜类盐渍菜

（一）川冬菜

冬菜是一种半干态非发酵性咸菜，呈乌褐色，有光泽，质地脆嫩，因加工制作多在冬季，故得此名。主要品种有京冬菜、津冬菜、川冬菜等。多用作汤料或炒食，风味鲜美。川冬菜以大叶芥菜为原料，系四川特产腌菜之一，与涪陵榨菜、宜宾芽菜、内江大头菜并称巴蜀四大名腌菜，畅销国内各大城市。

1. 原料配比

（1）盐渍阶段　鲜菜坯 100kg，食盐 13kg，花椒 0.2kg。

（2）配料阶段　菜坯 100kg，花椒 0.4kg，小茴香 0.1kg，八角 0.2kg，桂皮 0.1kg，陈皮 0.15kg，山柰 0.05kg。

2. 工艺流程

鲜芥菜→整理→晾晒→修剪→揉菜→盐渍→翻菜→装坛→后熟→成品

3. 操作要点

（1）整理　先将鲜菜挑选，除去杂物，用刀从基部划成 2 瓣或 4 瓣，不要划断。

（2）晾晒　将整理过的菜整株搭在晒架上，任其风吹日晒，至外叶全部萎黄，中间叶片已萎蔫而尚未变黄，菜心萎蔫但未干枯，叶茎剖瓣柔软折不断为止。收得率 23%～25%。

（3）修剪　取下晒好的芥菜，削掉枯黄的外叶，留作封坛口用，剥掉已变黄的中间叶和修剪下的菜尖，切成 1cm 宽条形另作普通腌菜用，名叫二菜。剩余下的菜尖切成 8cm 长小段，作冬季原料，叶茎部剖瓣，剥去表皮，切成 8cm 长小段，与菜尖合并。每 100kg 新鲜芥菜，经晾晒修剪后可收回菜尖约 10kg，二菜约 5kg，老叶菜 8kg，合计 23kg。

（4）揉菜　修剪后的脱水菜尖按 100kg 用盐 10kg 的比例，加入食盐。人工揉菜至菜体变软，装入带有假底的腌菜缸内。脱水菜叶另行加盐揉菜。

（5）盐渍　将揉好的脱水菜尖、菜叶分别入缸，层层压实。由排气孔从缸底排出咸卤，至满缸，剩余盐撒至表面，盖上竹笆，压上石头，并继续排放咸菜卤，盐渍。

（6）翻菜　盐渍 30 天左右，分别转缸翻菜，同时均匀撒入花椒，翻菜压紧。继续排放菜卤盐渍，约 3 个月即为菜坯。

（7）装坛　将小茴香、八角、桂皮、陈皮、山柰、花椒混合，即成香辛料粉。将两种菜坯分别与香辛料混拌均匀，然后装入已安放坛窝的坛子里，装到 1/4 时压紧，不可留空隙，反复操作至满坛。然后塞上干菜叶，再用塑料布捆扎好坛口，密封。

(8) 后熟　装坛封口后，将菜坛置于露天曝晒，任其自然发酵，2 个月后为成品。

(二) 资中冬（菜）尖

资中冬尖因取青菜的菜尖而得名，其原料是叶用芥菜，属十字花科芥菜类。叶用芥菜四川叫青菜，食用部分是叶片和叶柄。叶用芥菜品种较多，现在资中冬尖选用的原料是枇杷叶青菜和齐头黄青菜两个品种。这两种青菜水分少，组织密，加工的冬尖品质好，耐储藏，且有独特风味。都是在处暑前后播种，秋分移栽。早熟种生长期 90 天，立冬收割。晚熟种生长期 100 天以上，小雪后开始收割，直至立春。立春以后的菜组织老化，不宜用来加工冬尖。收割时，要求青菜刚开始抽薹，叶心不超过 16cm，每棵重 250g 以上，无死包，无白叶、烂叶，无空心。当地农民往往把青菜风干后出售给加工厂进行加工，这种半成品菜当地称为“盐尖子”。盐尖子是将青菜经风脱水、盐渍而成，后熟期长。由于菜内的可溶性物质流失少，可供微生物发酵的物质保留多，所以产品风味优异，酯香和菜香均佳。故有“一斤冬尖满室香”之说。

1. 原料配比

鲜青菜 100kg，食盐 2.74kg，菜油 15g。

2. 工艺流程

青菜→划菜→晾晒→剪菜→腌制→装坛→发酵→室内存放→检验→包装密封→成品

3. 操作要点

(1) 划菜　根据每棵青菜的重量决定划法。一般 250～500g 重的划成 2 瓣，即用刀从菜茎中央对剖划到菜尖的叶心；0.5～1.5kg 重的划 3 刀成 4 瓣，先将叶心对剖划开，再两旁分别对开；1.5～2.5kg 重的划 4 刀成 5 瓣。先将叶心剖划成大小 2 瓣，再将大瓣划 2 刀成 3 瓣，将小瓣对剖划成 2 瓣。

(2) 晾晒　选择通风向阳的露天晒场搭架。搭架树料选用长

6m 以上、直径 12～15cm 的楠竹作支架，用粗牵藤（即竹绳）作拉梁。架高 5m，支架间距 3m。用细牵藤（或铁丝）作晒绳，分层捆在支架上，上下间距 25cm 左右。要求绳索必须拉紧。

收购的鲜青菜，务必立即划菜晾晒，切不可堆放过夜。上架青菜要晾晒整齐，不可拥挤，以免晾晒的菜干湿不均，易于腐烂。

晾菜须先从晒绳的两头晾起，使拉绳承重均匀，避免塌架。

晾晒的菜干湿要适当，叶柄脱掉部分水分后，呈凹状，边缘向中间卷，手捏有柔软感。一般每 100kg 鲜菜晒至 25kg 左右。如果水分较多，盐渍时菜水多，菜中的可溶性物质流失也多，势必影响产品香气及色泽；反之，过干会影响出品率和质量。

(3) 剪菜　将晾晒下架的青菜，去掉黄叶子和萌发的嫩尖子，立即剪菜。一般的菜剪三节，头节称为菜皮，长 3cm 左右，粗纤维多，菜质较差；第二节称为二冬，约 6cm 长，有 1～2 片嫩叶，基本无粗纤维，质地较细嫩；第三节是冬尖，保持菜茎 5cm，质地细嫩。小棵的菜没有二冬菜，只剪两节，即菜皮（包括老叶）和冬尖。剪菜时必须注意以保证冬尖质量为主。

(4) 腌制　腌制前先将食盐焙炒。焙炒时每 100kg 食盐加菜油 0.2～0.25kg，每锅炒盐 8～10kg，时间 10min，经过焙炒的食盐可使产品香气浓、油润、有光泽。

每 100kg 晒蔫的冬尖一般用炒盐 12.5kg，稍干的用 12kg，稍湿的用 13kg。二冬菜、菜皮、老叶都是副产品，100kg 用炒盐 10kg。

剪后的菜立即加盐搓揉。将菜尖放在木盆内，边撒盐，边拌和，边搓揉。要求快拌匀，快搓揉，揉透揉匀。

加盐揉挤后放入围席包（或木桶、池子、瓦缸）内分层踩紧。第 2 天取出，再拌和、搓揉 1 次。再分层踩紧，使菜中食盐更均匀。经过 10～15 天即可装坛。

(5) 装坛　瓦坛呈腰鼓形，每坛容菜尖 25～30kg。用前先洗净沥干，有砂眼及破裂者不能使用。

装坛目前还是手工操作。方法是在泥土地上挖成深 0.4m 的锥形圆坑，将坛的下半截放在圆坑内，分层装菜，逐层堆紧。堆菜工具是大小不同的圆头木棒。第1层菜装5～6kg，压实压紧，不留空隙，然后依照上法装第2～4层。每次装菜要将菜抖散抖松，再压实压紧。压菜时，操作人员要围着坛子转圈，务使坛中菜受压均匀一致。最后用老叶咸菜封面层，面层更须压紧压实，隔绝空气，以防面层菜尖生菌发霉，甚至腐烂变质，装坛完毕，用竹笋壳或塑料薄膜包扎坛。

(6) 发酵　将菜坛放在室外风吹日晒，坛口盖上瓦片遮雨。第2年农历三、四月间，天气转暖，乳酸发酵和酒精发酵开始，这时坛内即有气体及菜汁溢出（称为翻水）。

农历6月下旬以后，将菜坛转入室内。至农历8月，天气凉爽，转坛1次，转坛时也要逐层压紧压实并密封。继续发酵后熟1年以上，陈年冬菜可发酵后熟两三年，即可分装在小容器内销售。分装小容器也要压实密封。

副产品二冬菜发酵后熟期不宜过长，最多1年。菜皮及老叶盐菜五六个月即可出售。腌制期间浸出的菜汁，可以收集起来日晒夜露，经过自然发酵，蒸发水分，反复过滤，消毒沉淀，而成味鲜、气香的冬菜酱油。

每100kg鲜菜可产冬尖咸菜8kg，冬菜酱油10kg。

(7) 包装　原坛外加竹筐包装。瓦坛装，每坛装菜10kg或25kg。精制陶坛装，每坛装菜1～4kg。此外，还有塑料纸包、竹壳纸包。

成品呈褐色或黑褐色，块片整齐，无骨且柔软，无老叶及其他杂质，无霉花；具有浓厚的冬菜清香，无酸、霉及其他臭味；味鲜，咸淡适合，略带回甜，无异味。水分60%以上，食盐14%～16%，氨基酸态氮0.50%以上，总酸1.5%以下。

制作冬尖的副产品二冬菜的感官质量略低于冬尖，菜皮和老叶咸菜质粗，但要求香气滋味正常。

(三) 南充冬菜

南充冬菜和资中菜尖所用蔬菜原料、辅助原料、加工方法及产品风味都不一样。南充市原名顺庆府，顺庆冬菜因而得名。顺庆冬菜始于清朗光绪年间，距今约有100多年的历史，稍晚于资中菜尖。南充冬菜也是以叶用芥菜为原料。目前使用的品种主要是箭杆菜和乌叶菜，统称青菜。箭杆菜是南充腌制冬菜的传统品种，叶片直立有如箭杆形。用箭杆菜制成的冬菜，质地脆嫩，鲜味和香气浓郁。储存3年以上，组织不软化，且鲜香味愈来愈浓，色泽愈来愈黑。由于箭杆菜的亩产量较低，故栽培者渐少。目前大量使用的是乌叶菜。乌叶菜菜身肥壮，基部的茎也较粗大，叶片也大，亩产量高。但储存3年以上，往往组织软化，失去脆性。南充冬菜在加工过程中，使用了四川群众喜爱的花椒和其他香辛料，因此产品具有浓厚的香辛料菜香，而资中菜尖只有菜香和发酵后熟形成的香气。

1. 原料配比

青菜100kg，食盐1kg，花椒10～20g，香辛料0.1kg。

2. 工艺流程

青菜→晾菜→剥剪→揉菜→入池腌制→翻池或上囤→拌料装坛→晒坛→后熟→成品冬菜

3. 操作要点

（1）晾菜　每年11月下旬至翌年1月是收获冬菜原料的季节。菜在砍收后应就地将菜根端划开以利晾干，当地也叫划菜。划菜时，依基部大小划1刀或2～4刀，但不要划断，以整株搭在菜架的牵藤上晾晒。菜架的支架方法跟资中菜尖一样，晾晒时任日晒夜露，风吹雨淋，约3～4周，多的要1个半月。晾晒至其外部萎黄，中间叶片已萎蔫尚未完全变黄；菜尖（即菜心）萎缩，但尚未干枯，且顶端保有发育的嫩尖，呈弯曲状；根端茎部的划剖面也萎蔫为止。每100kg鲜青菜可收23～25kg萎菜。

（2）剥剪　供作南充冬菜的部位是菜心。剥剪时，首先砍掉不能食用的茎端根部。剪下外部已枯黄的老叶菜，腌后用作封坛口用。从菜心上剪下的叶片尖端及中间的叶片供作腌制二菜。鲜青菜100kg经过晾晒修剪后可得菜心10～12kg；二菜约5kg；老叶菜

8～9kg。

(3) 揉菜 按每 100kg 萎菜心加盐 10kg，除预留盖面盐外，一次加足。将萎菜置于木盆内，撒上盐。依次搓揉，直到菜上不见盐粒，菜身软和为止。

(4) 入池腌制 南充用于腌冬菜的池既大又深，每池可容萎菜心 5×10^4 kg 左右。待搓揉好的萎菜心一层层铺平在池中，逐层用人工踩菜，或用踩池机压紧。由于用盐量较多，下池盐制不久，即有大量菜汁溢出。为了收集溢出的菜汁，或在池底预留排水孔；或者先在池中竖立一只无底有眼的木桶，使菜汁进入木桶后抽出来。菜汁装满后，在菜面撒上预留的食盐，再铺上竹席、木根，压上重石，以便菜汁继续渗出。

(5) 翻池或上囤 翻池或上囤是两种不同的操作，但目的都是为了压榨出较多的水分。

翻池：入池腌制 1 个月，需翻池 1 次，即将腌菜从甲池转入乙池，上下的菜颠倒过来。翻池时，要逐层踩紧压实。按照每 100kg 加花椒 100～200g 分层均匀地撒在菜坯上，再撒 1 层外加的盖面盐，铺上竹席、木棍，压上重石，以便抽出菜水。翻池后可以继续存放 3 个月。

上囤：将入池腌制的菜取出来，堆放在竹编的苇席中。上囤时，铺 1 层菜，撒 1 层花椒，并逐层踩紧压实。囤高 3m 以上，囤围可大可小，一般每囤压菜 $(10\sim15)\times10^4$ kg。最后加上盖面盐、竹席、木棍，压上重石。上囤时间以囤内不再浸出菜水为止，需 1～2个月。

(6) 拌料装坛 拌料就是拌入香辛料。每 100kg 出池或出囤的渍菜拌入香辛料 1.1kg。香辛料的配比为花椒 400g、香松（甘松）50g、小茴香 100g、八角 200g、桂皮 100g、山柰 50g、陈皮 150g、白芷 50g。各厂所用香辛料品种及数量不完全一样，但共同特点是用量大，拌料时，要求拌和均匀。

装坛是用大酒瓮装菜，瓮的口小肚大，每瓮可容 200kg 左右。装瓮前，先挖一土坑，深为瓮的 1/4，将瓮放入坑中，周围填上松土或草围，把酒瓮塞紧，不使动摇。倒入拌料的菜坯后，用各种圆头木棒，由瓮心到瓮边或杵或压，时轻时重、细致、反复地排杆压紧。瓮内不留空隙或者左实右虚，如有空气留在里面就会发生霉变。而后，瓮口塞入咸老菜叶。咸老菜叶按每100kg老叶加盐10kg，腌制晒干而成。瓮口用塑料薄膜或三合土密封。

(7) 晒菜后熟　装瓮后置于露天曝晒。其目的是提高菜温，使耐高温的微生物进行发酵，有利于蛋白质分解和各种物质的转化和酯化。一般至少要晒2年，最好晒3年。瓮中的菜头年由青转黄，2年由黄转乌，3年由乌转黑，即为冬菜成品。

(四) 北京冬菜

北京冬菜是冬菜品种中的一种，与南充冬菜、天津冬菜的生产工艺和原料既有相同之处，又有不同之处。北京冬菜的原料为北京大白菜。北京冬菜香气特别浓郁，味道鲜美，组织嫩脆，可增进食欲，既可做炒菜的辅料用，又可做汤用。

1. 原料配比

新鲜大白菜100kg，食盐3kg，花椒0.25kg。

2. 工艺流程

新鲜大白菜→加工整理→晾晒→翻倒→加辅料→揉搓→入缸→出缸晾晒→装坛→后熟→成品

3. 操作方法

(1) 加工整理　在收获季节，收购优质大白菜。进厂后立即进行加工，去掉菜帮、老叶，用水清洗干净，防止大白菜腐烂变质。用刀先切成1.5cm宽的菜丝，然后再把菜丝切成菱形的小菜块，菱形的边长为2cm左右。要求菱形块大小基本一致。

(2) 晾晒　将切好的小菜块置于铺好苇席的菜架上，菜架要设在阳光充足、易于通风的地方。菜铺的厚度约1.5cm，如太厚不易晒干，而且晒的天数太多，会影响产品质量，甚至发生霉变。晾晒的过程中每天翻动2～3次，使菜体内的水分易于蒸发，同时使菜块失水均匀。晾晒时遇到雨天要把菜及时收盖好，到晚上也要盖好，防止露水。待100kg新鲜菜晒成25kg左右菜坯时就可以停止晾晒，一般晾晒2～3天。

(3) 揉搓　按每100kg晒好菜坯加入12kg食盐（用盐量为12%），充分揉搓均匀。揉搓菜时要从上到下地抽翻，一直揉搓到基本上看不到盐粒为止，再拌入花椒1kg（1%）。立即装入缸内，层层压紧，装满后放少量的盖面盐（揉菜时提前留下），密封缸口，防止氧气进入而发生变质。

(4) 出缸晾晒　在自然温度下，装入缸内的菜坯进行着一些生物化学变化。首先是食盐在渗透压的作用下渗入到菜体的各个部位，使菜体含盐量逐步达到均匀；花椒的特有香气逐步扩散到菜坯中去；同时在耐盐微生物的作用下分解蛋白质和糖类，产生鲜味和香气。经过四五个月的作用，到第2年三、四月把缸内菜坯取出，放在苇席架上进行晾晒。晾晒时间要比第1次短（1～2天），晾晒方法与第1次相同。100kg菜坯晒成80kg时，停止晾晒。

(5) 装坛　把晾晒好的菜坯装入坛内，待装到整个坛子的1/4时，用木制工具将菜坯压实，压的时候要压均匀，不能有的地方紧、有的地方松。如果没有压实，中间就会留有较多的空气，容易引起局部发生霉变。每装1/4时，压实1次。装满后压实，密封坛口。

(6) 后熟　装好坛后，再放置2个月后，使冬菜内的有益微生物再进一步发酵，促进各种物质的互相转化和酯化等，进一步形成北京冬菜所特有的香气。2个月后即可开坛进行销售。

(五) 上海雪里蕻咸菜

上海雪里蕻咸菜，是上海市人民生活中比较喜爱的酱腌菜品种，是一种季节加工、长年供应的咸菜。所用原料雪菜，是十字花科植物芥菜类蔬菜中叶用芥菜的一个变种，通常将芥叶连茎一同腌制。雪菜的别名很多，在江苏、浙江叫"雪里蕻""九头芥""烧菜"，在湖南、湖北叫"排菜"，是我国长江流域普遍栽培的蔬菜。

1. 原料配比

鲜雪菜（雪里蕻）100kg，食盐12～15kg。

2. 工艺流程

鲜雪菜→整理→排菜→撒盐→踏菜→封口→包装

3. 操作方法

(1) 整理　将鲜雪菜抖松，拍净泥土，剔除老叶、黄叶，削平老根，按晴天菜与雨水菜以及老嫩、大小、长短菜分档。如有条件，最好用太阳晒 2～4h，不能淋雨，依次平铺于竹编篮内，称好斤两，准备腌制。如果当天不能腌制完毕，必须抖开摊平，不能堆高，防止发热、腐烂及变质。

(2) 排菜、撒盐、踏菜　鲜雪菜下缸（池）后，要分层腌制，每腌一层菜，要排菜、撒盐、踏菜三道工序一次完成以后，才能再腌第 2 层，直到腌满为止。

腌菜的陶土缸，一般都放在地面上。每缸可腌鲜雪菜 11～12 担（1 担＝50kg），排 12～13 层，每层 40～50kg，折扣率 75%～82%。腌菜的水泥池容积较大，为了操作方便，一般是池身的 70%在地下。$15m^3$ 的水泥池（长 3m、宽 2.5m、深 2m）可腌 300 担，排 28～30 层，每层 10 担左右，折扣率为 70%～74%。

排菜：将缸或池洗净，擦干。先在底面撒上一层薄盐，再将整理好的菜从四边向中心螺旋竖直排列，缸或池底部第一层菜要叶子朝下，根部向上，从第二层开始，根部朝下、叶子向上。同一容器内排菜的方向要一致，要放好排菜接头，做到疏密一致，叶无倒柳。菜要排得松紧适当，厚薄均匀，便于食盐渗透、踏得平、梗挺直。分档整理的菜要分档下缸或池，便于按质用盐。

撒盐：用盐的多少既关系到生产成本，又关系到产品质量，要根据鲜菜质量的优劣和储藏时间的长短，确定每只容器的用盐量，过磅定量。

每腌一层菜要撒一次抛盐及一次脚盐，抛盐撒在踏菜前，脚盐撒在踏菜后。每一层菜，抛盐、脚盐的用盐比例为 7∶3，最多不超过 6∶4。撒盐要均匀，菜密的地方多一点，疏的地方少一点。陶土缸中撒抛盐后要用手轻轻将雪菜叶子扯开，水泥池用木耙扯叶，使部分盐粒能渗入根部，但用力不能过重，否则盐粒全部下渗，茎部无盐也要影响质量。

春菜腌在缸内，地面温度高，平均用盐量要与池内用盐相接近。冬菜腌在池内，池内温度高，平均用盐量要比缸里多 0.5～1kg。缸与池的上、中、下部不能平均用盐。下面的 1/3 称缸（池）底，用盐应比平均数低 30%；中间的 1/3 称缸（池）中，用盐要高出平均数 15%；剩下的盐加在上面 1/3 的部分，腌满要加封面盐。

踏菜：要按排菜的方向从四边缓慢地转入中心，不能反踏。要求四边低，中心高，呈馒头形最佳。踏菜要轻而有力，踏得软熟出卤，特别是底部第 1 层菜必须踏出卤来，否则上面就难出卤，但又不能踏得过重，避免菜身踏破。

(3) 封口　雪菜加工要经过冒头缸（池）和照缸（池）腌制 2 次后才能封口。第 1 天将缸（池）加满，踏完最后一层菜，加上封面盐后，称为冒头缸（池）。当天架上井形竹片、压上石头，缸压 50～60kg，池压 500kg 左右。隔 24h 后，如盐尚未全部溶化，复踏 1 次，使菜身下沉，菜面见卤，再在上面排菜，加满容器为止，称为照缸（池）。排菜、撒盐、踏菜的方法与冒头缸（池）相同。照缸（池）后要及时封口。盖上一层清洁的蒲包，四周用竹片插紧，再压石头。储藏时间长的重盐头菜，要在蒲包上面用直径 5cm 左右的稻草辫子在四周塞紧，再铺上一层敲碎的干泥，缸为 5～6cm，池为 8～9cm。20 天后，将铺泥踏紧，再加上一层复脚泥。缸与池都应放在室内或棚内，如果是露天缸，则应遮盖好，防止雨水淋入。储藏过夏的菜，最好放在室内通风处，尤须注意防晒、防雨、防霉。

要定期检查容器内卤水质量，观察色泽变化，保持菜面不脱卤。梅雨、伏暑、大雨以及气候大幅度变化时，对雪菜质量的影响较大，要勤加检查。在池的四周与缸边的一两个点上扒开泥土，掀开蒲包，看卤看菜。

要严格根据腌制计划，按时、按质地出菜销售。淡盐先出，重盐后出；质量嫩的先出，质量老的后出；将要变质的先出，质量可靠的后出。

腌制后的雪菜如要外运，将起缸（池）的咸菜滴卤断线，过磅装圆口坛内。每坛50kg，撒盐3.5kg，用水泥封口。具体方法如同鲜雪菜下缸腌制一样，先在坛底撒一层薄盐，第1层叶子向下根朝上，第2层开始根朝下叶向上，螺旋排列，一层菜一层盐，用手将菜压紧，装满五层可平坛口。五层菜掌握用盐1.5～2kg，装满后撒封面盐1.5kg，塞上新蒲包，沿坛口内径用竹片成X形插紧。将原来渍菜的卤水澄清后加进坛内至浸没竹片，放在室内阴凉处2～3天，菜稍有下沉，再在蒲包上面加盐0.5～1kg，卤水不能超过竹片，加上陶土坛盖。沿坛口外口用水泥封没，不能漏气。装坛菜以八成熟较好，菜起缸（池）要及时装坛，防止时间长了菜的颜色发黑。

4. 注意事项

（1）半棵菜黄半棵菜黑　盐要撒匀、落透，并按规定标准用盐。落盐不透，或用盐太少，半棵菜没有撒到盐会变质发黑。

（2）“麻雀窝”　一层菜中有一堆发黑变质，这主要由于菜身长短不齐、厚薄不匀、撒盐有空当。要注意菜排齐、盐撒匀。如有长、短菜排在一起，长菜排得松一点，短菜排得紧一点。菜紧的地方多撒一点盐。

（3）“走边菜”　容器四周一圈菜发黑发臭。有以下4个原因：草辫子塞得不紧；菜身下沉造成封面泥有脱口；后期保管不善，复脚泥加得不及时；漏进雨水，卤水发臭。所以要做好封口工作，加强保管保养，注意防晒及防雨。

（4）下半缸菜好、上半缸菜坏　一缸菜分2次或2天才加满。第2次下缸的菜质差，或者是腌制上半缸菜的人员对下半缸的菜质、用盐情况不清，盐头放得轻，造成上半缸菜出毛病。一只容器要由一个操作人员负责到底，做到一手清，防止出差错。

（5）缸面头层菜坏　主要是封面泥太少，缸面菜脱卤时间长，封泥压得不结实，复脚加泥做得不好的缘故。要及时保养，封泥适当，菜不脱卤，不进生水。

(6) 整缸、整池菜变质 原因较多，主要是超过储藏期，或者没有按质用盐，用盐太少，保管失职。要牢扣产销环节，根据腌制计划按时出售，加强腌制前的理菜管理，发现鲜菜质量不好早作处理。

(六) 潮州咸酸菜

潮州咸酸菜，是广东潮州一带的传统产品，深受当地群众喜爱。其原料是青叶芥菜的变种，菜名叫乌尾菜，另外还有雷江菜、黄尾菜两种变种芥菜，也可做成酸菜，但质量不如乌尾菜好。

1. 原料配比

鲜芥菜 100kg，食盐 7～8kg。

2. 工艺流程

鲜芥菜→晒菜→整理→盐腌→揉压→加盐→发酵→成品

3. 操作要点

(1) 晒菜 先将青芥菜在地上晾晒 5～6h，晒至叶柄折不断，叶身捏不碎，使青菜失水 20%～25%即可，散放在室内散热。

(2) 整理 散热后，选用灰白色、肥壮、菜棵大，重约 2.5kg 左右的芥菜为原料。并将老梗、黄叶削掉，再把整棵菜纵向劈成对称的两半，放入竹筐内备盐腌。

(3) 盐腌 把整理好的菜一棵一棵地逐层装入水桶。方法是使菜的剖面朝上，逐棵用菜帮把下一棵菜叶压在底下，使菜帮全部露在上面。每铺一棵菜，都要在菜帮上撒少许食盐（食盐用量为菜重的 4%～5%），不要把盐撒在菜叶上。撒盐时要注意底层盐少，上层多。从桶边一棵棵铺满，铺平成复瓦状，至桶装满。最上层要用菜叶盖住菜帮，铺满铺平，也呈复瓦状。盐腌时要注意层层菜压紧。

(4) 揉压 待桶满后，第 1 天揉压 1 次，揉压时用木棒先从桶中央开始，压至略显下凹，再从桶边揉压。揉压时力量要沉重，柔和而均匀。揉压到菜身发软，略有菜汁，上层芥菜下沉距桶口 25cm 左右时就停止。第 2 天早晨，揉压第 2 次，方法同第 1 次，揉压到菜身更软，出水较多，菜的颜色变嫩黄为止。第3天，进行第3次揉压，方法同前，揉压到菜汁已没过菜面，再用劈下的菜叶盖在桶面层，继续揉压30min，菜叶出水，揉压即可停止。

（5）加盐、发酵　1天后，揉压好的菜内再加入相当于桶芥菜重量2%的食盐，均匀地撒在菜面上。再盖上竹篾盖和草席或麻布，遮盖严密，再加盖约3cm厚的清洁河沙，封住桶口。将桶放置在通风的敞棚里，自行发酵，40～45天后即成熟。一般经过晾晒及整理的芥菜出品率为75%。潮州咸酸菜，如果原桶储藏可储存10个月左右，如果桶口开启只能存放7天左右。

（七）太和香椿

太和香椿历史悠久，质地脆嫩，具浓郁的椿芽芳香，深受中外消费者的喜爱。其原料为安徽省太和县城西沿河一带香椿，在谷雨前采摘为宜。太和香椿资源丰富，有9个品种，分为黑油椿、红油椿、青油椿等3个优质品种和永椿、黄罗伞、柴狗子、米儿红、红毛椿、青毛椿等6个一般品种。椿芽的采收节令性强，要求严，一般采收2次。谷雨前2～5天采收第1次，称头茬椿芽，品质最佳，产量低，价值高。谷雨后5～7天采收第2次，产量高，品质稍次，价值不如雨前椿芽高。椿芽可吃鲜的，但新鲜椿芽不易保存，多采用腌制加工。

1. 原料配比

鲜香椿菜100kg，盐25kg。

2. 工艺流程

鲜香椿菜洗净→盐渍→翻缸→出晒→回卤→晾晒→成品

3. 操作要点

选择长10～13cm、肥胖脆嫩的鲜香椿菜。进厂后洗净，每100kg椿菜加盐25kg，下缸盐渍。盐渍时要求层菜层盐。渍后每4h翻缸1次，第1天翻缸时，只能翻不能揉，以免将细嫩的梗朵揉散、碰断，影响形态美观。2天后减为每天翻缸2次，并用手轻揉。1周后出缸晾晒，晾晒2～3天，晒至表面无水分后，回原卤浸泡3天，每天翻缸1次。3天后再捞出晾晒至干，拣去老枝，装缸踩紧，缸面撒一层盐，封存在阴凉处，1个月后即为成品。注意根据日光强弱，决定翻揉时间，不能让表面的菜晒得太干，以免揉断。

（八）镇远陈年道菜

陈年道菜系贵州省镇远县地方特产，久存不变质，并且越陈越香。加工时不用酱，但酱香味突出，在酱腌菜中别具一格。陈年道菜有400多年历史，清代成为贡品。其原料是芥菜类型的一种青菜，此种青菜头大、叶柄长、叶片少而缺刻深。每逢春季，青菜旺盛时，镇远劳动人民有腌制长盐菜、干盐菜、寸寸盐菜的习惯，陈年道菜就是在这个基础上发展演变而来的。

1. 原料配比

青菜100kg，食盐10kg，白酒0.5kg。

2. 工艺流程

原料→预处理→盐渍→晒软→揉搓→洗净→盐渍→晒干→装坛→发酵→扎把→浸酒→成品

3. 操作要点

（1）长道菜　选用个头大、叶柄长、薹短的特等好青菜，先用刀剥去茎皮，加盐入坛盐渍2～3天，层菜层盐。取出，在日光下晒软，用手仔细搓揉（不能搓断），再入坛盐渍2～3天（原来的盐水不要）。如此反复6次以上，晾晒至大半干时，把菜用水洗净，用铜针剔掉纤维细茎，以钉锤将菜头捶扁。最后晒干至十分柔软时为止。装坛压紧，密封储存发酵3年以上，时间越长越好。出厂前卷成长15cm、宽8cm、厚7cm的小把，以菜捆菜，捆得越紧越好，每把250g，在白酒中浸泡1min，即可出售。每15kg鲜菜出成品1kg。

（2）细道菜　选用一般较好的青菜，先将菜叶剥下，洗净，把菜头的茎皮剥去，分别切细再混合，入坛盐渍2～3天，取出晾晒、手揉，如此反复4次。具体做法与长道菜相同。最后晒至十分柔软后装坛压紧，密封储存发酵3年以上。出厂前均匀喷洒一些白酒，即可出售。每14kg鲜菜出成品1kg。

(3) 当年道菜　指当年春季加工，当年冬末和次年初春食用，加工工艺与长道菜相同。虽然当年道菜的芳香味突出，但酱香味远不如陈年道菜好。

(九) 东北咸蕨菜

蕨菜是起源于我国黄河流域一带的一种野生蔬菜，为多年生草本植物。喜生于浅山区向阳地块，多分布于稀疏针阔混交林。早春新生叶拳卷，呈三叉壮。柄叶鲜嫩，上披白色绒毛，此时为采集期。

1. 原料配比

鲜蕨菜100kg，食盐25kg。

2. 工艺流程

鲜蕨菜→加工整理→洗涤→盐渍→倒缸→出缸控卤→阳光晾晒→成品

3. 操作要点

(1) 加工整理、洗涤　鲜蕨菜进厂后，及时加工整理，剔除杂质，清水洗净，捞出控水。

(2) 盐渍　将洗净的蕨菜，入缸腌制，蕨菜100kg用盐25kg。层菜层盐，并添加少量咸卤。每天倒缸2次，3～4天后出缸控卤，阳光晾晒，中间翻动1次，晾至出品率80%，收缸储存。

(十) 芜湖芝麻香菜

芜湖芝麻香菜又名江南芝麻香菜，以梗长、叶短、棵壮而白嫩的高杆白菜为主料，按照江南民间传统制法制作，是芜湖地方的土特产品之一。冬至后采收腌制。

1. 原料配比

鲜白菜800kg，食盐32kg，蒜泥5kg，五香粉0.5kg，辣椒粉1.5kg，熟黑芝麻3kg，熟菜子油8kg，苯甲酸钠0.1kg。

2. 工艺流程

鲜菜→选菜→取梗→切条→清洗→初腌→翻缸→脱水→复腌→

脱水→拌料→封缸→成品

3. 操作要点

(1) 初腌　鲜菜进厂后，首先拣去老梗及菜帮，将叶片全部切除取梗。然后，将菜梗切成长4cm、宽0.5cm的细条，用清水洗净，沥干水分。

初腌每100kg鲜菜加3kg食盐，层菜层盐，下少上多，入缸腌制，撒盐一定要均匀。12h后转缸翻菜1次，盐溶化后捞起，放竹筐内，两筐垛齐互相剋去水分（约7～8h）。

(2) 复腌　将初腌去水分后的菜坯入缸复腌，每100kg咸菜坯用2kg食盐。仍按层菜层盐入缸，待盐全部溶化后，起缸曝晒（或用烘房通风脱水）。

(3) 拌料　100kg脱水后的菜条，加碎蒜泥5kg、五香粉0.5kg、熟黑芝麻3kg、辣椒粉1.5kg、熟菜子油8kg、苯甲酸钠100g，均匀调拌好，层菜层料入缸翻拌，揉透装坛。装坛时应层层捺紧，封口，常温存放30天即可成熟。100kg鲜菜出12kg成品。

(十一) 广东梅干菜

广东梅干菜，色泽黄亮，口味鲜咸香甜，咀嚼起来，肉质脆嫩，独具风味，普遍受到消费者的赞赏。所用原料芥菜，为一年生或二年生草本植物，普遍为二年生栽培。在我国广东惠阳等地，冬末春初产量很多。这种菜的叶呈椭圆形，长约70cm，有皱纹，叶绿有缺刻如锯齿状，色浓绿，菜梗略带白色，含水量高。味辛辣，新鲜滋味不好。制成干菜，滋味得到改善。做梅干菜的芥菜要求整修干净，棵的高矮要整齐，不带根，不带泥土。

1. 原料配比

鲜芥菜100kg，食盐10.5kg。

2. 工艺流程

芥菜→第1次晾晒→劈片→第2次晾晒→装缸→揉压→换缸→揉压→第3次晾晒→包装→储藏

3. 操作要点

（1）第 1 次晾晒　在天气晴朗、空气干燥的情况下，需在菜地里晾晒 2 天。第 1 天早上，将收割下来的菜削去根，一棵棵就地摆好，进行晾晒。第 2 天中午，翻转 1 次继续晾晒，晒至菜梗柔软折不断的程度，晒去 25%～30% 的水分。雨天则须将菜收到室内。

（2）劈片　第 1 次晾晒后，剔除菜梗和枯黄叶。把菜梗纵劈成仍然连在一起的两片，把每片菜的基部纵切几刀，以便于盐腌和晾晒。

（3）第 2 次晾晒　把劈片后的菜剖面朝上，摆在晒台上进行晾晒。夜间不下雨，仍不必收到室内。一天半后，菜由深绿色变为浅绿色，菜梗收缩起皱，约晒去 20% 的水分时，剖面朝下翻晒 1～2 天。每 100kg 菜晒成后可得 50kg 左右。

（4）装缸　第 2 次晾晒后，即可装在缸内进行盐腌。装缸时，先在缸底撒盐，然后，装最底一层，使菜的剖面朝上，逐棵以菜的基部压住另一棵菜的叶片部分（作螺旋状），并以盐量的 2/3 撒在基部及划破的裂缝中，其余 1/3 的食盐撒在叶片上。这样，铺满一层后重复如前。每层用食盐的标准是，每 100kg 经过 2 次晾晒的菜，加食盐 16～17kg。每装 1 层，用圆头木棒一下一下地进行揉压，一直压到菜内湿润出水，食盐溶化，菜由淡黄色变为青绿色时，停止揉压，再装另一层。注意揉压时用力柔和均匀，不要损伤菜的原有体形。最顶一层与缸内各层的装法略有不同，这一层要使菜的剖面朝下，仍一棵棵地撒上食盐，用盐量为菜重的 25%，装满后，照样进行揉压。装完后，在缸顶压上相当于缸内菜重 50% 的石头，再加缸盖，腌制 1 天。

（5）装缸后的揉压　揉压方法同装缸时一样。在装缸后第 2 天，取下缸盖和石头，揉压至菜水漫过菜面 1cm 左右，约 1h。重新压上石头，盖上缸盖，盐腌 1 天。第 3 天，揉压至水比第 2 天还多一些。再压上石头，盖上缸盖，盐腌 1 天。

（6）换缸　装缸后第 4 天，把芥菜捞出缸，装在竹筛里沥去卤水，再一层层地装在空缸里。装缸方法与初次装缸方法相同，逐层揉压，但不再加食盐。装满后，把原缸内的盐水，随菜一起倒进缸，仍盖缸盖，压石头，盐腌1天。

(7) 换缸后揉压　换缸的第2天，再用木棒揉压1h，揉压至菜呈黄色、出水漫过菜面2cm、菜面降至距缸口约10cm。再压石头，盖缸盖，腌1天，即可出缸晾晒。

(8) 第3次晾晒　换缸后第3天，如果阴雨，可把芥菜继续盆腌1天，如果天气晴朗，就可以取出晒干。最好在早上7～8点钟时开始晾晒。把菜捞在竹筛里沥去水分后，一棵棵剖面朝上，摆在晾晒台上。约晒5～6h（下午1点），当菜的表面晒得没有水分时翻晒。翻晒时，两手各拿一棵菜，相互用力一碰，使原来已经揉压在一起的菜叶松散，然后将其一棵棵剖面朝下，摆好。到下午4～5点时，收在竹筐里，放在室内，第2天再行晾晒。晚上，在室内地面上铺一层稻草，并把收回的芥菜堆在草上，让它回潮出水。第3天，照旧晾晒，晚上，仍堆放在室内稻草上，回潮2天，使菜润湿和稍变软。再继续晒2天，即成梅干菜。每100kg芥菜，可晒成梅干菜25kg左右。

(9) 包装　先在竹篓底及篓内四周铺一层稻草，再将菜回旋摆成鱼鳞状，装满捣压紧实。盖上一层稻草和篓盖，用草绳捆结实，即可运销外地或储藏。

梅干菜怕雨、怕潮、怕热，所以运输时应特别注意防雨、防潮、防晒。日常保管，堆放在空气流通，地面干燥和清洁的室内，一般可保藏3～4个月。如果需要保藏更久，进行第2次晾晒时，须多晒1～2天。

(十二) 腌韭菜

1. 原料配比

鲜韭菜100kg，盐24kg，花椒40g。

2. 操作要点

选叶宽、根白、身长的韭菜，先把烂叶择去，洗净，然后每

5kg左右用麻绳捆成把，平码在缸内。每码一层，撒一层盐，再均匀地撒点花椒，最后洒10kg清水，用干净席片盖好，压上石头。最初2天，每天早晚翻缸，以后每天翻缸1次，4～5天后封缸。每次倒缸时，如有的把散开要重新捆好。盐汤要保持在超过菜5～10cm处。如不足时，应随时添加盐水，以免变质或变黄色。韭菜缸应在通风处存放。

（十三）咸辣椒叶

1. 原料配比

辣椒叶100kg，食盐30kg。

2. 操作要点

选择无老叶、无虫眼、叶片厚实的叶为原料，放入清水中清洗，同时不断搅动，以利于去掉叶片上的浮土、农药等，直到洗净为止。捞出放到筐中，控去水分，过秤。将100kg辣椒叶放于案板上，加入20kg细盐，搅拌均匀，再搓辣椒叶，使细盐大部分沾到叶上，而且要均匀。搓拌好的辣椒叶放入池内铺平，每铺10cm撒一层盐（每100kg叶撒盐10kg），铺满池子后，上面再撒一层盐，压上木板，再压重石。盐渍1个月出池，装箱即为成品。

（十四）腌油菜

1. 原料配比

油菜100kg，盐14kg，花椒少许。

2. 操作要点

把菜根切去，黄叶择净，洗净，分成把，放入缸内。用3kg盐加水10kg化成盐水，每层菜先洒一些盐水，再撒一层盐。一层层地腌满缸（上面一层多撒点盐，共撒11kg），用干净石头压住。第2天翻1次，把菜揉一下，将花椒均匀地撒菜内，腌10天后即可吃。

四、果菜类盐渍菜

(一) 腌倭瓜

1. 原料配比

嫩倭瓜 100kg，盐 20kg。

2. 操作要点

选质嫩肉厚长形的倭瓜（较老的可把外皮削去，较嫩的可带皮腌），用刀切成 4 瓣，挖去瓤子，然后用清水洗净，切口向上，放入缸内；码平后把盐撒在上面，加清水 20kg，每天翻缸 1 次，4～5 天后，封缸盖严，随吃随取，清脆可口。每天放在院里晒缸时注意防尘，并保持淹过菜 10cm 处，水少时要增加盐水。另外，可按此法腌西葫芦。

(二) 腌番茄

1. 原料配比

番茄 100kg，盐 15kg。

2. 操作要点

选取色青、质嫩的鲜番茄，清水洗净。用竹针把番茄穿几个洞，放入缸内，将盐撒入，加清水 15kg。每天翻缸 1 次，7～10 天腌成。

(三) 咸青椒

1. 原料配比

鲜青椒 100kg，食盐 16kg。

2. 操作要点

按原料要求选料，摘去青椒的椒蒂，除去虫蛀、腐败的青椒。清洗，沥干浮水，再将洗净的青椒放入沸水中热烫 3min 左右，捞出，晾晒。晒至每 100kg 鲜青椒得 70kg 左右即可。将青椒铺在缸内，层菜层盐，上层盐多，下层盐少，腌渍 1 天后，出缸。沥净卤汁，装坛压紧，不留空隙，封密坛口 30～50 天后，即可食用。若密封得好，可保持1年不变质。

（四）咸豇豆

1. 原料配比

鲜豇豆100kg，食盐12kg。

2. 操作要点

将鲜豇豆摘去两头的把及虫眼部分，放入沸水中烫漂1～2min，捞出，晾晒。晒至八成干时，进行盐腌，每100kg豇豆加食盐12kg。将食盐均匀撒在豇豆上，拌和均匀，2～4h后出晒，2天后装坛压紧。待坛满后，密封坛口，2～3个月后即可食用。可保存4～6个月。

（五）咸黄瓜

1. 原料配比

鲜黄瓜100kg，食盐30kg。

2. 操作要点

鲜黄瓜采收后，要立即进行挑选整理。选用色绿、条直、头圆、把短，瓜体表面有刺，瓜瓤密实的嫩黄瓜。尖嘴黄瓜影响外观，大肚黄瓜腌制时，容易产气破肚，大把黄瓜降低品质均不能使用。将鲜瓜置缸（池）中，排一层瓜，撒一层盐。瓜要排得紧密，盐要撒得均匀。至满缸（池）后，撒上封面盐。腌瓜后，每天要进行转缸（池）翻菜，并灌入原缸（池）内的卤水及未溶解的食盐。待食盐全部溶解后，改为每2～3天翻菜1次，共翻3次后，将瓜并缸（池），压紧，灌入不低于22°Bé的盐水淹没瓜体，继续腌制20天后为成品。

五、盐水渍菜

（一）盐渍蘑菇

蘑菇品种繁多，营养丰富，含有较多的蛋白质和多种维生素、矿物质等，具有特殊的香气，滋味鲜美。

1. 原料配比

盐渍阶段：鲜蘑菇 100kg，精盐 15kg。

制卤水：水 100kg，焦亚硫酸钠 20g，柠檬酸 300g，食盐 22kg。

2. 工艺流程

鲜蘑菇→原料选择→洗涤→焦亚硫酸钠溶液浸泡→装桶加水→漂洗→预煮→冷却→分级→称重→盐渍→沥卤称重→装桶→加卤→检查→压实→封盖→成品

3. 操作要点

(1) 原料选择　选择菇形完整、菇面洁白、不开伞、不畸形的鲜蘑菇。选择好的原料，应储藏在 4℃、相对湿度 80%左右的冷库内，以防止霉变、组织变老、菌伞裂开或失水。

(2) 洗涤　切除鲜蘑菇尾根及下部菇柄，保留自菇顶下沿至菇柄 1cm。然后，清水冲洗，达到蘑菇洁白、无杂质、无泥土为止。

(3) 焦亚硫酸钠液浸泡　焦亚硫酸钠具有漂白、护色的作用。将切柄、洗涤后的鲜蘑菇立即投入 0.02%的焦亚硫酸钠溶液中，浸泡 10min，以达到护色、增进白度和菇体光洁的目的，提高产品的质量。

(4) 漂洗　用竹木或不锈钢制笊篱将鲜菇捞出，流水反复漂洗 3 次。最好使用洗槽漂洗，如无洗槽，可取 3 只容量在 500kg 以上的陶瓷缸，缸底凿一小洞，上部加水，小洞排水。3 只缸轮流操作，以冲洗水嗅不到焦亚硫酸钠味为准，捞出。

(5) 预煮　按每 100kg 水加 10kg 食盐的比例，在锅内加入清水和食盐。待盐溶解后，煮沸。将已洗净的蘑菇捞入篓筐内，装至篓筐的 2/5 处。将篓筐置煮沸的盐水中，不断翻动篓筐中的蘑菇，使其受热均匀，全部煮熟。煮沸 8min 时应立即提出篓筐，放入冷水中冷却。

锅内的盐水可反复使用 5 次，但在第 2 次取出蘑菇后，按每 100kg 水加入食盐 3kg，以保持盐水的浓度。一般盐水使用 5 次后，会变色，此时应更换新盐水，以免造成蘑菇色泽不正或变黑。

（6）冷却　把预煮后的蘑菇倒入流动水中，或连同篓筐一齐放入流动水中，反复冲水冷却至水温，以保持蘑菇的脆度。

（7）分级　盐渍蘑菇出口要求十分严格，而且各级之间价格差异较大，因此，挑选分级十分重要，必须认真操作。按照外贸要求各级的规格标准是（按蘑菇顶平面直径计），一级品直径不超过1.5cm，二级品直径不超过2.5cm，三级品直径不超过3.5cm，四级品直径在3.5cm以上。伤皮、脱柄、形状不正的蘑菇为次菇。

可采用手工分级或机械筛选分级操作。手工法占用人较多，生产成本高，但成品不易受损，且分级较好。机械筛选法省时、省力、成本低，但筛选时蘑菇易因碰撞、摩擦受到一定的伤害。手工分级的操作是将冷却好的蘑菇摊在桌面上，人工挑选，分别装入木桶中；机械筛选分级是将蘑菇倒入滚动筛选分离机内，启动电源，使蘑菇滚动由筛孔中落下，分离出不同直径、等级的蘑菇。筛选机启动时，应同时打开自来水开关，自动喷水使蘑菇在水中滚动。

（8）称重、盐渍　将筛选好的蘑菇，分级称重计量，分别用精白盐盐渍。方法是按每100kg蘑菇加精盐15kg的比例，一层蘑菇一层精盐，装至缸的2/3处（一般大瓷缸可容300kg，此时约在200kg），撒上封面盐。然后，盖上白布，压上圆竹篾，再压上石块。腌渍48h，即可装桶。盐渍操作完成后，应在缸体外面表明级别，以免装桶时混装。

（9）沥卤称重、装桶、加卤　蘑菇经48h盐渍后，捞出。沥去卤水至不见卤水滴下成线时，才能称重计量。然后，装入包装桶内，洒入卤水，至满桶。

（10）检查、压实、封盖　装桶灌卤后的蘑菇，每天检查1次，发现卤水低于菇面时，要补充加卤。约经过10天后，卤水液面稳定，加入封口盐，封盖，即为成品。

卤水配制：清水100kg，食盐22kg，充分溶解后，至锅内煮沸，冷却后用4层白纱布过滤，沉淀4h后，取清液。然后按3‰的比例，加入柠檬酸，溶解后搅均匀，封闭储存备用。

(二)淮安老卤大头菜

老卤大头菜是江苏淮安的传统特产，又名疙瘩菜、芥菜疙瘩。首选重量在0.25kg以上、外形整齐美观的鲜大头菜为原料。此菜为扁圆形，每只重量在175g以上。大头菜是根茎植物，茎可以炒菜，球状根腌制后呈浅棕色，因其在腌制时需用老卤而得名。

1. 原料配比

鲜大头菜160kg，食盐30kg。

2. 工艺流程

鲜大头菜→去皮→堆积→入缸→18°Bé卤浸泡→复缸→压紧别缸→加入老卤→逐步加盐→成品

3. 操作要点

鲜大头菜进厂，首先削去粗皮、老茎，堆积5～7天，使菜体内水分蒸发变软，呈淡黄色。然后放入缸内，加18°Bé卤水，其量约为菜量的50%，使其浸泡4～5天。注意用盐不宜过多，以防抑制微生物发酵。缸内不能脱卤，以免面层菜腐烂变质。然后捞起，放入另一只缸内，并用棍棒压紧，不让其浮动，将老卤（上年腌制菜剩下的卤水）灌入缸内，漫过菜面，夏天缸头逐步加盐至卤水19°Bé。转缸要及时，避免菜不变脆。经1年成熟，期间应注意缸头管理，做到中午盖缸，傍晚揭缸，使菜通风受温，不能漏进雨水和烈日曝晒，蒸发辣气，促使菜体蛋白质转化成鲜味。储存时间1年以上。老卤要保藏好，循环使用。

(三)咸白萝卜

1. 原料配比

鲜白萝卜100kg，盐18kg。

2. 操作要点

萝卜去顶去根，洗净后放在缸内。将16kg盐加水50kg化成盐水，倒入缸内，然后再在上面撒2kg盐。到第3天翻缸，第7天再翻1次。等至半个月捞出，破成2～3块，再在原来的盐水中加入糖色，煮沸灭菌后，再将萝卜放入，腌10天即可食用。

注意若前一年腌的过多，到第2年五一节前如吃不完，再加些盐，可以过夏不坏。

(四) 咸胡萝卜

1. 原料配比

鲜胡萝卜100kg，盐18kg（化成盐水60kg）。

2. 操作要点

胡萝卜去顶去根，洗净、放入缸内，加盐水30kg。到第3天翻1次，再加盐水30kg。以后每5天翻1次缸，腌20～30天即成。

(五) 广东酸笋

广东酸笋，口味酸咸，清脆爽口。生吃口味不佳，所以一般都不采用。熟食的方法有蒸熟和煮汤两种，只要把酸笋切成薄片即可蒸煮。用酸笋片配猪肉或鱼片蒸成的菜，滋味最好。煮汤时可以配肉丝，煮成荤汤，也可以配虾米，煮成素汤。所用原料毛竹笋就是毛竹地下茎的幼芽。生产场地要求空气流通，遮蔽阳光，临近水源或室内装有自来水设备。

1. 原料配比

笋块100kg，食盐7～8kg。

2. 工艺流程

选料→切根→剥壳→切块→浸泡→盐腌→发酵→成品

3. 操作要点

(1) 选料　选用老嫩适中的新鲜毛竹笋，剔除粗老或过大过小的。

(2) 切根　将笋干放在木板上，切去笋的基部，要恰好切出光滑的笋节。

(3) 剥壳　将笋壳割破，剥掉。

(4) 切块　把笋劈成3块或4块，每块重约250g。

(5) 浸泡　把笋块放在木盆里，用清水浸泡，以防笋肉变老。

(6) 盐腌　每100kg笋块，用水70～80kg，食盐7～8kg。先将盐、水按比例盛在缸或桶里，加以搅动，经过3h，食盐溶化，杂质沉淀，将浮在水面上的污物捞掉。将笋块平铺在另一个桶内，立刻灌进盐水至距桶口尚有6cm处。然后，盖上竹篾桶盖。用四根竹片交叉成“井”字形，放在桶盖上。在“井”字竹片中心压上相当于桶内笋块重量约25kg的石块。

(7) 发酵　将装着笋的桶放在晾棚下，让笋自行发酵，不要见阳光。约经4天，桶内的笋块位置已较装桶时下降，盐水则与桶口相平，发酵期满，酸笋就做成了。

按照上述程序制成的酸笋，不能长期储存。为了延长储藏期，必须加盐复制。由于盐腌发酵后，笋的体积缩小，所以发酵成熟后，可以把两个桶里的笋装在一个桶里，叫并桶。加盐和并桶可以合并进行。并桶时，先将浮在盐水上的污物捞掉，再把两桶酸笋捞到一个空桶里。两个桶里的盐水也倒在一起，每100kg盐水中加盐10kg，加以搅动。待食盐溶化、杂质沉淀后，即可灌入盛着酸笋的木桶中。每100kg酸笋灌盐水60kg，漫过笋块，照旧盖上竹篾桶盖和竹片，压上石头。仍然放在晾棚下，即可长期储藏。

储藏中要注意清洁，避免阳光，严禁沾染油腻。只要盐水保持乳白色，就可以继续储藏。如果盐水浑浊变色，酸笋容易变质，应立即换桶，换上新调的盐水才能继续储藏。盐水的配方是，每100kg清水，加盐15kg，每100kg酸笋，需盐水60kg。没有加盐复制的酸笋，只能储藏15天左右。加盐复制的酸笋，可以储藏半年以上。

第二节　酱渍菜

酱渍菜是以新鲜蔬菜为主要原料，经盐腌或盐渍成蔬菜咸坯后，再经酱渍而成的蔬菜制品。一般所说的酱菜，就是指的这一类菜。酱渍菜的种类很多，口味不一，但其基本制作过程和操作方法是一致的。一般酱渍菜都要先经腌制，成为半成品；然后，用清水漂洗去一部分盐，再酱制。也有少数蔬菜，可以不经腌制直接用酱渍而成酱渍菜，可减少用盐量。根据酱渍菜采用辅料酱的不同，可分为酱曲醅菜、甜酱渍菜、黄酱渍菜、甜酱黄酱渍菜、甜酱酱油渍菜、黄酱酱油渍菜及酱汁渍菜 7 小类。酱渍菜生产过程中，由于各地所用辅料酱不同，制酱时的制曲工艺不同，酱的发酵工艺不同，酱渍时所用酱的种类、搭配比例及酱渍工艺均有所不同，致使产品的风味及特点千差万别，形成了各种浓郁的地方特色。

一、根菜类酱渍菜

(一) 扬州酱萝卜头

酱萝卜头系扬州酱菜中传统特色产品，采用扬州郊区所产晏种小萝卜头，辅以由传统工艺生产的稀甜面酱，酱渍而成。晏种萝卜头色白、皮薄、光滑、个圆、头尾小、糖分高、水分少、大小整齐、组织致密、出品率高。要求每 1kg 鲜萝卜头在 50 个以上，宜在小雪后采收加工，此时萝卜已经开始转甜，糖分增高。除晏种以外，无缨、二户头等白色小萝卜头品种也能做酱萝卜头，但其组织没有晏种致密，品质不如晏种好，水分也较多。其他红皮的或长圆形的萝卜，质地较老，口味差，外形不美观，均不宜做酱萝卜头。

1. 原料配比

鲜萝卜头 100kg，食盐 7～9kg，稀甜面酱 35kg。

2. 工艺流程

鲜萝卜头进厂→分级→腌制→曝晒→烫卤→上坛→酱制→成品

3. 操作要点

(1) 分级　分级很重要，大小不一暴晒时不易晒匀，引起咸坯水分不一，影响质量。鲜萝卜头进厂后按大、中、小分级，并剔除空心、虫斑、黑疤等不合格者。分级时以一手 3 个为标准，每个约重 20g，直径 4～5cm、横径 3～4cm。分级后洗净泥沙，即可入缸腌制。

(2) 腌制　采用先腌后晒法，以保持萝卜本身的脆度和糖分。

每 100kg 鲜萝卜头用 7～9kg 食盐，按层菜层盐逐层下缸，盐要撒匀，下少上多，缸满为止。以后每隔 12h 翻缸 1 次，翻 4 次后出缸曝晒。

(3) 曝晒　将经盐腌过的萝卜起缸，摊在芦席上曝晒脱水，萝卜中的营养及可溶性物质基本上都可保留，不但糖分含量高，而且氨基酸含量也高，口感嫩脆甜鲜。曝晒时注意不要铺得太厚。100kg 鲜萝卜坯需 $10m^2$ 面积，要勤翻，每天翻 2～3 次。一般晒 5～6 天，晒到萝卜头皱皮，手捏无核为度。用此法做出的咸坯，统称为“晒货”。

另有一种脱水方法，就是将腌好的萝卜头起缸，上囤压干，不晒，用压榨法脱水。用此法做出的产品糖分及有机物大部分流失了，而萝卜头的中心还含有水分，酱制时也吸不进酱汁，所以产品质量及口感均差，因而风味也差。

(4) 烫卤　将腌萝卜头的盐卤烧开，冷却至 70～80℃备用。将晒后的萝卜头放入缸中，分层进行，即一层（约 15～20cm）萝卜头倒 1 次卤，萝卜头上面应盖一篾制匾衣，将卤徐徐倒入，等盐卤超过匾衣，将匾衣拿出，再放一层萝卜头，如此反复，装八成。一缸约烫 200kg 咸坯。

烫卤时应掌握温度不宜过高或过低，一般 14h 左右，即第 1 天下午入缸烫卤，第 2 天上午起缸。适当温度烫卤可促进萝卜中含有的苦涩辛辣味的黑芥子苷转变，生成具有特殊风味和香气的芥子油、葡萄糖、其他化合物。

(5) 上坛　经烫卤后的萝卜头起缸，晾晒，吹去水气，就可上坛。上坛时每 100kg 烫后萝卜头，用 1.5kg 炒熟的细盐拌透。装坛时层层用棍捣紧，装满后，坛口撒上盖面盐，然后塞紧稻草。3 天后将坛口朝下，淋去残卤，堆放室内避光储存后熟。这个阶段里芥子苷被水解，生成具有特殊香气的芥子油和葡萄糖。打开坛后，腌制好的萝卜有一种辣香气和萝卜头应有的清香气。

(6) 酱制　取坛中萝卜头咸坯，剔除不合规格的，剪去头尾及根须。入缸，用天然发酵制成的优质压榨酱油浸泡 4h。先用酱油浸泡可增加酱萝卜的色泽和鲜味。然后装入布袋，每袋 11kg 左右，加入新鲜的稀甜面酱进行酱制。吸收新鲜甜酱中之甜味的萝卜头，口味和风味更加柔和鲜美。

酱制时每 100kg 咸坯萝卜头，用新鲜稀甜面酱 100kg。每缸 12～15 条布袋，每日捺缸翻袋 1 次，成熟期夏季 10 天左右，春秋季 14 天，冬季 20 天左右。

成熟的咸坯萝卜头应保管在酱内，不要暴露在空气中，注意防霉变。100kg 鲜萝卜头约出 35kg 咸坯。100kg 咸坯酱制后出 110～115kg 酱萝卜头。

（二）黄酱萝卜

黄酱萝卜是一种传统的酱渍菜。黄酱萝卜一般选用皮质较薄、水分较多、纤维较少的白皮种萝卜。黄酱萝卜主要产于我国湖南、江西等地，北方亦有少量生产，但制作与南方有较大的差异，这里介绍的是南方黄酱萝卜的制作方法。

1. 原料配比

鲜萝卜 100kg，食盐 6kg，黄酱 75kg。

2. 工艺流程

鲜萝卜→整理→盐渍→咸坯→晾晒→烫卤→酱渍→成品

3. 操作要点

（1）整理　选择肉质脆嫩，通体洁白，直径 3～4cm，长 15cm 的鲜萝卜，削去萝卜顶及萝卜根，洗净泥土。

（2）盐渍　将洗净的萝卜置缸或池中腌制，排一层萝卜，撒一层盐，至满缸（池）后，撒上盖顶盐。盐渍萝卜时要层层排紧，撒盐要均匀，下层用盐少些，上层用盐多些。盖顶盐厚约 2cm。每天转缸（池）翻菜 1 次，并卤入缸（池），连续腌制 5 天后，即为咸坯。

（3）晾晒　将腌制好的咸坯萝卜捞出，从萝卜的顶部用麻线穿起，穿成串状，挂在通风、透光、避雨的地方晾晒脱水。待萝卜体质变软，每 100kg 萝卜晒至干萝卜 25kg 时，取下，抽掉线绳，分层装入缸（池）内压实，盖上盖子，密封储存备用。

(4) 烫卤 将萝卜干用清水浸泡 24h，捞出沥去浮水。将腌渍萝卜的盐卤澄清沉淀后，取上清液，除掉杂质，在锅内加热至 80℃左右，取出，淋浇在咸萝卜干坯上，浸泡 7h 左右，使之复水。捞出，沥去浮卤。

(5) 酱渍 萝卜经烫卤复水后，层层排入缸内，排一层萝卜，泼一层酱，至满缸后，盖上封面酱，使萝卜全部被酱掩盖。1 个月后，开始转缸翻菜，仍按酱渍时层菜层酱，将原酱撒在萝卜上，并每次翻菜后都要用酱盖严。连续 5 天翻菜后，继续酱渍 2 个月为成品。

(三) 北京酱萝卜

“北京酱萝卜”是北京传统产品，深受消费者欢迎。原料为北京产二缨子品种，皮肉均为白色。规格要求长 10～15cm、直径2～3cm。由于酱制时采用酱的种类不同而各具风味，用黄酱酱渍的叫小酱萝卜，用甜面酱酱渍的叫甜酱萝卜，而用甜酱、黄酱混合酱渍的叫酱萝卜。

1. 原料配比

萝卜 100kg，食盐 6kg（或 15kg），黄酱 50kg，甜面酱 50kg。

2. 工艺流程

鲜萝卜进厂→分拣→去毛须→洗涤→盐渍→倒缸→出缸控卤→酱渍→打耙→黄酱萝卜→出缸搕酱→入缸→加甜面酱→打耙→成品（甜酱萝卜）

3. 加工方法

(1) 盐渍 挑出大小适中、符合规格要求的鲜萝卜。将萝卜择去毛须，清水洗净，沥干浮水进行盐渍，盐渍方法有两种。

一种是将鲜萝卜一季采购腌制成咸坯储存，常年陆续加工酱渍。每 100kg 鲜萝卜用 15kg 食盐、18kg 水，一层菜一层盐入缸腌渍，下层盐少加，上层盐多加。每天转缸 2 次，待盐溶化后可每隔 1 天倒缸 1 次，1 周后可隔 2～3 天倒缸 1 次，20 天后即为咸坯。

储存时用石块压紧，盐卤漫过菜面，利用盐水隔绝空气，以保证菜坯质量，如产品脱卤就会变质。使用时将菜坯取出，脱去盐分及水分，再行酱制。

另一种盐渍方法利用轻盐（少量的食盐）进行腌制，脱去萝卜中的水分，然后立即进行酱制。这种方法既节省食盐，又节省劳力，生产周期短，经济效益高，但节令性强，不能全年生产。将洗净的萝卜每 100kg 加食盐 6kg，一层萝卜一层盐入缸腌制，加盐方法仍是下层少加，上层多加。每天转缸翻萝卜 2 次，2 天后出缸控卤，准备酱渍。

（2）酱渍　轻盐腌渍的萝卜可直接入缸酱渍，重盐腌渍储存的咸坯要在脱盐、脱水后再入缸酱渍。每 100kg 萝卜坯加黄酱 50kg，每天打耙 4 次，20 天后即为黄酱成品，称小酱萝卜，可以直接上市。

（3）出缸搕酱、入缸、加甜面酱　将用黄酱酱制的黄酱萝卜出缸，搕尽萝卜上的黄酱，入缸复酱。每 100kg 黄酱萝卜加 50kg 甜面酱，每天打耙 4 次，2 周后即为成品甜酱萝卜。

每 100kg 鲜萝卜出咸坯半成品 80kg。100kg 咸坯出成品 80kg。

（四）鲜甜萝卜片

鲜甜萝卜片选用白皮白肉的圆白萝卜，要求皮薄光滑，无空心、灰心，规格要求每个 100～150g，腌制时间一般在 10 月。

1. 原料配比

鲜萝卜 300kg，食盐 48kg，回收甜酱汁 60kg，甜酱汁 60kg，甘草粉 1kg，白砂糖 15kg，味精母液 8kg，白酒 500g，糖精 15g，防腐剂 100g。

2. 工艺流程

鲜萝卜进厂→洗涤→初腌→复腌→后熟→酱汁渍→拌料→成品

3. 操作要点

（1）初腌　鲜萝卜进厂后首先削去头尾，洗净泥沙。每 100kg 鲜萝卜用 8kg 食盐，入池分层洒卤加盐，盐要撒得均匀，掌握下少上多，留 20%作封面盐。层菜层盐，池满后加竹片，用石块压紧。3 天后进行第 1 次翻菜转池，将卤水及食盐一起均匀地加入池面上，然后再放上石头。到第 5 天进行第 2 次转池，翻菜方法同前，最后池面仍需压上石头，加满卤水。压石方法：池面按长宽各 3 块压，每块石重 40kg。

（2）复腌　将初腌后的萝卜对切开，放入垫有竹片的池中，池角放一竹筒。池满后，压上石头，压出卤水，由竹筒吸出，压至每 100kg 鲜菜达到 42kg 左右时，进行复腌。每 100kg 菜坯加 5kg 食盐，仍按层菜层盐进行，层层踏紧，上加封面盐，铺草包、压石块。防止发霉。

（3）后熟（储藏）　将复腌后的萝卜咸坯（又叫大响干）装入密闭的容器中，装满、捣实、压紧，置通风、阴凉、干燥处，防止因高温、潮湿而发生霉变。也可将其储藏于清洁干燥的池中，在池底先放一些盐，然后将大响干层层拉平、踏实，加足封面盐，压紧密封，防日晒与雨淋。使用时取出部分后再踏实、压紧、密封保管，促进后熟，后熟期一般要 40 天左右。

（4）酱汁渍　用清水对萝卜咸坯漂洗脱盐，当水中盐浓度达到 10°Bé 左右时捞起，入木榨进行脱水。脱水时应徐徐加压至断线滴卤即可出榨，然后进行曝晒，晒时应铺匀勤翻。每 100kg 菜坯晒至 80kg，一般晒 1 天后即可收起，入缸酱汁渍。

首先用回收甜酱汁浸泡干萝卜片，3 天后捞起，沥去酱汁。再晒 1 天，100kg 菜坯晒到 80kg 即可进行第 2 次酱汁渍。每 100kg 初酱菜坯用新鲜甜酱汁 60kg、味精母液 8kg、糖精 15g、甘草粉 1kg、防腐剂 50g 混合均匀，入缸酱汁浸泡，经常倒缸，使菜坯吸料均匀。为了保证菜坯质量必须进行 3 次日晒、3 次浸泡。

（5）拌料　经过三泡、三晒后的半成品每 100kg 用白糖 8kg、防腐剂 50g，将白糖、防腐剂撒在萝卜片上，立即翻缸，以后每天翻缸 1～2 次，5 天后即可成熟。在包装前 1 天，边翻缸边加喷白酒，使产品具有香味。

(五) 武汉酱白萝卜

武汉酱白萝卜是武汉地方产品，其加工方法既保持了两湖（湖南、湖北）的本地特色，又吸取了江苏扬州的特点，因此在收率及风味上均有所提高。鲜白萝卜选用武汉娘子湖畔所产的系马桩种的白条子萝卜，要求皮薄、肉实、青头小、水分少、糖分高的。规格要求长15～20cm、直径3～4cm。

1. 原料配比

鲜萝卜100kg，食盐6～7kg，混合酱35kg（面酱、黄酱各50%），甜酱汁17kg，白糖2～4kg，焙炒食盐1.5kg。

2. 工艺流程

鲜白萝卜→腌制→曝晒→烫卤→后熟→酱渍→配辅料→灌卤→成品

3. 操作要点

（1）腌制　鲜萝卜进厂先用清水洗去泥沙，下缸腌制，每100kg鲜萝卜用食盐6～7kg，一层菜一层盐，上层多，下层少。腌后隔12h转缸翻菜1次，从甲缸转入乙缸，并将卤与盐一起并过去，共转缸翻菜8～10次，即成咸萝卜坯。

（2）曝晒　用原缸盐卤将湿咸萝卜坯洗净，捞出，沥去余卤。用麻线穿成串，每串长1m左右。挂在迎风向阳的地方，任风吹日晒，不避雨雪。一般晾晒7天左右，一直晒到表皮起皱，中心无硬块为止。每100kg鲜萝卜得干咸萝卜坯35kg左右。

（3）烫卤　由扬州酱萝卜头加工方法改进而得。将腌萝卜的菜卤澄清，取上清液（7～8°Bé）烧开，冷却至70～80℃。每100kg干咸萝卜坯用上清液70kg左右，烫卤时，先在缸内放干咸萝卜坯50kg，摊平，面上盖一层竹席，再将热卤从周围开始均匀浇在席上，以螺旋形从外向里旋转，直到中心。浇热卤后，抽出竹席，加第2层咸干萝卜坯50kg，再依上法加卤。如此反复进行，直到缸满，每缸约烫咸干萝卜坯200～250kg。

烫卤温度不宜过高，以防烫伤萝卜皮，也不宜过低，过低辣味除不掉，皱皮伸不开。烫卤时间一般控制在14h左右，即头天下午烫卤，次日早晨起缸。起缸后散放在竹席上，风干表皮水分，即可并缸储存。并缸时排列整齐压紧，加盖面盐，储存1年不变质。

(4) 后熟　每100kg烫卤萝卜，均匀拌入焙炒的食盐1.5kg，装缸，用木棍逐层捣紧，缸口塞紧稻草。3天后将缸口向下倒置，淋出残卤，再用石膏或水泥密封缸口，避光储存。后熟期为1个月。

(5) 酱渍　取出后熟萝卜进行挑选、整理，剔除不合格的，剪净根须，倒入缸内，用16°Bé天然发酵酱油或酱汁（不加酱色）浸泡4h，起缸沥卤，再装布袋酱渍。每100kg后熟萝卜用混合酱（面酱、黄酱各50%）100kg，每天捺缸1次，压出发酵所产气体。酱渍时间：夏季10天，春秋季15天，冬季20天。

(6) 拌糖　将酱好的萝卜倒入盆中，每100kg菜拌白砂糖4～8kg，根据消费习惯及甜度要求而定。

(7) 配卤　取稀甜酱装入布袋，用木榨榨汁。将酱汁加热至100℃，随即降温至75～80℃，维持20min。60℃时，加入打成泡沫的鸡蛋清1～2个，倒出。静置沉淀1夜，用七层细布过滤，滤液加味精0.25%、苯甲酸钠0.1%，溶解即卤汁。每100kg酱白萝卜加卤汁50kg。

100kg鲜萝卜出咸干萝卜坯35kg左右。100kg咸干萝卜坯出酱萝卜成品110kg左右。

(六) 天津酱萝卜

所用原料为北京郊区产鲜二缨子（萝卜），每个长不超过16cm，直径不超过4cm。

1. 原料配比

鲜二缨子100kg，食盐5kg，天然黄酱75kg，面酱50kg。

2. 工艺流程

鲜菜处理→盐渍→黄酱酱渍→甜酱酱渍→成品

3. 操作要点

(1) 盐渍　鲜二缨子100kg用大盐5kg卤制。先入缸的50%

二缨子，以 2.5kg 大盐撒在萝卜的上面，再把剩余 50% 的二缨子入缸，把 2.5kg 大盐撒在上面。共卤制 2 天，每天倒缸 2 次。第 3 日出缸，将萝卜放在筐内控净水分，约控 1h 即可。

(2) 黄酱酱渍　二缨子 100kg 用天然黄酱 75kg 酱制。在入缸时，先将 50% 的黄酱下缸，再一层萝卜一层酱。每天串扒 3 次，经过 15 天后，萝卜里、外部呈金黄色，把萝卜捞出。以酱油把萝卜洗净，放在筐内控 1h。

(3) 甜酱酱渍　把 50% 的天然面酱放入缸内，再下 50% 已酱制过 1 次的萝卜，然后一层酱一层萝卜，装好后每天串扒 3 次，10 天后即为成品。在酱制当中，串扒次数越多，就能越快越彻底地去除萝卜味，酱出的酱萝卜质量就越好。

(七) 盘香萝卜

盘香萝卜是北方较普通的一种酱渍菜，可用甜酱、黄酱、甜酱汁进行酱渍，是较大众化的酱菜，深受消费者欢迎。萝卜成坯一般选用二缨子萝卜，其特点是个头细长、质良脆、糖分高、水分低。

1. 原料配比

鲜萝卜 100kg，甜酱 75kg，食盐 17kg。

2. 工艺流程

鲜萝卜进厂→整理→盐腌→咸坯→改制→脱盐→脱水→酱渍→成品

3. 操作要点

(1) 盐腌　鲜萝卜进厂，首先去缨、去根、去毛须，洗净泥土。每 100kg 萝卜用盐 17kg，加水 25kg。入缸腌制，层菜层盐，满缸为止。每天倒缸 1 次，倒缸后用桶扬汤 10 余次，以消除萝卜的辣气味，再把汤灌入，经过 25 天即为咸坯。

(2) 改制、脱盐　将咸坯萝卜切去头尾，择净根须，然后将萝卜斜刀口两面切，切成片厚 2mm 的斜兰花状（蓑衣状），平拉比原萝卜长 1/3 而不断。切成 16cm 左右的长段，切后可拉长到 25cm，且不断。每 100kg 萝卜用水 250kg 浸泡脱盐，每隔 2h 用耙轻轻活动萝卜1次，防止萝卜折断。浸泡24h后，捞在筐里脱水，过秤装布袋，每袋装2.5kg左右。

(3) 酱渍 将50%天然面酱入缸，然后将50%的菜袋放入，再层酱层菜装入缸酱渍。每天翻缸串袋，15天即为成品。酱渍时也可不用酱，用酱汁浸渍。

(八) 杞县酱红萝卜

河南杞县酱菜厂的前身是明德堂莫家酱园，于1815年开业。杞县酱红萝卜，以品质优良称著，色、香、味、体及质地均佳。所用原料杞县红萝卜，皮色紫红，无黄心，质地脆嫩。长12cm左右，直径3cm左右。

1. 原料配比

鲜红萝卜100kg，食盐8kg（其中大盐占70%，小盐占30%），甜酱70kg。

2. 工艺流程

鲜红萝卜→挑选整理→盐渍→酱渍→包装灭菌→成品

3. 操作要点

(1) 挑选整理 挑选合格的鲜红、无黄心的红萝卜。用清水洗涤干净，切顶去根，保留8～9cm长的中间肉根，不带青头尾梢。两端部分另行处理。用人工或机械削掉表皮，使体形呈圆筒状。脱皮时一定要脱净，防止因带皮引起黑斑出现。原料储存时，堆积高度不能超过50cm，否则原料受热变质，轻者经加工后表面呈现黑斑，重者腐烂。

(2) 盐渍 盐渍时大盐及小盐配合使用。大盐即海盐，小盐系盐碱地产的硝盐。小盐含有少量硝酸盐，能使红萝卜颜色更加鲜艳。小盐经焙炒2～3h为熟盐后使用。

削皮后立即盐渍，用盐量8%。分层下缸，层菜层盐，下少上多。盐渍12h，转缸1次，从甲缸转入乙缸，并入菜卤。12h后，再次转缸。继续再盐渍24h，期间转缸2～3次。沥尽菜卤，即成咸红萝卜坯。每100kg鲜红萝卜出咸坯70kg。

（3）酱渍　酱红萝卜所用甜酱来自酱黄瓜或酱菜瓜的酱。这种酱先用甜酱成曲（即酱黄）醅菜瓜或黄瓜，能“瓜熟酱熟”，取瓜留酱，作为酱红萝卜的甜酱。

共酱渍 4 次。前 3 次用“乏酱”，最后 1 次用新酱。新酱是从酱瓜中取出的甜酱。酱过 1 次红萝卜的甜酱叫二道酱；酱过 2 次红萝卜的酱叫三道酱；酱过 3 次红萝卜的甜酱叫四道酱。酱制期间，因酱的质量不同，所以酱制时间有长有短，应本着次酱期短，好酱期长的原则进行倒缸换酱。并根据气温和半成品变化情况酌情处理。

第 1 次酱渍：将咸红萝卜坯放入四道酱中酱渍，每 100kg 咸坯用乏酱 50kg，层菜层酱，每天翻缸 1 次。酱渍周期 10 天左右。出缸时，除去表面附着的酱渣。

第 2 次酱渍：将经过 1 次酱渍的酱红萝卜放入三道酱中酱渍，用酱数量及操作方法同第 1 次酱渍。酱渍周期 13～15 天。

第 3 次酱渍：将经过 2 次酱渍的酱红萝卜放入二道酱中酱渍，用酱数量及操作方法同第 2 次酱渍。酱渍周期 16～20 天。

第 4 次酱渍：将经过 3 次酱渍的酱红萝卜放入新酱中酱渍。酱渍前，抹掉附着在酱红萝卜上的酱，并用清酱汁洗净残酱，装入布袋，扎口，埋入新酱中，用量以能埋没布袋为准。每 100kg 酱红萝卜约用新酱 80～100kg。每隔 2～3 天翻袋 1 次，15 天后即成。如不出售，可保存至第 2 年 4～5 月。

（4）包装灭菌　容量 450mL 的螺旋口玻璃瓶，装成品 250g，每只成品长 9～10cm。再灌入用酱汁、白糖、味精配成的卤水 200mL。按常规用蒸汽加热、排气、灭菌、封口，再分 3～4 阶段迅速降温。即可长期储存。

（九）酱大头菜丝

酱大头菜丝是甜面酱与酱油混合渍菜，其蔬菜原料采用芜菁甘蓝（洋种大头菜），来源较丰富、方便。加工后成为鲜、辣半干菜，其特点是水分多，质脆嫩。要求原料个头大（切出菜丝长，好看），剔除空心、木心、烂心以及有虫斑、冻伤的，并将畸形、残破、粗老的原料另行堆放，分别加工。

1. 原料配比

制半成品咸坯：鲜大头菜200kg，食盐32kg。

制成品：初晒后大头菜丝100kg，甜面酱60kg，回收甜面酱60kg，酱油或回收酱油20kg，砂糖3kg，味精母液1kg，甘草粉1kg，红辣椒粉300g，味精100g，五香粉300g，糖精15g，防腐剂100g。

2. 工艺流程

鲜菜进厂→整理→初腌→复腌→切丝→初晒→初酱→复晒→复酱→拌辅料→成品

3. 操作要点

(1) 初腌　鲜菜进厂后首先削去叶和根皮，洗净。每100kg鲜菜用16kg食盐，按层菜层盐入池腌制，池内菜要拉平，盐要撒匀。一般下半池加盐量为总量的30%，上半池45%，留15%作封面用。池腌满后加上竹片与石块。3天后开始第1次翻菜转池，转池时注意菜应拉平，卤水及食盐一起均匀地加在池面上，仍先放竹片，压上石头，7天后进行第2次翻菜转池，方法同第1次。

(2) 复腌　初腌10天后捞起，按每100kg菜加盐4kg，仍按层菜层盐，下少上多的加盐方法进行复腌。池满后加入澄清过的初腌卤水，压上竹片与石块，使其漫过菜面15～20cm。一般复腌后一个半月菜坯开始成熟，可以使用。如果仍储存于池内，需经常检查卤水的浓度及数量，不足时应补足20°Bé盐卤。脱卤会影响产品质量及脆度，严重的会霉变及腐烂。

成熟的咸大头菜呈浅褐色，切口有光泽，质脆，味咸略鲜，无苦味和酸味。如色暗发乌，咸味重或酸味大，肉极不脆就是次品。

(3) 切丝　选成熟的半成品咸坯，用清水漂洗干净，切丝。切丝方法有2种。一是人工切丝，先片后切，要求刀口锋利，人工切丝细长均匀，光洁度好，长度随菜坯大小而有所不同，一般在10cm左右。二是机器切丝，有离心式和转动圆盘式两种切丝机，每小时可加工 250kg 左右，比手工提高工效 10 多倍，但切出的菜丝碎粒较多，浪费较大且较粗糙不光洁，制出的成品质量差，感官也不美。

（4）初晒　将切好的大头菜丝用清水浸泡、漂洗、脱盐。一般浸泡 2～3h，卤水浓度达 10～11°Bé，即可捞入竹筐内，采用竹筐堆叠脱水，下午调头堆叠 1 次，一般堆压 3～4h 就可进晒场进行初晒。

初晒应放在芦席或竹帘子上面，要求摊匀，铺薄，用木耙勤翻，晴日 1 天即可。

（5）初酱　将初晒后的菜丝放入缸中，加回收甜面酱，如果太稠可加些回收酱油稀释。100kg 菜丝加 60kg 回收甜面酱和 10～20kg 回收酱油，浸泡时每天用木棍捣 1～2 次，2 天后起缸，再用回收酱油漂洗干净。

（6）复酱　经初酱漂洗后的菜丝，仍要进行第 2 次日晒，晒法同初晒，晒至菜丝收缩，约晒去 20%水分，晴天约晒 1 天即可进行复酱。

将晒好的菜丝装入长 80cm、宽 30cm 的布袋中，每袋约装 12kg，扎紧袋口，入缸酱渍。酱渍用甜面酱，酱中按比例加入甘草粉拌和均匀。每 100kg 菜丝用 60kg 甜面酱，每缸约酱 12～13 袋，每天翻缸 1 次，一般酱 5～7 天就可成熟。

（7）拌辅料　将复酱成熟的菜丝倒在箩筐内沥去菜卤，然后放席子上再晒 1～2 天，到菜丝起皱收缩，即可收起进缸拌料，一船晒后得率为 70%～75%。

拌料前先将空缸用开水洗净，然后将砂糖、味精、糖精、防腐剂等拌匀，按一层菜丝一层辅料入缸拌匀。每天翻缸 1 次，到第 5 天撒上五香粉及红辣椒粉，当天下午再翻缸拌料 1 次即为成品。

100kg 鲜菜出 50kg 成品。

（十）酱桂花白糖大头菜条

酱桂花白糖大头菜条是在上海大头菜的基础上，根据消费者的口味爱好发展而成的，用沪郊所产洋种鲜大头菜为原料，配以甜酱、酱油、桂花、白糖等为辅料。大头菜，学名芜菁甘蓝，其特点是水分多，质脆嫩，纤维较松，无辛辣味。加工腌制时间在12月，要求每只菜重在0.5～1kg，体形圆正光滑，大小均匀，剔除空心、木心、烂心以及有虫斑、冻伤的。

1. 原料配比

鲜大头菜250kg，食盐40kg，豆瓣酱20kg，甜面酱40kg，酱油40kg，白砂糖30kg，糖精15g，味精100g，甘草粉1kg，糖桂花2kg，苯甲酸钠100g。

2. 工艺流程

鲜菜洗涤→切开→计量→盐渍→初晒→初酱→二晒→二酱→三晒→酱油渍→四晒→切条→拌辅料→翻缸→成品

3. 操作要点

(1) 盐渍（采用卤泡法） 将挑选好的大头菜削去皮及头尾后，对切，入缸，加入浓度为15°Bé的食盐溶液浸泡，盐卤要没过菜面5cm，2天后捞起进行初晒。

(2) 初晒 初晒要求放在竹帘子上，切开的剖面向上，晒2～3天翻过身来再晒，晒到菜边开始卷边收缩，菜心有明显收缩纹路时为宜，一般需8～10天，100kg鲜菜初晒后得60～70kg。晒坯过程如遇雨，应及时盖好，防雨淋。菜坯水分过多，会影响产品的脆度及酸度。如菜坯发黏，应再进入盐卤中浸泡，待天晴再晒。

(3) 初酱 100kg菜坯用60kg回收甜面酱入缸酱渍，注意不要装得太满，一般装到八成满即可。每天用木棒捣酱翻菜1次，日晒夜露，防雨淋。初酱30天左右，起缸，入回收酱油缸内，洗去菜上浮酱起缸。

(4) 二晒 将初酱过的菜，放竹帘上进行第2次晒坯。晒时要求切口向上，摆平勿堆积，晒1天后翻过来再晒，约晒4天左右，晒至表皮有皱纹即可。

(5) 二酱 将经过二晒后的菜坯计量入缸，用混合酱进行第2次酱渍。一般一缸放菜坯300kg，混合酱（每50kg菜坯加甜面酱

20kg、豆瓣酱10kg、甘草粉500g、酱油10kg）配好后搅匀，加入菜坯中进行酱渍，每天捣缸。如果天气晴好，湿度高，要经常捣缸。捣缸可促进大头菜成熟。酱至菜心呈棕红色即可起缸。

（6）三晒　二酱起缸后，仍用回收酱油洗净浮酱，放竹帘上进行第3次晒坯，晒到表面起皱，四周卷边即可。一般100kg鲜菜经过三晒约得38kg。

（7）切条、拌辅料　将经三晒后的菜坯切成长5cm、宽1.5cm的长条，计量入缸。每100kg酱成熟的菜坯条加白砂糖30kg、糖精15g、味精100g、苯甲酸钠100g，拌匀。上午入缸，下午翻菜转缸1次，以后每天翻转1次，直到砂糖溶化渗入菜条内，加入糖桂花。以后再翻缸1次使其均匀即为成品。

（8）翻缸　由于该产品糖分高，应特别注意食品卫生，防止虫、蝇污染，拌过辅料后翻缸时，必须把缸口、缸边用开水抹净。

100kg鲜菜出成品40kg。成品深黄有光泽，有浓郁的酱香与桂花香。

（十一）上海大头菜

上海大头菜来源于20世纪50年代全国闻名的云南大头菜，当初的产品名称叫“仿云南大头菜”；到了20世纪60年代初，由于逐步形成了上海的风味特色，改名为“上海大头菜”。上海大头菜与云南大头菜既有共同之处，又有各自不同的特点。共同之处是选料严，操作细，用料考究，口味鲜甜；不同之处是上海大头菜原料为上海市郊所产芜菁甘蓝。

上海大头菜以鲜原料直接腌制为佳，一般要经过7次晒坯、7次渍制的操作过程。成熟期半年左右，成品折扣率40%。如采用咸坯作原料，要破坏许多有效成分，又抑制本身的发酵能力。由于上海大头菜生产周期长，为此要强调用天然酱来生产。

1. 原料配比

鲜大头菜110kg，回笼酱30kg，食盐8kg，甜面酱16kg，豆饼酱8kg，二级酱油14kg，甜面酱酱油2kg，初浸回笼糖浆15kg，复浸回笼糖浆 15kg，白砂糖 2.8kg，红糖 0.4kg，糖精 87g，甘草粉 250g，五香粉 1035g（茴香 250g，花椒 25g、盐 700g、山柰 50g、苯甲酸钠 5g、糖精 5g），甘草粗粉适量，苯甲酸钠 40g。

2. 工艺流程

鲜原料→整理→初晒→切坯→腌坯→二晒→初酱→三晒→复酱→四晒→初浸→五晒→复浸→六晒→拌料→七晒→装坛→入库

3. 操作要点

（1）整理　鲜原料最好每只 0.5kg 以上，要圆正、光滑、无冻伤、无腐空，切除弯根、叶茎和根须。为使外形端正避免浪费，可用刀背削须而不伤皮。用清水洗净泥质，顺根茎对切半只形，剔除花心、木心等不合格原料。

（2）初晒　将以上整理好的坯料倒在竹帘架子上，内心面向上，隔一两天翻身吹晒，使其他面也收缩。晒坯料时必须内心面多晒，以便水分挥发，使大头菜的内部纤维收缩，使整个菜坯脆嫩均匀，利于产品质量的稳定。

（3）腌坯、二晒　用预先准备好的 16°Bé 盐水浸没菜坯，上面撒些封面盐，隔 2～3h 用酱耙拌动 1 次，浸 24h 左右。盐水浓度下降到 10～12°Bé 时，将菜坯在卤水中淘洗干净。翻入另一只装有 16°Bé 盐水的容器内，再浸 24h，仍用酱耙拌动数次，以盐水浓度下降到 13°Bé 左右，菜坯咸度在 8°Bé 为最好。第 3 天进行第 2 次晒坯。为了做到分批定量操作，要固定晾架晒坯。晒时每块坯子都要平放，刀口面向上，带皮面向下，使每块菜都晒到太阳。以后每次晒坯都应如此，晒 2～3 天，当四周卷边，内心面呈明显的收缩纹路状，折扣率 70%时可进回笼酱内。

（4）初酱　将晒过的坯料，先浸入回笼酱中。根据缸的大小，一般每缸放坯料 250kg 左右，再放 150kg 回笼酱，过 3～4 天倒缸 1 次，以后隔 5～6 天倒 1 次，这样共翻 3～4 次，浸酱时间一般为 1 个月左右。由于每批的回笼酱质量差异很大，以及原料晒干的程度不同，所以要结合当时的气候和回笼酱质量等因素，适当增加或缩短浸酱时间。

（5）三晒　首先用回笼酱油将大头菜上的酱洗去，倒在竹帘子上，内心面向上，必要时可以上下两面翻动，晒到边皮起皱，一般晒3～4天即可，控制折扣率在55%左右。如果气候不正常或者连续下雨，要回到16～20°Bé的回笼酱油里保养，等晴天再晒。

（6）复酱、四晒　将收下来的坯子过称，一般每缸放250kg，加入甜面酱、豆饼酱、甘草粉、二级酱油（用量9kg）配成的混合酱。菜坯不能露出酱面，即时捣均匀，隔3～4天后再捣缸1次。浸酱45～60天，如天气较好，勤倒缸，时间则可短些。在浸酱后期挑一个大的菜头切开，看内部是否浸透入味，如内部已浸透入味，就可用回笼酱油洗去大头菜表面的酱沫，同样放在竹帘子上，晒至其表面起皱，其折扣率掌握在50%左右。

（7）初浸糖浆、五晒　利用上年积累的初浸回笼糖浆，除去上年产品带入的酱脚，每15kg初浸回笼糖浆加进二级酱油5kg、苯甲酸钠25g，用甘草水（用甘草粗粉配制）配到22°Bé，冷却拌匀后浸渍7天。捞出，把菜坯翻入空缸，以减少糖浆浪费，次日摊到晾架上，第5次晒干，到折扣率45%为止。

（8）复浸糖浆、六晒　利用上年积累的复浸回笼糖浆每15kg复浸回笼糖浆，加入2.8kg白砂糖、80g糖精、10g苯甲酸钠，用甘草水溶化到36°Bé糖浆，将菜坯浸没。浸渍的时间长，质量好，得率高。晴天要撬缸拌动晒太阳，阴天或时晴时雨的天气可盖缸不动，防止受雨。需要上市时，出缸进行第6次晒干，折扣率达到40%～45%时进行拌料。

（9）拌料七晒　把0.4kg红糖用0.3kg清水炒红，加入2kg甜面酱酱油、2g糖精、5g苯甲酸钠，拌和，将第6次晒干的菜坯浸入，加盖闷缸。3天后翻缸，将缸底的糖浆浇在菜坯上面，再闷缸3天后，于晴天晒坯，即为成品。如果暂无晴天，则将菜坯回到36°Bé糖浆里保存，防止因受雨而影响产品质量和储藏期。产品得率一般为40%～45%，储藏期为1年。

（10）包装入库　把250g茴香、25g花椒、700g盐、50g山柰炒干，加上5g苯甲酸钠、5g糖精拌和，磨成五香粉，一层产品一层五香粉放置于空缸内，次日上坛包装。

将 12.5kg 的菜坛洗净，晒干、散热后使用，先在坛底撒些五香粉，装满 12.5kg 后再在面上撒些五香粉，用一层油纸一层牛皮纸及时封口，防止空气入内。

(十二) 云南玫瑰大头菜

云南玫瑰大头菜又名玫瑰黑菜，创始于明末清初，迄今已有 300 多年的历史。它具有浓郁的玫瑰酱香气，吃法简单，荤素兼宜，切丝切片，生拌凉吃。不易腐烂，储藏和携带均很方便。

1. 原料配比

以成品 38～40kg 计，生芥菜头 100kg，食盐 9.5kg（其中精盐 3kg，井盐 6.5kg），红糖 6.5kg（其中 6kg 化糖稀，0.5kg 炒色），饴糖 2.5kg，玫瑰糖 2.5kg，老白酱 2.5kg，老酯子酱 10kg（用木缸酱制需 10kg，水泥池酱制只需 8kg）。

2. 工艺流程

芥菜→选料→原料处理→第 1 次盐渍→翻池→第 2 次盐渍→第 3 次盐渍→酱渍→晒芥→后期发酵→成品

↑（酱渍）

配制新酯子酱

3. 操作要点

(1) 原料处理　进厂的芥菜要趁鲜加工，堆放时间不宜超过 3 天。挑选个头大（0.3kg 以上）、水分少、肉质嫩脆、有强烈芥辣味的芥菜头。先将头部叶包、硬斑削净，再削去夹带泥土的毛须、茸须、根尖，要求头部平整，不带根叶，皮要削得薄。削好后，以芥菜头的凸背处均匀地破为两半，刮掉霉烂部分，有空心的要顺边缘把硬质部挖去，空心大的不要。

食盐：选择色白、水分及杂质少、氯化钠含量高的精盐或井盐，碾碎磨细备用。

红糖：色红黄，糖块坚硬，易溶于水，不带酸苦味或其他怪味。100kg 红糖加水 25kg 化为糖稀，作兑酱用。

饴糖：色淡黄，透明澄清，具有饴糖特有的香味，甜味纯而柔和，不得有酸苦涩味。全部供炒糖色用。

玫瑰糖：色黑褐发亮，呈胶状不清，味甜有玫瑰清香，不酸、不苦、无杂质。以昆明玫瑰花制作的为佳，供兑酱用。

老白酱：酱黄褐色，味咸鲜，无苦味、霉味、涩味、酸味。其制法是先将面粉制成粑蒸熟，制曲十多天后，风干打碎入缸下盐水，经过日晒夜露半年即成。用面粉 100kg，盐 20kg，可出老白酱 150kg。老白酱用半年以上的为好，不满半年的只能少掺一部分，用多了芥菜易腐烂。

老醅子酱：色黑亮，味咸回甜，有玫瑰酱香气，不涩、不酸、不苦。老醅子酱为历年酱制大头菜遗留下来的酱汁，经过加工而得。每年大头菜酱制完成后，剩下的酱汁每 100kg 加盐 5kg，放于缸内日晒夜露，作为第 2 年使用，在下大头菜加工前，每 100kg 醅子酱还要加盐 5kg，然后煮沸、熬稠、冷却后作兑酱用。

(2) 第 1 次盐渍　将芥块装入竹篓内，倒入木桶中，用清水浸泡（下批生产时用二三道盐水代替清水浸泡）。浸泡后捞出，控去水，按用料比例加入食盐（精盐），反复搅拌均匀，使每个芥菜都能均匀地粘上食盐，放入缸内盐渍 24h。

(3) 第 2 次盐渍、第 3 次盐渍　第 1 次盐渍结束，边出边洗芥菜块，控去水。放入另一缸中，均匀撒上井盐，搅拌均匀，盐渍 1 天，即为第 2 次盐债。至第 3 天，按同样方法进行第 3 次盐渍。第 3 次盐渍 3 天后出池，控去浮水，出池的芥菜块要无泥沙、污物，皮呈绿白色，手感柔软，划开无硬白心，口尝有咸味。

(4) 配制新醅子酱　先将饴糖 25kg 倒入锅内，加入红糖 5kg 不断搅拌熬化，火力先大后小，炒至焦煳，色黑亮，用搅棒挑起成马尾丝状。慢慢加水溶化，先用刷子洒水，待烟气落下后再多加水。溶化后滤去渣，即成糖色，约 25kg。炒好的糖色以浓度 30～33°Bé，色黑且亮，而无焦苦味者为好。

化糖：将红糖 60kg 放入锅内，加水 15kg，溶化成 40℃左右的糖稀 72kg，化好的糖不要动，让其自然冷却。糖稀应无块、无杂质。

兑酱：按照用料标准用老醅子酱 100kg，化成糖稀的红糖 72kg、玫瑰糖 25kg、糖色 25kg、老白酱 25kg 混合匀后得新醅子酱备用。兑好的酱要色黑亮，味咸鲜香回甜。

（5）酱渍　先把池子洗净、晾干，在池壁四周及池底淋上一层新醅子酱，把菜块分层放入池内，分层淋酱。池内菜块一般装至距池口 20cm，铺平，淋上酱，放上篾笆，压上木板和石块，再将酱加满，不能使芥块浮出液面。在酱制过程中，要经常查看，发现酱汁太少要立即加满。为了便于顺序晾晒，进酱时应在池上标明日期。酱渍时间 60 天左右。

（6）晒芥　将酱制好的芥菜坯取出，检验，如芥块饱满不卷缩，用刀切开，内呈棕红色，有光泽，口尝脆嫩，味咸回甜，有玫瑰酱香味，就可晾晒。如菜块大，切开里面没有酱透，应再套一层色。套色所用的酱为老醅子酱或当年酱过黑芥的余酱，如色浅可加糖色，太浓可加清水。将色淡的芥块倒入酱内翻拌，使菜块粘上一部分酱，再捞起晾晒。若菜块上酱太厚，可用清水洗去一部分。

晒芥时将芥块控去水分，放在竹围上，凸背向下，大头朝上，头部压着尖部，交叉顺序铺好。晴天晒 2 天后，到第 3 天上午将菜块翻过来，再晒半天，等芥块表面不粘手就可收起来装入池或缸内压实，密封。在晒芥时，应注意天气变化，防止芥块受雨变质。

（7）后期发酵　装入缸内的菜密封后，放在阴凉处储存，转入后期发酵，3 个月后即为成品。储存时要防雨、防潮、防高温、防油。在运输过程中不能让日光曝晒或被雨淋，也不能放在太潮湿的地方。

（十三）金丝香

金丝香是选用新鲜芥菜的块根（亦称疙瘩），为原料精制而成的。块根应无虫害，没有霉烂变质。

1. 原料配比

芥菜 100kg，甜面酱 40kg，芝麻 4kg。

2. 工艺流程

芥菜→盐渍→切丝→脱盐→酱渍→拌料→成品

3. 操作要点

（1）盐渍　将鲜芥菜头削去毛根，洗净。放入池内，每 100kg 加入食盐 15kg，层菜层盐。然后按 100kg 鲜菜加入 16°Bé 盐水 30kg。入池 5 天后倒池，以后每隔 5 天倒池 1 次，共倒 5～6 次。倒池时要注意扬翻盐卤，以去掉芥菜体内及卤中的青辣味。盐渍 30 天后，不再倒池，每星期用水泵将盐卤循环浇淋 1 次，进一步散发腌制过程中产生的不良气味，达到盐渍均匀的目的。一般秋季盐渍，第 2 年春天方可使用。

（2）切丝　腌制成熟后，采用机器或手工加工，切成宽厚均为 2mm、长 4～6cm 的细丝。用机器切要经过挑选，将不合规格的挑出，并要勤磨刀换刀，以免因刀口变钝而使切出的丝毛糙、无光泽，影响产品的质量。

（3）脱盐　将切好的丝放入缸内用清水浸泡，100kg 菜丝用清水 100kg，浸泡 12h 后，将菜捞出，上榨，稍经压榨后取出。压榨后菜坯的含水量为 60%～65%，含盐量为 10%左右。

（4）酱渍　将压榨后的菜丝装入布袋，布袋口宽 15～20cm、长约 0.7m。袋口以绳扎好，打个活结，放入甜面酱内酱渍。甜面酱质量标准为水分 55%～60%，还原糖含量为 20%～24%，总酸 2%以下，酱的颜色为黄褐和红褐色。酱制时间夏季为 7 天，冬季为 15 天。在酱制过程中每隔 2～3 天放 1 次风。所谓放风，就是将袋中的菜坯倒出，稍加翻拌，放出不良气味，控出卤水后，重新装入袋中扎好，继续放在酱中。在酱渍过程中，要严格注意设备、环境的卫生，所有接触菜坯的物品都要洁净，否则容易感染产酸菌，使酱菜变酸。

（5）拌料　将酱渍好的菜坯倒出布袋，按比例加入已炒熟的芝麻，搅拌均匀，便成为金丝香成品。芝麻要随炒随用，存放时间不得过长，最长不超过 1 周。

（十四）商丘酱天鹅蛋

河南盛产大白菜，大棵重达 5～10kg。选用霜降后的大棵白菜的根部疙瘩，要求紧密不糠，含水分大，经粗加工酱制，称酱天鹅蛋，是传统产品之一。

1. 原料配比

按成品 70kg 计，鲜大白菜根 100kg，8～10°Bé 盐水，甜面酱 100kg。

2. 工艺流程

鲜大白菜根→削皮整形→盐水浸泡→控水酱渍→成品

3. 操作要点

(1) 削皮整形　用刀削去新鲜大白菜根的外壳老皮，加工成鸭蛋形状。

(2) 盐水浸泡　把削成鸭蛋状的菜坯入缸，用 8～10°Bé 的盐水浸泡，压上石块。原缸翻 2～3 次，翻后仍要压上石块，7～8 天为半成品。

(3) 控水酱渍　半成品出缸后，控水，装入布袋，入缸酱制。头酱、二酱按 3∶7 比例混合使用，原缸翻袋 2～3 次，酱渍 30 天为成品。

(十五) 酱萝卜头

1. 原料配比

(1) 盐渍阶段　鲜萝卜 100kg，食盐 7～9kg。

(2) 酱渍阶段　咸萝卜坯 100kg，二酱酱汁 120kg，稀甜酱 100kg。

2. 操作要点

(1) 盐渍　挑选原料洗净后，按配比要求层菜层盐，满缸为止。每隔 12h 转缸翻菜 1 次，卤浇淋到菜面上，4 天后出缸。

(2) 起缸曝晒　将起缸的咸坯摊开曝晒，每天翻菜 1 次。约晒 5～7 天，至表面呈干燥皱纹状，收得率为 35%左右，于阴凉处密封储存备用。

(3) 初酱　将腌好的咸坯洗净，装入布袋，放到浓度为 16°Bé 的二酱酱汁中初酱。每天捺袋翻缸 1 次，酱渍 2～3 天，出缸，沥去卤汁。

(4) 复酱　将上述萝卜头放进按配方要求的稀甜酱中复酱，每日翻缸捺袋1次，酱渍15天即为成品。

(十六) 酱白萝卜

1. 原料配比

白萝卜100kg，酱油40kg，盐10kg，味精100g，甜面酱10kg。

2. 操作要点

把白萝卜洗净，切成两半。然后用10kg盐化成50kg盐水，把切好的萝卜放入，腌1个月，捞出晒大半干。最后把酱油煮沸灭菌，加入甜面酱，每5天翻1次，酱20天即成。

(十七) 咖喱萝卜条

1. 原料配比

象牙白萝卜100kg，酱油12.5kg，白酒125g，咖喱粉312.5g，甜面酱1.25kg，盐6kg。

2. 操作要点

把白萝卜去根去顶，洗净下缸。先用3kg盐加水18.7kg，化成盐水洒在上面，再用3kg盐撒在菜上。3～5天翻1次缸，腌20～30天，即成咸坯。再用石头压2天，放入经过煮沸降温的酱油中，泡7天后，捞出控干。再把甜面酱、咖喱粉、白酒等佐料拌入，揉匀后装坛，即可食用。

二、茎菜类酱渍菜

(一) 北京酱莴笋

北京酱莴笋已有数百年的生产历史，为传统酱菜之一，近年来根据群众生活习惯的变化，参照扬州、镇江香菜心的生产工艺，把原来的整条酱莴笋改为酱莴笋条块。原料选用北京郊区所产的莴笋，北京地区种植的莴笋，分春笋、秋笋两种，选用酱莴笋原料，以春笋为宜。严格掌握生产季节，以"芒种"前后收获之青笋为佳。青笋水分较小，肉质硬而脆，适于腌渍。收割过早，则成熟度小，质地太嫩，不但易断碎，而且出品率低。收割过晚，则质已老，上顶空心，皮紧裂口、易脱节，粗纤维增多，影响脆度。因此，必须不误时机地收获和腌制莴笋。

1. 原料配比

去皮莴笋 100kg，食盐 25kg，甜面酱 65kg。

2. 工艺流程

生笋→削皮→入缸→盐渍→倒缸→封缸→咸坯→切条→脱盐→装布袋→上榨脱水→出榨→入初酱→打耙→出缸控卤→复酱→打耙→成品

3. 操作要点

(1) 削皮　生笋进厂后，要当日加工完，削去尖、叶及外皮。削皮以"不留筋、不伤肉"为准。既要削净外皮，不留老筋，又不能削去笋肉，以免影响出品率。

(2) 盐渍　生笋削皮、入缸，一层莴笋一层盐码放。100kg 莴笋加盐 25kg。莴笋入缸 4h 后，开始倒缸。每天倒缸 2 次，倒缸时要求双手直接抓取莴笋，不能用铁丝笊篱，以防止咸坯断碎。腌渍 3～4 天后，改为每天倒缸 1 次。15 天左右，停止倒缸，咸坯制成，封缸储存。出品率 65%，即 100kg 鲜莴笋出咸坯 65kg。

(3) 酱渍　将整条咸莴笋纵切成 4 瓣，然后再横斜切成长 1.5cm 的柳叶形笋条。入清水脱盐，然后装入布袋，上榨脱水。出榨后松散布袋，入缸初酱。65kg 咸坯加 65kg 二酱（酱过 1 次菜的酱），每天打耙 3 次，3～4 天后，出缸控卤。入缸复酱，65kg 初酱过的莴笋用甜面酱 65kg，每天打耙 3 次，2 周后即为成品。出品率 70%。

(二) 上海莴笋条

莴笋易栽培，产量高。上海主要在每年盛夏栽培，其他季节也可栽培。其食用部分是肥大的地上茎，质脆嫩，水分大。加工单位收进后，应选阴凉通风处存放，严防日晒和受热，以免引起变质和腐烂。一般都以露地堆放，将每捆莴笋叶向上，根部落地排列整齐，最好上面用竹席遮盖，以防日晒。收来的莴笋应及时加工完，一般存放不超过 1～2 天。在整个加工过程中，莴笋不能被太阳晒，防止变红，有条件全部室内加工。如室外加工，不论鲜原料或刨光莴笋，都要及时用竹席遮盖。

1. 原料配比

以 100kg 成品计算，鲜莴笋 440kg，白砂糖 30kg，食盐 79kg，甘草粉 1kg，甜面酱 60kg，味精母液 1kg，回收甜面酱 60kg，糖桂花 2kg，甜酱油 20kg，防腐剂 100g，糖精 15g。

2. 工艺流程

（1）咸坯　鲜莴笋→选料→刨皮→洗涤→初腌→翻池→复腌→翻池→溶卤→储存

（2）成品　咸坯→挑选→切制→脱盐→压榨→第 1 次日晒→回收甜面酱浸渍→漂洗→第 2 次日晒→甜面酱酱渍→漂洗→第 3 次日晒→拌料→检验→包装→成品

3. 操作要点

（1）选料　选择条直、不弯、大小整齐的原料，整修干净。茎部削净，不带毛根，顶部叶片不得超过五六片，洗净不带泥土。不带黄叶、烂叶，不老，不抽薹。笋形要粗短，不烂、不裂，不带外伤，青笋条长 40cm 以上，径 3～3.5cm（指腰部），白笋条长 35cm 以上，径 3.5～4cm（指腰部）。皮要薄，质要脆，水分大，表面不锈，笋条不蔫，不空心。

（2）刨皮　要求刨完整，无老筋、老根，颜色要青白，表面光洁。将刨好的莴笋轻轻放入篓筐内，防止折断，装满后及时加工，绝不能放在太阳下晒，更不能过夜，防止颜色变红。这一工序，是成品质量的基础。有叶鲜莴笋刨光后，出肉率为 29%～30%。

（3）初腌　加工前洗净空池，备好腌制盐。将经过磅记录的刨光莴笋轻轻倒入（防止折断）池中约 10cm 左右，用木耙轻轻拉平，泼上卤水，加上盐。以后加工的莴笋，按上面办法直至放满。腌制时用盐掌握下少上多的原则，一般用盐量下半池30%，上半池50%，封面用盐20%，每100kg莴笋加8kg食盐。

(4) 翻池　上午渍制的，下午翻1次，第2天上午翻第2次。下午渍制的，当天晚上翻第1次，第2天上午翻第2次。翻第2次时，上半池必须用手轻轻地搬入隔壁空池内，防止跌断，拾平以后，再翻下半池。莴笋要上下腌得均匀，使全部莴笋变软，更多地沥出水分。

(5) 复腌　第2天晚上，将莴笋捞在竹筐里，筐压筐，上铺竹片，压石头1块（约10kg)。第2天上下倒换，如果加工数量较大，可以放在准备好的囤里。每囤可放5000kg左右，底部铺上竹片，圈以粗竹片做的帘子，上压石头亦可。准备好复腌用盐，按100kg加盐10kg进行复腌，方法同初腌。用盐方法，下半池20%，上半池40%，封面盐40%，下少上多。隔1天铺薄包，加竹片，压石头12块（每池容量3000kg)，分4行，每行3块石头。10天以后测量咸度为17°Bé。复腌折扣率55%～58%。

(6) 溶卤　初腌的盐卤，咸度很低，可以废弃。复腌的卤水咸度高，应当利用。为了保证莴笋不变质，卤水浓度须保持20°Bé以上。将复腌的卤水，加盐搅拌均匀，达到20°Bé后，经澄清后倒入咸坯中。

(7) 储存　储存中半月检查1次卤水变化情况。卤水缺乏时，应及时加足，可保管1年以上。如逢下雨天，要检查是否有雨水浸入，发现变质，立即采取措施。

(8) 咸坯挑选　从初腌到复腌，整个过程需45天左右成熟。咸坯质量规格：脆嫩、不空心，色青带些淡黄，表面不能带皮，圆正，无偏形或凹形。大小均匀，有莴笋香味，无异味和臭味。

(9) 切制、脱盐　将挑选好的莴笋，送整理车间切制。用手工切去头尾（回收头次用咸卤保管，另作他用)，一般15～18cm长。将切好的原料倒入池里，自来水浸泡，用木棍搅动，使莴笋含盐量达8%～9%。捞入竹筐内，用筐压筐，上面铺竹片，压上2块石头。过5～6h后，把下面的筐调到上面来再压，仍用竹片加石头。或用压榨机脱水。

（10）第1次日晒　将压榨过的莴笋，送晒场倒入竹帘上，用木耙将莴笋摊薄。在充足的阳光下，经过3～4h，即可晒去表面的水分。收入竹筐内，倒入回收的甜面酱内浸渍。

（11）回收甜面酱浸渍　浸泡在缸内的莴笋，每天要撬缸1～2次，上下午各1次，使其均匀地吸收酱液，吐出水分。经过4天后，捞出莴笋。

（12）第2次日晒　将捞出的莴笋装入竹筐内沥干水分。再轻轻地摊在竹帘上，进行曝晒。应经常用木耙上下翻动，以便提高效率，使莴笋晒得均匀，一般曝晒1天。

（13）甜面酱酱渍　选择发酵成熟的甜面酱，将晒好的莴笋，倒入甜面酱内酱渍。在酱渍期间，每天最好搅动3～4次，使莴笋均匀地吸收酱液，保证质量。酱渍15天，即可成熟。

（14）第3次日晒　将酱缸内成熟的莴笋捞出，倒入酱油内漂洗干净。如发现表面仍有酱渣，必须复洗干净。仍然把莴笋均匀地摆在竹帘上，每隔2h翻晒1次。翻晒时要观察水分情况，如水分过高，就要考虑翻晒次数。冬天晒3天，春秋2天，夏天1.5天，收进室内拌料。

（15）拌料　首先将糖精15g、味精母液1kg、甜酱油20kg、防腐剂100g调和，拌匀备用。然后将辅料均匀地撒在半成品上面，当即翻缸1次。每天翻缸1次，连翻2天。第3天将30kg白砂糖撒在莴笋上面，再翻缸1次，以后再翻2天缸，停止翻缸。注意每次翻缸结束要加竹篾盖，将缸沿、缸边用开水揩干净。糖渍5天后即成熟为甜莴笋条。成熟的甜莴笋条丰满柔软，表面糖液浓稠度大，色泽新鲜明亮，呈深黄色，口味爽脆而甜。

（16）检验、包装　检验合格的产品才能包装。包装前2天，将糖桂花拌入成品中。用12.5kg酱菜坛包装，包装过程中，必须注意卫生。在包装中，要随时包装，随手盖好，缸边及坛边都要用开水揩干净。因糖分较高，会引来苍蝇。注意保存在通风干燥、有纱窗的仓库，避免日光曝晒，室温要低，坛口封闭严密。

(三) 天津酱莴笋

1. 原料配比

咸莴笋坯 100kg，甜面酱 75kg。

2. 工艺流程

咸坯→脱盐→酱渍→成品

3. 操作要点

(1) 脱盐　将腌好的莴笋置于清水中浸泡，100kg 菜用水 250kg，浸泡 24h。第 2 次浸泡，用水量和浸泡时间与第 1 次相同，第 3 次用水 200kg，浸泡 12h。在浸泡期间，每隔 3h 要串 1 次，促使盐度能更快降低。换 3 次水以后，将菜捞在筐内控净水分，春季约控 1h，冬季约控 30min。控水后把菜装入布袋里，每袋约装 3kg 上下，然后过秤。

(2) 酱渍　先将天然面酱的 50%入缸，再把已过秤莴笋的 50%下缸，再层菜层酱。下完缸以后，要用耙将菜袋和酱串匀，以后每天串耙 5 次，每 2h 串扒 1 次，春季酱 10 天，冬季酱 15 天即为成品。

(四) 扬州酱香菜心

酱香菜心是扬州酱菜中的名特产品，以其特有的清脆而独具特色，低盐瓶装香菜心，不仅是佐餐品，而且是旅游爽口菜。鲜莴笋(苣) 产于扬州本地，有绿叶莴笋与紫叶莴笋两种。腌制一般选用绿叶莴笋，收购时间在立夏前后 1 周，但腌制宜用收购晚期的莴笋。因晚期的莴笋较粗壮，水分小，组织致密，脆度好，经腌制后酱出来的口感脆嫩。早期的瘦而长，水分大，较嫩，经腌制后酱出来失水多，反而感觉老。原料要求脆嫩、不空、不老的，刨净苣皮后规格要求 4～6 条/kg。

1. 原料配比

鲜莴笋 (苣) 100kg，食盐 22kg，稀甜面酱 50kg。

2. 工艺流程

鲜莴笋进厂→初腌→复腌→改制→脱盐→脱水→初酱→复酱→成品

3. 操作要点

（1）初腌　鲜莴笋进厂，刨净笋皮及老茎，削去尾梢及黄色老根，及时入缸腌制。

鲜莴笋腌制采用双腌法，即将每100kg所需盐量，分2次进行腌制。每100kg鲜菜先用10kg食盐，入缸，按层菜层盐、下少上多的方法进行腌制，缸满为止，要求盐要撒匀。入缸后隔12h翻菜转缸1次，翻转2次后起缸，放入有孔眼的竹篮里，通过堆叠压去卤水，4h后上下调换1次。

（2）复腌　将经过初腌，压去卤水的菜坯入缸，每100kg鲜菜用食盐10kg，仍按层菜层盐，下少上多的方法进行加盐，盐要撒匀，直到缸满。以后每隔12h翻缸转菜1次，计翻2次后，并缸或池，进行储存。入池要层层铺平、压实，直到满后，用竹席及木棍压紧池（缸）面，加足20°Bé之盐卤，漫过菜面10cm，加上封面盐，储存备用。

（3）改制　取腌制好的莴笋咸坯，去除黑斑、锈斑以及老茎后，取中段，最小端直径不低于1.5cm之笋段，剔除空心。将笋段叠齐，切成厚度在0.15～0.2cm之间，厚薄均匀的薄片，此片即为酱香菜心咸坯。将直径小于1.5cm的以及根部较老的莴笋尾梢，切成长3～4cm，宽0.8～1cm的笋条，作为酱莴笋（苣）条之咸坯。

（4）脱盐、脱水　将上述切制好的莴笋圆片或莴笋条，按咸坯100kg用120～150kg清水的比例进行漂洗脱盐。当脱盐卤水达7～8°Bé时，即可进行装袋。每袋装11kg，进行叠堆脱水，约过5～6h，中间调头换位置1次，直到水分干至断线滴卤时即可进行酱制。

（5）初酱　通过初酱可以将菜坯中的咸苦涩味以及菜中的卤水气味除去。将装有脱盐咸坯的布袋抖松，入缸，用酱过一次菜的回收稀甜酱进行初酱。酱4～6天，每天翻缸捺袋1次。

(6) 复酱　复酱是菜坯吸收甜酱中鲜甜滋味以及酱香、酯香风味的过程。100kg菜坯，用100kg新鲜稀甜面酱。每缸约放12～15条菜袋，约150kg菜坯。复酱时必须严格管理，精心操作，每天早晨翻捺袋1次。在复酱过程中，发酵仍在持续，翻缸捺袋有利于菜袋中气体的去除，使菜坯充分吸收甜酱中的风味物质。

成熟期：春秋10天左右，夏季5～7天，冬季15天左右。

100kg鲜莴笋（苣）出46～50kg咸坯莴笋（苣）。100kg咸坯出72kg酱香菜心。

(五) 商丘酱笋

鲜莴笋要求茎部肥大，肉质鲜嫩，无病虫害，无破烂伤口，无空心。

1. 原料配比

鲜净莴笋100kg，食盐18kg，曲黄45kg。

2. 工艺流程

鲜莴笋→削皮去茎→清水浸泡→初腌→复腌→翻缸澄卤→下黄酱渍→晒露→成品

3. 操作要点

(1) 削皮去茎、清水浸泡　鲜莴笋进厂后，要及时剥叶、去皮、刨净老茎、切除根梢，尤其老茎一定要去除干净，否则影响产品质量。刨好茎的莴笋要立即放入清水中浸泡，以防生锈。浸泡时间4h。

(2) 初腌　将鲜菜用少量的盐进行第1次盐腌，促使菜中水分排出，然后再加盐腌制，达到节省食盐，提高菜坯质量的目的。每100kg鲜莴笋用盐4.5kg，入缸腌制。第1天腌制的，第2天起缸，装入竹筐进行控水，准备复腌。

(3) 复腌　将控水后的笋坯入缸，一层菜坯一层盐，撒盐时掌握下少上多的原则。每100kg菜坯用盐量为12kg，第2次加盐要求上午腌制下午翻缸，以后每天翻菜转缸1次，翻2～3次，盐可化尽。100kg 净笋可出笋坯 68kg。

(4) 翻缸澄卤　盐溶化后捞出菜坯，装筐控水。澄清盐卤，以去除其中的杂质及泥沙。然后将复腌的菜坯放入空缸内，加入澄清后的卤水。隔日后，翻 1 次缸，以后隔 3～4 天再翻缸 1 次。如此转缸翻菜 3～4 次，盐渍 20 天，缸面冒沫，笋坯表面呈淡绿色，即为半成品。将竹篾盖在菜坯上，压石块，使菜坯压在卤水内等候下黄酱渍。

(5) 下黄酱渍　将半成品出缸，装筐控水，上午控水，下午即可下黄酱渍。下黄时先在缸底撒一层曲黄，然后将笋坯整齐地排列在曲黄上，曲黄要铺撒均匀，菜坯要排列紧密。这样一层曲黄，一层菜坯，直至距缸口 20cm，即用曲黄封面。

在此期间注意管理，必需日晒、夜露、防雨淋。经三个月日晒夜露即成熟。

(六) 商丘酱虎皮菜

鲜莴笋（苣）茎部的外皮薄而多汁。采用鲜莴笋茎部中间带有纤维部分的外皮加盐腌制，称酱虎皮菜。要求笋棵粗大、无虫害和伤口。

1. 原料配比

以成品 70～80kg 计，鲜净莴笋皮 100kg，8～10°Bé 盐水适量，甜面酱 100kg。

2. 工艺流程

鲜笋削皮→清水浸泡→捆把盐渍→装袋酱渍→成品

3. 操作要点

(1) 鲜笋削皮　在鲜莴苣中间茎部两端，沿外径将笋皮割断，再把笋皮割开一条直线，用竹刀取 15°角，将笋皮整片削下。

(2) 清水浸泡　把笋皮用清水浸泡 2～3 天，每天换水 1 次，除去苦味。

(3) 捆把盐渍　将浸泡后的笋皮捆把入缸，用 8～10°Bé 盐水浸渍 10 天，中间翻缸 2～3 次。

(4) 装袋酱渍 盐渍后的半成品，按捆装入布袋，入缸酱制。头酱、二酱按 3∶7 混合使用。每隔 4～5 天翻缸 1 次，30 天即为成品。

(七) 潼关酱笋

潼关酱笋是陕西潼关的传统名特产品，因其成品笋节上仍保留一层笋皮，故称“连皮酱笋”。因其产地潼关县的建置在清代曾升为厅，又有“厅酱笋”之称。潼关酱笋早在清代就销往西北各地和北京、天津、山西、河南等地，1931 年出版的地方志中对潼关酱笋有“甘美天成，声称宇内”的记载。并于 1915 年参加了巴拿马赛会，荣获大会的奖章和奖状。潼关酱笋所用的青笋为本地产的“铁杆笋”。由于当地的水土、气候等特点加之栽培上的讲究，这种笋头年 10 月中旬种植，次年 6 月间采收，生长周期长，笋身粗壮，叶黄色，外皮发白，内皮发硬。

1. 原料配比

青笋 100kg，食盐 12kg，面酱 60kg，各种乏酱各 60kg。

2. 工艺流程

青笋→预处理→盐渍→乏酱酱渍→面酱酱渍→成品

3. 操作要点

(1) 预处理 每年 6 月间选购符合要求的鲜笋，先用小刀剥去外皮，保留鲜笋的内皮，再用刀去根切梢，剁成 13～15cm 长的小节。

(2) 盐渍 将剁好的笋节随即放入 18°Bé 的盐水中盐渍，在盐渍中每天要翻动 1 次笋节。在盐渍的同时发生乳酸发酵，使产品呈米黄色。

(3) 乏酱酱渍 盐渍 10 天后，把笋节捞出放入第 4 批乏酱中存放 2～3 天。然后，取出放入清水中浸泡 3 天，每天搅拌 1 次，以去除笋中的部分食盐和苦味。浸泡结束后，取出放入第 3 批乏酱中酱渍 7～10 天，接着转入第 2 批、第 1 批乏酱中酱渍，每次时间亦为 7～10 天。

(4) 面酱酱渍　把乏酱中的笋节取出放入新面酱中，酱渍1个月，即为成品。酱渍过程中，每隔4～5天翻动笋节1次。如不立即出售，可放于面酱中长期保存。

(八) 辣油莴笋丝

辣油香菜丝属酱汁渍菜类，属扬州特色酱菜。鲜菜采用肥嫩的绿叶莴笋（苣），要求肥嫩粗壮的中段，去掉尾梢及根端。将腌制好的咸坯莴笋段改制成细丝后，辅以红辣椒及麻油制作而成，似凉拌海蜇皮，但又较海蜇皮清香，不仅是佐餐佳品，而且是绝妙的饮酒冷菜。

1. 原料配比

咸坯莴笋（苣）段100kg，稀甜酱卤汁70kg，辣油11kg，味精150g，食糖2kg。其中稀甜酱卤汁配料为稀甜酱汁25kg，食盐4kg，水75kg。辣油配比为麻油或花生油40kg，红磨椒60kg。

2. 工艺流程

咸坯莴笋段→切丝→脱盐→上榨→晾晒→浸渍→拌辅料→成品

3. 操作要点

(1) 切丝　将咸坯莴笋段切到7～8cm长的短段，然后再切成宽3～4mm的细丝。如果在鲜菜收获期间，也可用去尽皮及老茎的光段，直接用刨子刨成4mm宽的细丝。咸坯因没有挺度所以无法采用刨子。

(2) 脱盐　将切制好的咸坯笋丝，放入缸中，加清水漂洗脱盐。每100kg酱笋丝加清水120kg，夏季脱盐1h，冬季2h，脱盐到咸坯含盐分6%～7%，如果产品出口可脱盐至3%左右。

莴笋丝则用盐渍一下，100kg莴笋丝用5kg食盐腌制，上午腌，下午即翻缸，盐渍1天即可。

(3) 上榨、晾晒　将脱盐后的咸坯或鲜咸坯上榨，压去水分，上榨时应放在竹制的篾篓内。100kg脱盐莴笋丝榨后约得30kg左右，然后放芦席上摊开晾晒，晒1～2天，晒后约得20kg左右，晾晒时应经常翻扒，使晾晒脱水均匀。

(4) 浸渍 将晒干的干莴笋丝放入缸内，20kg 干莴笋丝加60℃卤汁 70kg 浸渍，浸渍 1 天后捞起沥干卤汁。浸渍时间根据气候、温度而定，主要看坯丝复膘情况及装罐与否，装罐用则可起缸早一点，如系散菜门市用，则浸汁时间长一点，一般 2 天。

稀甜酱卤汁配料：稀甜酱汁 25kg、水 75kg、食盐 4kg 混合后烧开，去掉浮沫，冷却至 60℃备用。

(5) 拌辅料 先将麻油或花生油 40kg 放入锅中熬，然后加入红磨椒 60kg（去净秆），加热使水汽冒出，熬约 2～3h 至不见泡沫为止，停火，稍冷后出锅成辣油。

将浸渍后起缸的莴笋丝用辣油及辅料拌匀，每 100kg 成品用辣油 11kg、味精 150g、食糖 2kg 拌匀即可。装罐用的不加味精与食糖，另加配卤。

100kg 咸坯酱丝产成品 50kg。

(九) 甜酱佛手菜

甜酱佛手菜沿用大头菜工艺，以天然甜面酱为辅料，经两卤两晒，并辅以蒸煮、焖缸等工序。甜酱佛手菜与北京佛手芥工艺类似，唯其用料不同。佛手芥之辅料为酱油、糖色等，佛手菜则以天然甜面酱为辅料，风味较佛手芥为佳。

甜酱佛手菜以带缨子芥菜为原料，要求没有虫害及腐烂叶子等。成品色、香、味美，适宜于切丝或块炒肉吃，堪称佐餐佳品。

1. 原料配比

带缨子芥菜 100kg，食盐 10kg，天然甜面酱 100kg，桂花 0.5kg，五香料 0.18kg。

2. 工艺流程

带缨子芥菜→预处理→盐渍→酱渍→蒸煮→晾晒→第 2 次酱渍→第2 次晾晒→焖制→成品

3. 操作要点

(1) 预处理 用刀将带缨子芥菜外皮削去大部分，注意削匀，使其呈圆形且表面光滑。从根部开口，菜体大的切 3～4 刀，菜体小一点切 2 刀即可。每片约厚 2cm，开口的深度为菜体的 2/3。

(2) 盐渍　先在缸底放少量的盐，层菜层盐，直至满缸，再盖上一层盐。第 2 天倒缸，以后每天倒缸 1 次。倒缸时连同卤、盐一起倒入另一菜缸，连续倒缸 10 天。

(3) 酱渍　把盐渍好的带缨子芥菜捞出缸，削去缨子（缨子用于制梅干菜），放入缸内。100kg 鲜芥菜加入 50kg 天然甜面酱，第 2 天倒缸，每天倒缸 1 次，连续 15 天。

(4) 蒸煮　把已酱渍 15 天的芥菜取出，用干净之布擦去沾在菜表面的甜面酱，放在笼屉内，蒸至半熟，常压下蒸 5min 即可。

(5) 晾晒　将蒸制好的芥菜放在露天阳光下晾晒 2 天，如阳光不好或阴天，要延长晾晒时间。晾晒时要勤翻动，使菜内的水分蒸发，质地、风味发生变化。目前大部分是在室外利用日光晾晒，也可在室内用热风吹，蒸发水分。

(6) 第 2 次酱渍　把已晒好的菜坯放入缸内，加入天然甜面酱，每 100kg 鲜芥菜加入甜面酱 50kg。第 2 天倒缸，每天 1 次。使甜面酱中的糖分、盐、氨基酸等有机物质均匀地较快地渗到菜的内部。约 15 天左右就可完成第 2 次酱渍。

(7) 第 2 次晾晒　将酱渍好的菜坯取出，用干净的布擦去沾在菜坯上的面酱，放在室外阳光下晾晒 2 天。晾晒时一般放在用竹竿或芦苇编成的席上，晾时要勤翻动。天气晴朗时，每 2h 就要翻动菜坯 1 次。

(8) 焖制　焖制的目的是使干性调味料（桂花、五香料等）的各种风味渗入到菜坯内部，使菜产生特殊的风味。先把桂花、五香料拌均匀，然后把它们均匀地擦入已晒制好的菜坯的开口处及四周。把拌好调味料的菜坯放入坛内，压实，用泥封住坛口。在常温下焖制 30 天即为成品。成品放在低温通风处保存，销售时再把坛口打开。

（十）北京酱甘露

酱甘露又名酱宝塔菜，已有数百年的生产历史。所用原料甘露，学名草石蚕，因其地下块茎膨大似蚕蛹而得名，按其形状及特点，各地又有许多别名，如宝塔菜、地蚕、螺丝菜、地环、地轱辘等。

北京酱甘露，选用京郊黑土地带所产甘露为原料，颜色洁白，个肥壮、皮细嫩。因不经盐渍，直接酱制，因此必须彻底洗涤原料，防止产品含泥沙。

1. 原料配比

鲜甘露 100kg，甜面酱 100kg。

2. 工艺流程

鲜甘露→过筛去杂质→洗涤→控水→装布袋→入缸→酱渍→打耙→成品

3. 操作要点

(1) 过筛去杂质、洗涤　鲜甘露进厂后，要及时组织加工。首先过筛除去泥土，剔除杂质，然后清水洗涤。设置 2 个水缸或水池，甘露放入第 1 个水池（缸）后，用笊篱搅动，捞入第 2 个水池（缸)，经搅动后，捞入筐内。为了确保甘露洗净无泥沙，边外捞边用水管向筐内直接冲洗。

(2) 酱渍　将甘露洗净控水后，装入布袋，每袋装 4～5kg。装好后用线绳捆好袋口，入缸酱渍。为了便于打耙翻缸，入缸前，缸内预先放 1/3 的甜面酱。待入完缸，再加 2/3 的甜面酱。上午入缸，下午开始打耙。下午入缸，下班前也要打耙 1 次。次日起打耙 3～4 次/天，2 周后即为成品。打耙要彻底，即在每次打耙时，必须使缸内的菜袋全部上下翻动，否则容易出现甘露“色花”，甚至酸败变质。酱渍期满，停止打耙后，要将缸上面抹平，勿使菜袋暴露酱外，以防产品颜色变黑。

(十一) 扬州酱宝塔菜

酱宝塔菜（草石蚕）是扬州酱菜中的佼佼者，不但是人们日常生活中的佐餐品，宴席上的爽口菜，而且是病榻上的开胃菜，深受人们喜爱。鲜宝塔菜产于扬州西南郊一带。要求每个菜体有三个以上环，环为圆珠形，顶端尖似宝塔顶，尾端形似宝塔基座。另有一种形似藕节的，称为地藕，质虽嫩，但有土腥味，因而原料选择时应剔除，注意区别。

1. 原料配比

鲜宝塔菜100kg，食盐25kg，稀甜面酱75kg，回收稀甜面酱适量。

2. 工艺流程

鲜宝塔菜→去杂及根须→盐渍→换卤→咸坯→挑选→酱制→成品

3. 操作要点

（1）盐渍　鲜宝塔菜进厂后，首先拣去杂草，洗净泥土，除去根须。采用卤腌法，100kg鲜宝塔菜用20°Bé盐卤100kg，入缸浸泡，每天翻缸1次，4～6天后捞起，淋去初腌盐卤，入另一空缸或池铺平，缸（池）满后用竹席或篾衣盖好，压紧。灌入22°Bé的澄清盐卤，加足封面盐储存。

（2）酱制　选择肥嫩整齐的宝塔菜咸坯，用清水漂洗脱盐，装袋后堆叠脱卤脱水。

将经脱盐脱水后的咸坯菜袋抖松后入二酱中进行初酱，二酱即用过1次的回收稀甜面酱。初酱1～6天，每天应捺袋翻缸1次。初酱完毕起缸，堆叠去初酱卤汁，进行复酱。

复酱100kg咸坯用100kg新鲜稀甜面酱，复酱时每天应捺袋翻缸1次。方法同初酱。成熟期：夏季10天，春秋季14天，冬季20天左右。

（十二）北京酱什香菜

什香菜是北京酱菜中的传统产品，将菜坯用刀片切得薄如纸，然后切成细丝再与姜丝混合后，用黄酱及甜面酱酱制而成。随着产量的不断增加，用人工刀片来片什香菜不能适应生产需要，因此改为“机制什香菜”。但“机制”的风味及产品的光洁度均不如手工刀片好。在北京地区有伏苤蓝与秋苤蓝两种，秋苤蓝颜色好、茬口硬、质地细密而脆嫩，做什香菜需选用秋苤蓝，要求每个重750g以上。

1. 原料配比

鲜苤蓝120kg，食盐30kg，咸姜丝1kg，甜面酱35kg，黄酱35kg。

2. 工艺流程

鲜苤蓝→削皮→盐渍→改制切丝→脱盐→装入布袋→压榨脱水→酱渍→打耙→成品

3. 操作要点

(1) 盐渍　鲜苤蓝进厂后首先加工去皮，要求不带筋、不伤肉。去皮后的苤蓝放入缸内，按每100kg鲜苤蓝加盐25kg、水20kg，盐加在面上，用水冲下去，每天捣缸2次。盐化后每天倒缸1次，三四天后，隔日倒缸1次，盐渍20余天后即可封缸储存。

(2) 改制切丝　选择直径在10cm以上苤蓝咸坯，由中间对切为2半，然后将切开的半个苤蓝平放在菜案上，用刀片片成薄片，一片片码在一起，然后再切成细丝，要求1～2mm见方，丝长度不限。如果苤蓝个头小，则菜丝短，不整齐。手工切的丝光洁度及脆度均好。

(3) 酱渍　将100kg切好的苤蓝丝加姜丝1kg放入缸内，清水浸泡脱盐一昼夜，浸泡时用水耙搅动，使姜丝掺拌均匀。脱盐后装入布袋，上榨压出水分。出榨后松散布袋，入缸酱制。每100kg苤蓝丝加甜面酱35kg、黄酱35kg。每天打耙3～4次，1周后即为成品。

(十三) 甜酱苤蓝

1. 原料配比

去皮苤蓝100kg，食盐25kg，23°Bé盐水6kg，天然甜面酱75kg。

2. 工艺流程

去皮苤蓝→整理→盐渍→咸坯→改制→脱盐→酱渍→成品

3. 操作要点

(1) 盐渍

方法一 苤蓝（0.5～1kg/个）进厂后，分类划等，皮削干净，不要带筋，然后过秤下缸，倒一层苤蓝下一层盐，缸满后，由上面把盐卤倒缸里。捣缸时用木耙把盐卤搅拌或扬10余下，使盐溶化。每天捣2次，共捣20天，踏实，用席盖好，用木棍别成“井”字形，把原卤澄清后将缸灌满，经常用太阳光晒。缺卤就添，添卤时用20°Bé好卤。

方法二 鲜苤蓝片去外皮后，100kg下盐25kg，当天下盐当天倒缸，层菜层盐。从入缸起，每天倒缸2次，隔6h倒1次，3天以后，每天倒缸1次，经过25天即为咸苤蓝，出品率80%。然后，把苤蓝捞至另一空缸里用苇席盖严，别好，再灌入原卤超过苤蓝12cm。

(2) 改制 把咸苤蓝从平面切开，再切成0.6cm厚的片，用水脱盐3次。前2次每100kg咸坯用水250kg，每次泡24h，第3次用水200kg，泡12h，期间每2h用耙活动1次。泡完捞在筐里控2h，控净水。

(3) 酱渍 控水后成坯装入布袋备用，先把50%的酱入缸，把50%的菜袋入酱，再一层酱一层袋，用耙串匀。在酱制过程中，每天串扒5次，每2h串1次，串扒时要使菜底上下串彻底，共20天出成品。

(十四) 玫瑰香片

玫瑰香片的原料是地姜，俗称洋姜、菊芋。玫瑰香片是半干性腌制菜，生产周期短，一般酱渍10天即可为成品。

1. 原料配比

鲜地姜100kg，白砂糖2.5kg，食盐18kg，甘草粉0.7kg，二遍甜酱20kg，茴香粉70g，二遍酱油10kg，糖精5g，甜酱汁3.5kg，白酒180g，酱油7kg，玫瑰花17g，16°Bé咸卤适量，玫瑰香精6g，味精母液1kg，防腐剂适量。

2. 工艺流程

鲜地姜→选料→卤腌→初腌→翻缸→复腌→咸坯→切片→漂洗脱盐→初酱→热浸泡→晾晒→拌料复酱→成品→包装→储存

3. 操作要点

（1）选料 选择鲜嫩肥大，不空心、不冰冻、不带根的鲜地姜。地姜进厂要及时腌制。如上市量大，来不及腌时应装入筐篓内，放于干燥通风、避光的地方。储存地方绝对不能潮湿，否则，地姜生锈变黑而引起变质。

（2）卤腌 将100kg鲜地姜放入缸内，铺上竹片，压石头一块。把16°Bé以上的盐水倒入缸内，灌满，浸泡2天。将地姜上泥土洗去，测量缸内卤水，咸度下降到10°Bé，就可捞出，沥卤后过磅，卤水不要。

（3）初腌 清洗好空缸，准备好食盐8kg，将卤腌过的地姜，倒入缸内一层，撒一层盐，四周洒均匀，以上多下少为原则。腌渍用70%食盐，封面盐30%，压石头2块，每块40kg。

（4）翻缸 共翻缸3次，初腌后隔天（即第2天）翻第1次缸，第4天翻第2次，第5天翻第3次。每次翻缸前，先将空缸积水除净。翻缸时要将地姜上半部捞到空缸内摊平，再将下半缸翻上去摊平，加压蒲包竹片，要把地姜压住，压石头1块，卤水及盐一起倒入，盐要均匀倒在地姜上。

（5）复腌 第7天并缸复腌。将卤水合并澄清2天，并补盐至卤水浓度20°Bé以上。将地姜捞起并入空缸，满缸以后铺上蒲包竹片，压石2块，将澄清卤水倒入缸内至满。2周后测定咸卤度数，低于20°Bé者要进行补盐。一般经30天即为咸坯。

（6）切片 将地姜咸坯捞出沥卤，用手工或机器切成厚约3～4mm的均匀片形。机器切片速度快，产量高，但碎片多，片面有毛口，外观不好看。

（7）漂洗脱盐 将切好的地姜倒入缸内，清水漂洗，并用木棍搅动。将浸泡24h后的地姜捞入竹筐内，用竹筐压竹筐，自然脱水。4h后上下倒竹筐，继续脱水。

（8）初酱　备好二遍酱，将地姜倒入，浸泡2天。每天翻缸，使其能吐出盐卤吸收酱液。2天后捞出，用二遍酱油漂洗干净，倒入竹筐，沥去部分水分。

（9）热浸泡　将酱油、味精母液、甘草粉、茴香粉、咸卤混合后，加热至60℃，放入缸内，然后将沥水后的地姜倒入缸内，浸泡2天。

（10）日晒　将热浸2天后的地姜捞出，沥去浮卤，摊在竹帘子上晾晒，并常用木耙翻菜，使水分散发。干燥程度达40%即可收起。

（11）复酱　将晒干的地姜倒入空缸内，把味精母液、甜酱汁、糖精、白砂糖、防腐剂拌和均匀后，泼洒在地姜片上，拌匀。每天翻缸2次，连续翻缸4天后，加玫瑰花、玫瑰香精、白酒翻拌均匀，再经2天后，即可包装。

（12）包装、储存　产品检验合格后，用12kg容量的土陶坛包装。装坛时，菜要层层捣实，排出空气，至满后，先用牛皮纸扎口，再用塑料布封严，防止吸潮。置于通风干燥的仓库内储存，避免雨淋、日晒。

（十五）扬州酱嫩生姜

酱嫩生姜系扬州酱菜中名贵特色产品之一，历史悠久，该品种不但可帮助人们增进食欲，而且有暖胃之功能。酱嫩生姜采用肥嫩的子姜加工而成，一般在白露前后采收，最好选早期的姜，因早期姜色白、肥嫩、膘水足、姜味大、辣味小。

1. 原料配比

鲜生姜100kg，食盐25～27kg，稀甜面酱84kg，回收稀甜面酱适量。

2. 工艺流程

鲜姜进厂→分块→去皮→盐渍→换卤→咸坯→改制→初酱→复酱→成品

3. 操作要点

（1）分块、去皮　鲜姜进厂后首先分块，分块时注意块形适中，不能有重叠，以便去皮。可用去皮机或人工去皮。方法是将生姜放入缸中，每 100kg 鲜姜用 40～50kg 清水浸泡，人穿上蒲鞋，沿缸边踩踏，利用姜块与姜块，姜块与鞋底互相摩擦，去掉姜皮，然后捞起，用清水漂洗、洗净姜皮。

(2) 盐渍　采用卤腌法，又叫漂腌法或浮腌法。即采用高浓度的盐水进行浸泡，100kg 鲜姜用 20°Bé 盐水 60kg 浸泡 3～4 天后，卤水浓度下降至 12°Bé。加盐后再浸泡 5 天左右，捞起，放入空缸内铺平压紧，加足 22°Bé 盐水及封面盐储存。如果不及时加盐，则生姜易变质。

(3) 初酱　选取腌制好的咸坯生姜之嫩芽，改制成佛手状或片状，佛手姜每 50g 约 13 块左右。然后用大水进行漂洗，快速脱盐。脱盐后立即装袋脱水，装袋不宜过紧，每袋以 10～11kg 为宜，脱水时不宜用力过大。

将脱盐脱水后的菜坯袋放入回收稀甜面酱中进行初酱，每缸放 12 条布袋。酱制时每天翻缸 1 次，初酱 4 天后起缸，去初酱卤汁。

(4) 复酱　经初酱过的菜坯，每 100kg 用 120kg 新鲜稀甜酱进行复酱，每天翻缸捺袋 1 次。夏季成熟期 10 天，春秋季 14 天，冬季 20 天左右。

100kg 鲜姜出 80kg 咸坯生姜。100kg 咸坯姜出酱生姜 80kg。

(十六) 甜酱芽姜

1. 原料配比

以 100kg 成品计算，鲜姜芽 140kg，盐 13～14kg，13～14°Bé 回笼甜面酱 60kg，甜面酱 60kg，甜酱酱油 30kg，苯甲酸钠 100g，味精 100g，白砂糖 6kg，糖精 15g。

2. 工艺流程

芽姜→选料→去皮→初腌→初酱→复酱→成品

3. 操作要点

(1) 选料、去皮　生姜有新姜和老姜两种，新姜又有伏姜和秋姜之分，酱芽姜以带管的伏姜最好，纤维细，坯肥嫩，姜味淡，姜汁多。

加工前选择嫩芽，剪掉姜管，用薄竹片刮去姜皮，也可以将姜芽分批倒在小缸内，姜层15cm左右，戴上帆布手套，握拳捣动，或穿上旧草鞋轻轻脚踏，去皮一层，取出清洗一批。将完整的姜块按姜坯的老嫩切成若干小块，选用尖端呈紫色的嫩芽部分，每块长度约30mm，厚度10mm左右。靠近根部的比较粗老，可以另作别用。每块头部切3～4刀，深度为姜长的1/2。

（2）初腌　将整理清洗过磅后的姜芽投入预先准备好的约12°Bé的盐水中，盐水要将姜坯浸没，浸1天，翻动2次。捞出后再按每100kg鲜姜芽用5kg盐初腌，一层姜一层盐，下少上多加封面盐，满缸后加竹片压石块。每天翻缸1次，初制10天左右，当姜芽咸度达到10°Bé，折扣率75%左右时捞出。

（3）初酱、复酱　将初腌姜坯用盐水清洗、过磅、装布袋酱制。每袋以10kg为宜，先用13～14°Bé回笼甜面酱酱制，每天将布袋翻动2～3次。2天后将布袋起缸，用回笼酱油洗刷布袋表面，以袋叠袋沥压水分，掌握5只布袋的高度，上面加压木板。要注意保持布袋外表清洁卫生，不能沾上污物。排出的酱水可以回收利用。沥压6h将布袋投入缸内，每100kg成品姜芽用60kg甜面酱，将布袋浸没为度。1周后起缸出袋，100kg成品用30kg甜面酱酱油，按比例加入白砂糖、糖精、味精、苯甲酸钠，拌和、浸渍4～5天即为成品。

如用咸坯姜芽加工，要将半成品漂洗到10°Bé左右才能用回笼酱开始腌制，防止口味太咸，其他操作方法同上。

（十七）山东酱藕

山东酱藕亦称水晶藕，该产品始于清朝年间，距今已有200多年的历史。制作酱藕一般使用处暑至秋分（8～9月）采摘的白藕，以鲜嫩、洁白、质脆、直径6cm以上的中节藕为原料。

1. 原料配比

鲜藕100kg，食盐6kg，甜酱100kg。

2. 工艺流程

鲜藕→洗净→刮皮→切片→热烫→冷浸→盐渍→沥水→酱渍→打耙→成品

3. 操作要点

先将藕洗净泥土，置清水中用竹刀刮去外皮，切成 2mm 斜厚片。放入沸水锅内搅动，烫至表里无生藕味，视中心微有白线点，即可捞出放入冷水中浸泡。凉透后捞出再放入 10°Bé 盐水（用食盐配制）浸渍 2h，沥净盐水，再捞入酱缸中酱渍，每日打耙 2 次，酱渍 15 天左右即为成品。

三、叶菜类酱渍菜

（一）北京甜酱白菜

甜酱白菜选用“小白口”菜为原料，将白菜心经初腌、甜面酱酱渍而成。

1. 原料配比

腌制时配比：白菜 100kg，食盐 10kg，咸汤 3kg。

咸汤配比：盐：水＝1：5（质量比）。

酱制时配比：腌白菜 100kg，食盐 10kg，甜面酱 50kg，次酱 13kg。

2. 工艺流程

白菜→去老帮→开口→初腌→倒缸→出缸→切制→控卤→装袋→酱渍→打耙→成品

3. 操作要点

（1）去老帮、开口　将白菜及时加工整理后，切去白菜疙瘩，剥掉老帮残叶。在根部竖刀切一十字口，切口深度为 5～6cm。

（2）初腌　加工好的菜每 100kg 加食盐 10kg、咸汤 3kg，一层白菜一层盐，并加咸汤少许封盖。

（3）倒缸　当天倒缸 1 次，次日起每天倒缸 1 次。

（4）切制　半个月后出缸，进行第 2 次加工，在菜坯根部竖切成 4～6 瓣，切口深为 5～6cm。然后再切去白菜顶端松散的菜叶，

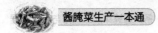

作为下脚料另作他用。初腌时的出品率为45%。

(5) 酱渍　菜坯出缸控卤，装入布袋，入缸酱渍，菜坯每100kg加甜面酱50kg和次酱13kg，每天打耙4次，20天后即为成品。每100kg腌白菜生成品75kg左右。

(二) 亳州酱芹菜

1. 原料配比

鲜芹菜100kg，食盐10kg，甜面酱75kg，酱油25kg。

2. 工艺流程

选料→削根→清洗→烫漂→腌制→翻缸→装袋→酱制→成品

3. 操作要点

(1) 选料　选用新鲜芹菜，要求脆嫩无渣，梗长63cm左右。

(2) 削根　将鲜芹菜削去菜叶老梗、根须，底根削成锥形，交叉切开用水洗净。

(3) 烫漂　将清洗后的芹菜放入开水中浸烫，先烫根部，后烫细梢，以将菜烫嫩脆为标准。取出后放到凉水里浸泡5min，然后捞出沥去水。

(4) 腌制　用碎盐按一层菜一层盐，将菜入缸腌制，每天翻缸1次，连续4～5天。

(5) 酱制　将咸坯取出，每棵扎成一把，装入布袋里。咸坯每100kg用甜面酱75kg、酱油25kg入缸酱制。每天翻缸，酱制20天左右，再将袋取出，沥去酱油，重新用甜面酱75kg、酱油25kg入缸复酱，每天翻缸，前后45天左右即为成品。

(三) 商丘酱胡芹

芹菜，在我国品种较多，通常炒食或沸水烫后凉拌食之。河南商丘种植的芹菜，有药味，称胡芹，又名"小花叶"。根小、叶大、柄粗，株高1m左右，单株重400g左右，加工腌制为酱胡芹，是豫东地区的一个传统产品。原料鲜胡芹，要求叶柄粗嫩，不能破裂、折断。

1. 原料配比

鲜胡芹100kg，盐12kg，甜面酱100kg。

2. 工艺流程

鲜胡芹→整理→浸烫→冷却→扎把→盐渍→装袋→酱渍→成品

3. 操作要点

(1) 整理　摘叶、切根须，根据根茎的粗细，将根部切成十字或井字形，以利腌制。

(2) 浸烫、冷却　将整理后的原料，在90～95℃的热水(或蒸汽)中浸烫1～2min，以保持胡芹的色泽和去掉一部分药味，称搓芹。随即用凉水冲洗以保持原料的脆嫩和色泽，俗称激芹。

(3) 扎把、盐渍　将冷却后的原料，捆扎成2～3kg重的芹菜把，下缸整齐排列进行分层盐腌。撒盐要均匀，用盐量由下而上逐渐增加。当日盐腌，次日翻缸，以后隔日翻缸1次，7～8天后成半成品。

(4) 装袋、酱渍　半成品起缸、控水后，改为小把捆扎，装入布袋，按1kg菜1kg酱的比例入缸酱制。头酱、二酱混合使用，一般头酱占30%，二酱占70%。原缸隔日翻袋1次，便于酱透。酱制30天可出成品。

(四) 甜酱蒜苗

1. 原料配比

鲜蒜苗100kg，大盐25kg，老卤30kg，天然甜面酱75kg。

2. 工艺流程

鲜蒜苗整理→盐渍→脱盐→酱渍→成品

3. 操作要点

(1) 盐渍　将鲜蒜苗去梢后过秤腌制，每100kg蒜苗用大盐25kg，用老卤30kg。将蒜苗一层层地倒码整齐，每天倒缸2次，隔4h倒1次。腌蒜苗的卤必须用桶扬汤10余次去掉不良气味后，才能灌入蒜苗里。卤灌得要充足，防止卤少引起蒜苗变质。封口时用盖垫盖上别好，腌制 10 天即成。

(2) 脱盐 将腌好的蒜苗切成 3cm 的长段，用水沏 3 次。第 1 次 100kg 菜用水 250kg，沏 24h；第 2 次用水 250kg，沏 24h；第 3 次用水 200kg，彻 12h。沏完捞在筐里控 2h，过秤装袋，每袋装 2.5kg，用细绳扎紧袋口。

(3) 酱渍 将 50%天然面酱先入缸，后下 50%的菜袋，再一层酱一层菜袋，装好串匀，每天串扒 5 次，酱制 12 天出成品。

成品在保管期间，每天还要继续串扒 2 次，经过 10 天，再用原来的酱封好，随取随起，随时用原来的酱抹平、封严，冬季保存 60 天，春季 20 天。

(五) 酱海带丝

酱海带丝为山东省酱腌菜特色品种之一，海带配以生姜、陈皮、甜酱后成为鲜美可口的方便菜，很受消费者欢迎。加工酱海带丝的海带一般采用一二级海带，俗称牛皮海带。

1. 原料配比

干海带 87kg，鲜姜丝 12kg，陈皮或桂皮 1kg，甜酱 250kg，酱油 25kg。

2. 工艺流程

干海带→浸泡→刷洗→切丝→热烫→浸泡→沥水→拌料→装袋→酱渍→翻缸→串袋→成品

3. 操作要点

将干海带在水中浸泡 4～6h，捞出洗刷除去杂质。刷洗一定要彻底干净，否则会有异味，影响口感、质量。将刷洗干净后的海带卷起来后，切成 2mm×2mm 的细丝，然后置沸水中热烫。热烫时间应根据不同的海带而定，操作时应随时用口尝，烫到柔软不绵后，立即放入清水中浸泡 1h，捞出控水。然后将切好的鲜姜丝、陈皮丝及海带丝与酱油一起拌匀，装袋酱渍，每日翻缸 1 次，8～12 天即可成熟。每 100kg 海带丝出酱海带丝 110kg。

四、果菜类酱渍菜

(一) 南通甜包瓜

甜包瓜又名焖瓜，是南通地区传统特色酱菜，创始于晚清年间，至今已有百余年的历史。原料选南通郊区所产的青皮白心的菜瓜，又叫牛角瓜，以立秋前六七月上市的最佳，这个时期的瓜质量好，皮薄、肉厚、嫩脆。立秋后 8 月的瓜，皮厚、肉薄、籽多，一般不用。在鲜瓜的选择上要求做到六不用：老熟瓜不用；过嫩的瓜不用；条形过弯不用；大头小尾形瓜不用；硬疤烂斑不用；杂色瓜不用。并要求当天采摘当天送厂，及时选瓜处理。

1. 原料配比

鲜菜瓜 225kg，20°Bé 盐水 100kg，生石灰 5kg，曲黄 130kg，食盐 45kg。

2. 工艺流程

鲜菜瓜→挑选→刺眼→过磅定量→浸泡→初腌→擦瓜倒缸→醅菜下黄→翻瓜倒缸→后期管理→成品

3. 操作要点

(1) 挑选　及时处理当天采摘的鲜瓜，堆放在阴凉的地方，防止曝晒而影响产品质量。

(2) 刺眼　菜瓜中籽瓤较大，糖分含量高，初腌时盐分较低，乳酸发酵所产生的大量气体无法排出，会引起胀气，直至胀裂，导致腐败变质。而刺眼能加速瓜在腌制时吸收盐分及排出菜汁，促进瓜体快速收缩。刺眼不当，不仅影响排卤，还会造成鼓气、烂瓤、瓜身开裂脱节、曝眼、漏籽等毛病。

用尖头针进行垂直刺眼，直刺直拔，不能摆动，眼与眼距离在 4～6cm 之间，不要过疏过密，粗大瓜可分 4～5 行刺眼，深度要求达到瓜中，也不能两面对穿。瓜的两头，瓜蒂的中央，必须刺 1 眼，不能刺偏，刺偏了在勒瓜时会爆籽。刺好眼的瓜应立即进行腌制，防日晒、雨淋。

(3) 浸泡　20°Bé 盐水 100kg，加生石灰 5kg，搅拌均匀，沉淀去渣后即为石灰盐水。顺序将刺好眼的瓜轻放竹篮内，每篮25kg，九篮1组，放入石灰盐水中浸泡30s（需全部淹没瓜体）。随即下缸腌制。通过浸泡，生石灰中的钙与瓜中果胶物质作用，产生果胶酸钙，果胶酸钙能增强产品的脆度。另外，生石灰水呈碱性，可中和在腌制过程中发酵所产生的酸，同时具有杀菌保色作用。但浸泡时间不能过长，生石灰用量不能过多，否则碱性过大，会产生塌皮。

（4）初腌　浸泡过石灰水的鲜瓜，要一批一批顺放入缸。每225kg鲜瓜，用细盐5kg，层瓜层盐，下少上多，分批撒匀，进行腌制。夜间倒缸1次，再以5kg细盐逐条擦过，排放另一缸，进行倒缸，未溶化的盐及盐卤一并倒入擦过盐的缸内，然后盖上竹篾，加石块轻压，促使瓜坯排卤软化。第2天将瓜捞起，出缸，准备下曲黄。腌制时缸应放在通风阴凉的地方，避免暴晒和雨淋；腌瓜所用的盐，都要在总用量中扣除。

（5）醅菜下黄　每225kg鲜瓜，用曲黄130kg、细盐35kg。将初腌后的瓜坯起缸，移放在木盆内，用盐擦出卤来，然后入缸。下缸前应先在缸底铺一层曲黄，撒稍许盐，再将瓜坯紧密地排列在曲黄上。排瓜时要轻，防止折断，如有漏缝，以少许曲黄与细盐拌和嵌填漏缝，然后在瓜面层均匀撒盐，特别是瓜脊上要撒到基本看不见瓜的绿色为止，起到与曲黄隔离的作用。瓜受到盐分的渗入，促使卤水排出，排出的卤水为曲黄所吸收。如此重复，一层瓜坯，一层曲黄，一层细盐，下完为止，最后缸面以曲黄盖满，不露瓜体，入缸前瓜身擦盐排出的盐卤全部倒在盖顶曲黄内。

注意事项：曲黄、细盐要计量准确，不能有误差；下黄时要注意批次适当、均衡，盖顶曲黄要留足，擦瓜用盐也要留够；入缸最好是清晨，天气凉爽，瓜也不易受热。

（6）翻瓜倒缸　瓜坯下曲黄入缸后的当天下午4时后（约8h）进行第1次翻缸，从第2天起，每天早晨6时与下午4时各翻缸1次。翻缸时将曲黄扒在一边，用手抓住瓜条，将瓜身上的曲黄抹去，然后放在准备好的木盆内，再逐条用细盐擦出卤来。经搓揉后的瓜坯，整齐地排列在另一空缸内，仍按一层瓜一层曲黄顺序排列整齐，排列的密度要稍松些，最上层仍用曲黄封顶。翻缸时如发现瓜坯膨大，有胀气现象，应立即刺眼放气，如收缩不好，有硬块，则应加盐搓揉。翻缸的关键是第 2 次和第 3 次，这时瓜身开始收缩，发软，如瓜与瓜之间窨卤，曲黄润湿，说明排卤良好，反之排卤不畅，必须用盐多擦多下工夫，当瓜开始收缩，曲黄亦逐渐溶解。每次翻瓜必需逐条以双手一前一后，将大拇指与食指扣圆，紧贴瓜身勒过，勒去瓜面的酱黄，促使瓜坯排卤，排卤快说明质量无问题。约 1 周后曲黄溶解成糊状，瓜身也收缩细而圆，瓜纹匀整，并有弹性，表皮呈蜜枣纹，可改为每天翻 1 次，宜在早上翻，因为早晨温度低。经 3～4 天后，瓜的排卤基本停止，可改为数天翻 1 次。这时候翻缸的作用是调匀酱料，促使酱发酵成熟，随着甜酱的成熟，干瓜坯开始吸收甜酱汁，瓜体也开始由收缩逐渐膨胀，约经 3 个月，瓜与酱同时成熟。这个阶段中瓜缸要日晒夜露，切勿淋雨。

(7) 后期管理　甜包瓜基本成熟、不再排卤后，瓜坯继续吸汁胀大。要进行一次全面质量检查，通过翻缸，将成熟的瓜逐条勒过，凡有裂口、浮胖、断头的都属次品，应及时取出另行处理。

在保管阶段，应经常检查。瓜缸要日遮夜蔽，通风透气，防止缸内温度升高，而使产品色泽加深，光泽减退，甜度降低、口味变咸。

225kg 鲜瓜出 85～95kg 成品，出品率 45%左右。一般第 1 年出 85～95kg，次年为 95kg 左右，出品率随时间推移逐渐上升。但时间不宜过长，否则会影响产品的色泽、甜度、脆性、风味。

(二) 上海甜包瓜

上海甜包瓜是上海畅销产品之一，起源于南通，其加工工艺与南通甜包瓜基本相似，也是以整瓜加工，但在具体的制作方法上有区别。选择鲜菜瓜为原料，在品种上无严格要求，青皮、白皮均可，要求不断、不弯、无裂缝、无虫蛀、无烂斑和硬斑。瓜皮要老，瓜肉要厚，每条以1～2kg为宜，不过熟，颜色不发黄。早瓜以大暑前后，晚瓜以立秋前期上市的为宜。

1. 原料配比

鲜菜瓜250kg，食盐40～45kg，曲黄125kg，石灰盐水适量（清洗用水）。

曲黄配比：种曲（沪酿3.042菌种）17g，面粉150kg。

石灰盐水配比：20°Bé盐水50kg，生石灰4kg。

2. 工艺流程

鲜菜瓜→选料→洗瓜→刺洞→初腌→翻缸→晒白→复腌→酱制→翻缸→后期管理→成品

3. 操作要点

（1）洗瓜、刺洞　首先设置3只缸，1只石灰盐水缸，2只清水缸。20°Bé盐水50kg，加生石灰4kg，搅拌均匀，除去渣子，即为石灰盐水。将挑选好的鲜瓜，逐条在石灰盐水中清洗，洗去瓜芒、泥质，可使瓜皮老结不易发酥。然后入另2只清水缸中漂洗2次，洗去石灰盐水，以增加成品光泽及脆度。

用尖头针在瓜的两头和瓜身四周均匀刺洞，洞距4～6cm，以刺到瓜瓤为度，不能两面对穿，瓜的两头肉厚，刺洞更为重要，以便排除瓜中水分。

（2）初腌　要定缸、定量、定用盐，每只一号大缸腌250kg鲜菜瓜，用盐9%，在室内进行初腌，层瓜层盐，盐要加得均匀，下面少加，上面多加，缸面用竹片压紧后，再加60kg左右石块轻压。入缸后6h左右翻缸，傍晚下缸的，因晚上气温低，可以到第2天早晨7时左右翻缸，但不能超过时间太久，以防变质。第1次翻缸后24h，如盐未溶化，要进行第2次翻缸，原卤仍倒入瓜中，缸面仍用石块轻压。初腌的原卤烧沸澄清备用。初腌时间为2～3天。

（3）晒白、复腌　将经过初腌的鲜瓜起缸到室外阳光下曝晒。上午晒到瓜的向阳面颜色转白，下午将瓜翻身晒，使瓜身颜色全部转白。

晒白是上海做甜包瓜的独特方法，可使瓜坯水分蒸发，提高咸度，同时也有利于成品颜色发光转亮。将晒白的瓜按原来定量再加盐 7%，一层瓜一层盐放在室外缸内复腌。第 2 天翻缸 1 次，再腌制 24h，即可进行下一道工序。

（4）酱制 用煮沸澄清的初腌盐卤和澄清去脚的复腌盐卤共 100kg 左右，与 125kg 晒干的曲黄拌和，拌成稀薄酱状，层瓜层黄，下缸酱制，曲黄淹没瓜身。

曲黄做法：150kg 面粉，加水 60kg，蒸煮，去料，晾凉至 35℃左右，加沪酿 3.042 菌种 17g，拌和，进曲室发酵，室温 25～28℃，曲黄温度不超过 35℃，发酵 48h 即可晒干，通风保存备用。

（5）翻缸 酱制入缸 3 天后开始翻缸，10 天内每天翻缸 1 次，10 天后每隔 3～5 天翻缸 1 次，1 个月后正常保养。

（6）后期管理 酱制入缸后，要求日晒夜露，防止雨水入缸，雨后应立即开盖，防止焖盖，产生酱粕气或霉味，同时雨后焖盖会影响脆度。基本成熟时，要求夜露日遮，避免强光曝晒，以防产生美拉德反应，使产品色泽变深，光泽减退，甜度降低，口味变咸，影响风味。

100kg 鲜瓜 3 个月后产 36～37kg 成品。300kg 鲜瓜 5 个月后产 40kg 成品。100kg 鲜瓜 6～7 个月后产 42～43kg 成品。

（三）临清甜酱瓜

临清甜酱瓜始创于清同治年间，以当地产二青瓜或六道鳞品种鲜菜瓜为原料，以 7 月采收的为最佳。每条瓜规格要求不低于 500g，六成熟，瓜肉厚，无虫口，无疤痕。

1. 原料配比

去籽后的鲜瓜 100kg，食盐 18～20kg，曲黄 24～26kg。

2. 工艺流程

鲜瓜→选料→剖瓣→去瓤→初腌→复腌→焖瓜→翻缸→成品

3. 操作要点

（1）选料、剖瓣 按要求对进厂鲜瓜进行挑选、清洗。用刀将瓜剖成2瓣，注意劈正，再用竹刮板将籽部挖去，防止挖去瓜肉。

食盐：为海盐，需用细盐或将大盐粉碎。

曲黄：100kg面粉加水35～40kg，用和面机和好，切断。装笼蒸熟后用刀切开冷却，再用切片机切成1cm的厚片，入室制曲，室温为28～30℃。经翻揉4天后，晒干储存，粉碎备用。

(2) 初腌、复腌　将去瓤后的片瓜过秤，然后按纵横分层摆入缸内，进行初腌（一腌）。每100kg瓜用9～10kg食盐，摆时刀切面向上，摆一层瓜，均匀地撒一层盐，缸满后用石块压缸。第2天，将经过初腌的瓜捞出，再入另一空缸复腌（二腌），方法同初腌。每100kg鲜瓜片用盐9～10kg，腌5天。从缸内捞出，沥去卤，洗净瓜子，准备下曲黄焖瓜。

(3) 焖瓜　每100kg咸瓜坯，用曲黄48～53kg。先在缸底铺一层曲黄，将腌渍好的咸瓜片紧密排在缸内曲黄上，瓜心朝上，瓜坯要排严、排匀、铺平。再铺一层曲黄，均匀地洒一遍卤水，即要使曲黄全部湿透又不能露出瓜体。层曲层瓜，直到缸满，用曲黄封面后，均匀地洒上卤水，使全部曲黄浸透为止。以后日晒夜露，每天清晨在缸头用卤水洒1遍，5～7天后开始翻缸，瓜与酱上下翻匀，翻缸后继续晒。每天或隔1天翻缸1次，酱与瓜同时成熟，45天即为成品。

咸坯中含水量相对少于鲜瓜，单靠咸坯中的水分不足以浸透曲黄。洒卤水可使曲黄吸收一部分水分、盐分，利于曲黄的酶解，同时又可防止腐败。

卤水的配制方法：用初腌或复腌时的咸瓜卤，澄清除去杂质及泥沙后，制成11～12°Bé盐水，即可使用。

(四) 商丘酱妞瓜

妞瓜，又称女瓜，是菜瓜的一种，6月下旬开始成熟，瓜熟蒂不落，瓜形长圆，皮色青绿，表皮长有白细茸毛，瓜身上有8～10条纵向凹陷的黄绿斑纹，瓜肉白绿色，质密、少汁，瓜瓤不苦不涩，生吃不甜不脆发艮，适于加工腌制。鲜妞瓜要求成熟度在7～

8 成，不老不嫩的，如果皮色发黄，妞瓜已老，腌制后容易软腐；如果过嫩，水分过大，影响出品率，在规格上要求每个300～500g。

1. 原料配比

鲜妞瓜 100kg，食盐 15～6kg，曲黄 25kg。

2. 工艺流程

鲜妞瓜→剖瓣去瓤→第 1 次盐腌→第 2 次盐腌→澄卤腌渍→下黄酱渍→成品

3. 操作要点

（1）剖瓣去瓤　将进厂后的鲜妞瓜存放于阴凉处，及时加工。先去除瓜花、尾根，再从中线把瓜切成 2 瓣，挖尽瓜瓤和瓜子。如瓤、籽挖不尽，腌制后容易黏腐，影响质量。

（2）第 1 次盐腌　每 100kg 鲜妞瓜（挖尽籽瓤后净重 75kg）用细盐 4.5kg。把盐装入容器内，然后用瓜坯拌上食盐，入缸，瓜坯口朝上，按层瓜层盐进行盐腌，排列整齐。第 1 次加盐，剖面朝上，将少量盐均匀抹在去瓤的剖面内，满缸后盖篾压石。

（3）第 2 次盐腌　头腌后 12h，用缸内卤水将瓜坯洗净捞出，剖面朝下，倒扣在箩筐内，换缸进行二次盐腌。100kg 鲜瓜经头遍盐腌后，瓜坯约重 70kg，然后用 11kg 盐，层瓜层盐入缸腌制，瓜坯口仍朝上。撒盐时要使瓜心、瓜角均匀沾盐，加盐时下少上多，缸满后上篾压实。上午盐腌，下午翻缸，以后每天翻缸 1 次，使盐溶化。

（4）澄卤腌渍　盐溶化后，捞出瓜坯，澄清卤水，清除杂质，再按剖口朝上要求，分层整齐排入缸内，将澄清之卤水倒入，继续腌渍。隔天翻缸 1 次后，相隔 3～4 天再翻 1 次，连续翻缸 3～4 次，腌渍 20 天后即为半成品。

（5）下黄酱渍　将半成品捞出，装筐控卤，上午控卤，下午就可下黄酱渍。入缸时，先在缸底撒一层曲黄，将瓜坯整齐地排列在曲黄上，一层瓜坯一层曲黄，满缸后用曲黄封面，每 100kg 半成品咸坯加曲黄 65～70kg。缸满封曲黄后应留 20cm，然后每天早晨捺缸 1 次，不用翻缸。第 4 天重压 1 次，以后每天观察一下，大约

2周左右，表面曲黄开始潮湿糊化，这时进行转缸翻菜。转缸时，先将缸面酱黄用手抓成糊状，置另一净缸内，然后将瓜坯取出逐条勒一下，抹掉表层上的酱黄，使酱稠湿均匀，瓜坯仍应整齐排列在酱黄上，层瓜层酱直至缸满，表面用酱黄封盖严密，酱渍3个月即为成品。

在此期间注意管理，必需日晒、夜露、防雨淋。100kg鲜妞瓜出成品32～35kg。

（五）商丘什锦酱包瓜

制作酱包瓜，必须先制酱包瓜皮，后包装各种配菜。什锦酱包瓜所用的酱包瓜皮以新鲜妞瓜为原料，经曲黄酯制而成的。鲜妞瓜的要求与酱妞瓜相同，不同之处是规格大一点的妞瓜用作酱妞瓜，规格小一点的妞瓜用作什锦酱包瓜。

1. 原料配比

鲜妞瓜100kg，食盐15～16kg，曲黄25kg，各种酱菜及辅料40kg。

各种酱菜及辅料占总量的比例：酱苤蓝（切丝）20%，酱胡萝卜（切丝）20%，酱妞瓜（切丁）5%，酱笋（切丁）5%，酱黄瓜（切丁）5%，酱杏仁或酱花生仁30%，酱核桃仁7%，鹿角菜或石花菜（凉水浸泡24h切碎）5%，陈皮（洗净温水泡软）切丝1%，姜丝2%。

2. 工艺流程

妞瓜→挖瓜→初腌→复腌→下黄酱制→装瓜→酱渍→成品

3. 操作要点

(1) 挖瓜　选用后期采收的小妞瓜，肉薄，种子腔大，便于装馅。要严格挑选瓜形长圆，皮色翠绿，茸毛未退，纵径12cm左右，横径5cm左右，肉厚1.8cm左右，单瓜重150～200g，最重不超过250g的小妞瓜。

收瓜的当天，用刀削去瓜梗，从瓜蒂2cm处切盖，厚度以切下的瓜内稍带瓜瓤为宜，瓜盖与瓜身要连接，不能断。然后用特制铜勺（勺长19.6cm，头长8.5cm，宽3.4cm）把瓜瓤挖净，注意不要把瓜肉挖出。

(2) 初腌　去掉瓜瓤的瓜包，立即用细盐抹在瓜内和瓜盖上，将瓜盖插入瓜心，初腌用盐4.5kg（按净瓜坯75kg计）。使瓜口朝上，一层层摆入缸中。次晨，将瓜捞出放入筐内沥水。

(3) 复腌　沥去水后，用盐将瓜盖及瓜内沾匀，两瓜对口，层层平放缸内，各层间撒盐一层，放满为止。用盐11.5kg。当天下午翻缸，第3天再翻1次，原盐水均随瓜倒入缸内。第4天用卤水把瓜洗净，放在筐内，瓜口朝下淋水后，当天再摆入缸中。第5天将卤水澄清后倒入缸内。以后每3～5天翻缸1次，共翻2～3次，约15～20天，当瓜呈黄色、有光亮时即成瓜坯。

(4) 下黄酱制　在缸底撒一层曲黄，摆一层瓜坯，伏天用曲黄65%，立秋后用曲黄80%。置阳光下晒，每天早晨向下按瓜，使曲黄吸收瓜中水分。遇阴天盖缸盖，以免雨淋变质。经过7～8天后，曲黄吸收瓜内水分，呈糊状时翻缸。翻缸时要用手在瓜内捏匀，使曲黄颗粒散开，紧附在瓜坯上。10～15天后再次翻缸，仍在太阳下晒40～60天，瓜呈金黄色、透亮，捞出用清水洗净即为酱包瓜的瓜包。

(5) 装瓜　一般在中秋节前后，将预先配制好的什锦小菜装入瓜包内，然后把瓜盖盖上，用细麻绳经纬十字捆2道，放进长60cm、宽27cm的布袋中。埋入甜面酱缸中。

(6) 酱渍　在酱缸内酱渍时，要经常上下翻动布袋。使渍制均匀，经半月即为成品。若不急于出售，仍可放在酱缸内储存。

100kg鲜妞瓜出酱瓜包32～35kg。100kg鲜妞瓜可出成品65～70kg。

(六) 蚌埠琥珀酯瓜

蚌埠琥珀酯瓜是在20世纪30年代初形成的地方名特产品，是在传统酯菜工艺的基础上发展起来的。所用原料为淮北所产线形菜瓜，以小暑前后（7月上中旬）采摘收购的最佳，要求色泽青绿，有光泽，质脆嫩，直大。当天采摘，当天加工，不能在日光下曝晒。琥珀醅瓜，瓜型颀长而丰满，晶莹泛光如琥珀，鲜、甜、脆、嫩，糯香爽口。在包装上采用精致竹篓，珠红纸招贴为标签，彩绳捆扎，古色古香。

1. 原料配比

鲜菜瓜100kg，食盐20kg，曲黄50kg。

2. 工艺流程

鲜瓜进厂→选瓜→剖瓣去籽→初腌→复腌→翻缸澄卤→咸坯→下黄醅菜→晒坯加卤→翻缸→成品

3. 操作要点

(1) 初腌　鲜瓜进厂后，选直大、脆嫩的，剖半去籽。每100kg鲜瓜用8kg食盐进行初腌。瓜皮朝下，瓜肉朝上，层瓜层盐入缸腌制，盐要洒匀，缸满为止，初腌后6h就要翻缸。

(2) 复腌　第2天，将经初腌后的瓜坯在瓜卤中洗净捞起。每100kg咸瓜坯，加14kg食盐，进行复腌，方法同初腌。此后每天翻缸1次，连翻3次，盐可溶解。

(3) 翻缸澄卤　盐溶解后，将瓜坯捞出。将盐卤澄清，去除杂质及泥沙。然后将复腌后的瓜坯瓜皮朝下、平铺展开放入空缸内，缸满后，倒入澄清盐卤腌渍。隔日后翻缸转菜1次，以后隔2～4天翻缸转菜1次，共转4次，澄卤3次，洗坯2次。在腌制和翻菜时，都要做到瓜背朝下，瓜肉朝上，平面铺开，防止瓜坯变弯。约腌渍20余天，即为半成品咸坯。

咸瓜坯质量要求色泽黄亮，瓜皮紧脆，条干平直，瓜身厚大肥嫩。

(4) 下黄醅菜　选用色泽黄亮、脆嫩坚实的瓜坯，在原卤中洗净，捞起，沥去浮卤。下黄入缸时，先在缸底撒一层曲黄，再将瓜坯平铺一层，铺时瓜肉面向下，紧贴曲黄，然后再在咸瓜坯上撒一层曲黄，层瓜层曲，直到缸九成满为止。在缸面上多撒一些曲黄，压紧封面，然后在烈日中曝晒7天左右。待瓜坯中的咸卤大部分被曲黄吸收，即可选择晴热天气晒坯加卤。

（5）晒坯加卤　卤水配制，取七成复腌瓜卤，加三成清水，配成12°Bé浓度的盐水，烧开冷凉，澄清备用。

下黄醅菜7天后兑卤。兑卤一般在晚上进行，按曲黄重量加30%的卤水，均匀地洒在缸顶封面曲黄上。第2天进行翻缸，分批将已经含卤很少的咸瓜坯取出，放置缸边上，抹去瓜坯身上的酱黄。把潮湿的曲黄用手拌和成均匀、黏度适当的稠甜酱醪，要求酱醪既能摊开，又能竖立。在缸底先摊涂一层，再将采净曲黄的瓜坯皮朝上，平铺一层，上面再涂一层酱醪。层酱层瓜，直至缸满，用酱醪封面，日晒夜露。数天后缸中瓜、酱开始发酵，向上膨起，待发酵开始减弱，酱面向下逐渐落时，开始翻缸。

（6）翻缸　翻缸的方法仍是层酱层瓜，翻完为止。经过日晒夜露，缸里的酱醪又向上膨起，而后又下落，约需1个月时间，停止发酵。到静止不动时，瓜坯已经吸足酱汁，瓜片肉质丰满，瓜与酱同时成熟，即为成品。

琥珀醅瓜制成后，即可去掉浮酱，但不能洗，可装入坛内，储存于阴凉通风处。在整个醅瓜期间，如遇阴雨天气，要用多层芦席架高搭盖，既要防止漏雨，又要注意通风，否则会不脆。

100kg鲜菜瓜出咸瓜坯50kg，100kg咸瓜坯出成品65kg。

（七）酱玉瓜

酱玉瓜是一种传统名牌产品，1915年曾参加巴拿马国际赛会，荣获银牌奖。1973年开始外销，出口日本等地。目前生产的酱玉瓜仍然保持了香脆可口的传统特色。制作酱玉瓜的鲜菜瓜（亦称地黄瓜）要求不嫩不老，约七八成熟，色为白皮绿线，肉厚，籽硬，瓜长30cm左右。菜瓜酱制清洗后富有光泽，呈半透明的浅酱红色，因此称为“玉瓜”。

1. 原料配比

去掉瓜瓤的菜瓜100kg，曲黄25kg，食盐16kg，香料1.5kg。

2. 工艺流程

菜瓜→预处理→盐渍→酱渍→日晒→加香料酱渍→成品

3. 操作要点

（1）预处理　选取合格的菜瓜，用刀削掉蒂并把瓜切成 2 半，挖去籽瓤，用清水洗净。

（2）盐渍　把洗净的瓜片放入缸内，层瓜层盐，上面放上盖面盐。100kg 菜瓜片用盐 16kg。每天上下午翻倒瓜片 1 次，腌制 7 天，将瓜片从缸中取出，放在阳光下晾晒至表面无浮水。100kg 瓜片经盐渍晾晒后得瓜片 40kg。一般天气晴朗放在通风地方晾晒 1 天即可。

（3）酱渍　把晾晒好的瓜片放在大瓷盆中，每盆放 30kg 咸瓜片，按比例加入曲黄 20kg。放一层瓜（约 10cm）撒一层曲黄，上面用曲黄复盖。

（4）日晒　将盆放在室外环境较卫生的地方，曝晒 7～8 天。当盆内的曲黄表面被盆内蒸发出来的水汽渗透后，开始第 1 次翻倒，每日翻倒 1～2 次。待水分全部渗透曲黄时，每天翻倒 3～4 次。经过 15 天，曲黄已全部吸水变成面酱（还没有成熟的面酱），这时根据面酱含水量的多少可适量加入一部分清水。继续翻搅，一共经过 30 天，盆内面酱便呈酱黄色，瓜片亦成酱红色。

（5）加香料酱渍　经过 30 天酱渍后，可加入香料水。各种香料分 3 次用水煮成香料水，0.5kg 香料得 3kg 香料水，加入盆内继续翻搅，使面酱与香料水充分拌匀。经 20 天的翻晒，香料香气渗入瓜片之中，便成为香脆的成品酱玉瓜。酱制酱玉瓜全过程共需 55 天。

（八）北京酱八宝瓜

酱八宝瓜是北京传统产品之一，以八种果料为馅而得名，已有数百年的生产历史。采用皮色发绿、未成熟的香瓜（又叫甜瓜），如“竹叶青”或“八道黑”，掏去瓜瓤、瓜子，装入核桃仁、花生米、果脯、瓜仁、葡萄干、青红丝、瓜条等八种果料，用甜面酱酱渍而成。

1. 原料配比

生香瓜 100kg，食盐 25kg，白糖 10kg，甜面酱 150kg，次酱

50kg，核桃仁 15kg，花生仁 34kg，葡萄干 3kg，青梅 6kg，果脯 6kg，瓜条 3kg，瓜仁 1kg，青红丝 2kg，姜丝 2kg。

2. 工艺流程

（1）腌制瓜皮　鲜香瓜→挑选→洗净→初腌→倒缸→出缸扎眼→装筐压挤→复腌→倒缸→封缸储存

（2）酱制瓜皮　咸香瓜→切瓜蒂→掏净瓜瓤瓜子→脱盐→装布袋→控水→酱渍→打耙→出缸晾晒→瓜皮

（3）装果料酱渍　果料加工→拌料→装馅→捆扎→装布袋→入缸酱渍→打耙→成品

3. 操作要点

（1）腌制瓜皮　每年夏季，采选个头均匀、无虫害、无伤疤的生香瓜。以直径 5cm 左右，瓜长 6～7cm，每个重 150～200g 者为适宜。鲜瓜入厂后，清水洗净，放入缸内及时腌制。一层瓜一层盐，每 100kg 香瓜用盐 8kg。入缸 3h 后开始倒缸，每天倒缸 2 次。2 天后出缸扎眼，即在瓜蒂处用竹签扎一个眼，促使瓜内部的卤水控出。然后瓜蒂朝下码放在筐内，装满筐后，两筐堆在一起，自重压挤，以便压出瓜内苦卤。3～4h 后，上下筐互相调换。再过 3～4h，入缸复腌，一层瓜一层盐，100kg 压挤过的香瓜用盐 25kg。当日必须倒缸 1 次，次日起每天倒缸 2 次。倒缸时，咸坯和盐卤一起倒入另一个空缸，2 周后瓜皮咸坯制成。出品率 70%。

（2）酱制瓜皮　在咸香瓜瓜蒂处切下 1cm 的一段，用竹板掏净瓜瓤、瓜子。入清水浸泡 1 天，中间换水 1 次，使咸坯脱掉部分食盐。然后装入布袋，上榨压挤出部分水，使咸香瓜含水量为 70%左右。出榨后入缸初酱，每 100kg 瓜皮用甜面酱 50kg，次酱（酱过一次菜的酱）50kg，先用次酱酱，然后用甜面酱再酱渍，每天打耙 3～4 次。1 周后出缸，在阳光下晾晒 1～2 天，出品率 70%左右为宜。

（3）装果料酱渍　将花生仁炒熟去皮，将果脯、青梅、瓜条等切成方块。将 8 种果料和白糖、姜丝掺拌均匀，装入包瓜皮内。尽量装实，不留空隙，但又要防止瓜皮撑破。果料装满后，盖严瓜蒂，用白线绳在瓜上横缠1道，纵缠4道或6道，将包瓜捆住，装入布袋，入缸酱渍。装好的包瓜100kg用甜面酱150kg。每天打耙3～4次，10天左右即为成品。按咸香瓜皮和果料的总量计，出品率110%。生产批量不宜过多，做到随销随制。酱渍时间不宜延长，防止果料变软，鲜香味消退。

(九) 北京酱黑菜

酱黑菜以香瓜为原料，是北京传统名特产品之一，已有数百年的生产历史。成品水分小，因此易保管，宜储存，即使在炎热的夏季，也不易霉坏变质。

1. 原料配比

鲜香瓜 100kg，食盐 6.5kg，杏仁 2kg，姜丝 2kg，甜面酱 100kg。

2. 工艺流程

鲜香瓜→开片→掏籽→洗涤→盐渍→倒缸→出缸→切瓜丁→上榨→出榨→拌料→装袋→酱渍→打耙→成品

3. 操作要点

酱黑菜的操作方法分为两种，一是鲜瓜盐渍直接酱制法，二是先腌后酱法。现将两种作法分述如下。

(1) 鲜瓜盐渍直接酱制法（传统做法）

① 原料处理　由于香瓜过熟菜质不脆，过于幼嫩则无香瓜味、出品率低，因此需挑选六七成熟的“八道黑”香瓜，切成2半，掏出瓜瓤、瓜子。

② 盐渍　清水洗净瓜片，置于筐内沥去水分，入缸盐渍。瓜片100kg用盐6.5kg，一层瓜片一层盐，均匀铺在缸内，装满为止。入缸后2～4h内开始第1次倒缸。当日12h内，必须倒缸2次。

③ 切瓜丁　瓜片腌渍20h后，捞出控卤，切制成$1cm^3$瓜丁。4h以内切完，否则瓜片可能变质。

④ 上榨脱水　将切好的瓜丁及时上榨，压出苦卤，以便于酱

汁渗进菜内。经 3h 翻榨 1 次，再压 4h 即可出榨。出品率25%～30%。

⑤ 酱渍 瓜丁出榨后，拌入杏仁、姜丝等辅料，掺拌均匀，装入布袋。每袋 3kg 左右，入缸酱制。注意及时打耙，以防止瓜丁酸败变质或口软不脆。下缸后当天夜间应打耙 1 次，第 2 天开始经常打耙。如在夏季，每天早晨 5 点半即开始打耙。20 天以内每天打耙 6 次，包括夜间打耙。夏、秋季酱渍 30～35 天。春、冬季 35～40 天。按鲜香瓜计，出品率 35%。

(2) 先腌后酱法 原料处理与直接酱制法同。将加工好的香瓜片入缸盐渍，一层瓜片一层盐。每 100kg 瓜片用盐 25kg。及时倒缸，每天倒缸 2 次，14 天后封缸储存，备长年生产黑菜使用。酱渍时腌瓜片切丁、脱盐、上榨等工序与直接酱制法同。

(十) 天津甜酱八宝瓜

1. 原料配比

咸生香瓜 100kg，桃仁 35kg，瓜子仁 2.5kg，葡萄干 2.5kg，瓜条 2.5kg，青丝 2.5kg，桃脯 2.5kg，青梅 5kg，生栗子 20kg，果仁 30kg，白糖 22kg，甜面酱 110kg。

2. 工艺流程

原料处理→浸泡脱盐→酱渍瓜皮→晒坯→装馅酱渍→成品

3. 操作要点

(1) 原料处理、浸泡脱盐 把咸生香瓜（瓜长不超过 8cm）的尾部削下来约 0.6cm，去净瓜子瓤，将削下来的瓜尾塞入瓜内。再将瓜置入清水内浸泡，除去咸味。第 1 次浸泡 24h，第 2、第 3 次浸泡 12h，每浸泡 1 次换水 1 次。在浸泡期间，每隔 2h 把浸泡的瓜搅拌 1 次，有助于除净盐分。把经过除盐的瓜捞出来控净水分，装入布袋内，每袋装 3kg，再用绳把袋口扎严。

将瓜条切成厚 0.3～0.4cm 的长条；桃脯、青梅切成 0.5cm 丁状；生栗子切成 4 瓣，煮熟，去皮；果仁炒后，去皮和杂质。

(2) 酱渍瓜皮 先把 30kg 甜面酱放入缸内，再将菜袋子码入缸内，每码一层加1次甜面酱60kg。从入缸之日起，每天串扒4次，至第7天出缸。

(3) 装馅酱渍 将出缸后的瓜皮置于阳光下，晒至瓜皮表面无水分为适宜（晴天一般晒1天）。将瓜内的瓜尾取出来，把已拌匀的果料装入瓜内，装得越结实越好，装满后将瓜尾扣上，用细线绳双十字捆紧装袋入酱，每袋约装3kg。入酱的方法与第1次入酱方法相同，加酱数量为50kg。每天串扒4次，7天后即为成品。

产品在未销售前，用原来的酱（每缸大约用12.5kg）把缸口封严抹平，随卖随取，冬季一般可保管50天，春季可保管30天。如储放时间过长，原有口味容易消失，发生变质。

100kg咸瓜皮装馅后出成品90kg。

（十一）天津酱香瓜

1. 原料配比

咸香瓜100kg，甜面酱75kg，酱色2kg。

2. 工艺流程

咸坯→脱盐→酱渍→成品

3. 操作要点

(1) 脱盐 100kg咸香瓜（个头不能太大）浸泡24h捞出，在筐内控净水分，用竹签在瓜尾扎一个眼，控3h后过秤装袋，每袋不超过3kg。

(2) 酱渍 取约40kg甜面酱入缸，装入菜，层酱层菜袋，每天串扒5次。共酱渍15天即为成品。

（十二）扬州酱盆瓜

鲜菜瓜在品种上有花皮与青皮（或玉皮）两种。花皮菜瓜组织致密，皮薄、肉厚、籽瓤小、质脆嫩；青皮（或玉皮）菜瓜，肉质较疏松。酱甜瓜采用扬州郊区所产之花皮鲜菜瓜加工而成。腌制采收期在农历夏至到小暑，而以小暑阶段瓜质最佳。其加工方法有两种，一种是酱盆瓜，是用鲜菜瓜经低盐腌制后，再用酱曲配制而成，沿袭了我国古老的酱菜制作方法；另一种酱糖瓜是用甜酱酱制而成的，其风味较酱盆瓜逊色。

1. 原料配比

鲜菜瓜 35kg，粗盐 4.5kg，小粒盐 1.5kg，17°Bé 盐卤 2.75～3.75kg，曲黄 16～18kg。

2. 工艺流程

鲜瓜进厂→挑选→扎眼→计量→腌制→酱制→搓揉→翻缸→保养→成品

3. 操作要点

(1) 挑选、扎眼　按要求挑选每条重量 500g 左右、长度 35cm 左右的鲜菜瓜，要求条形整齐、均匀、质紧脆、无黑斑、七成熟，剔除软、烂以及过于成熟的。在掌握上，要求瓜子嫩、瘪，如果瓜子籽粒饱满，就是长过熟了。用竹签或钢丝针在瓜蒂顶端及根部各扎 1 眼，然后沿瓜身周围每隔 3cm 左右扎眼，每条瓜约扎 16～18 个眼，扎眼要求通透瓜身，便于腌制时食盐的渗入及菜汁排出，防止产生胀气现象。

(2) 腌制　扬州做酱盆瓜是用敞盆进行的，敞盆是上面大、下面小的平底浅瓦盆。每盆可腌 35kg 鲜瓜，这是与其他地方的酱曲醋菜不同之处。每 35kg 扎好眼的菜瓜用 17°Bé 盐卤 0.75kg，粗盐 4.5kg。一层瓜洒一点盐卤加一层食盐，层层反复，直到菜、盐用完。加盐时掌握下少上多的原则。腌完后隔 12h，翻缸 1 次，计翻 2 次后起缸入竹篮内堆叠去菜卤，每 35kg 鲜菜瓜约出 22.5kg 瓜坯。

(3) 酱制　每 22.5kg 咸瓜坯，用曲黄 16～18kg，17°Bé 盐卤 2～3kg（俗称脚水）。酱制时先将曲黄粉碎，与卤水拌和均匀（俗称拌黄），放在缸底。将已腌好的菜瓜坯，按每盆 35kg 鲜瓜用小粒盐 1.5kg 逐条搓匀，铺于曲黄上面，一层瓜一层曲黄压紧。

隔 12h 翻缸，第 1 天翻缸时，将瓜放置木板上，逐条搓揉，根部硬处应多搓揉，直至瓜身有水出来，俗称出汗，也就是用人工帮助菜坯中水分排出。揉好后，由甲缸放入乙缸，逐层排齐，并将甲缸底下的曲黄全部搕在菜瓜坯上面，这时称为黄搕瓜，以后 24h 翻缸 1 次。先将曲黄捞起，放在一边，然后将瓜坯逐层逐条放木板上搓揉，排齐放好，盖上曲黄，如此反复 3 天。第 4 天翻菜入缸时，瓜不但要搓揉，而且还要在有硬块的地方，用手捏，使瓜内的苦卤及水分从两头扎眼中排出，按一层瓜、一层曲黄排列整齐。如此天天捏瓜，1 周后即可停止，曲黄开始由稠转稀，以后每天上、下翻缸，由甲缸翻到乙缸，仍需逐层排齐，共翻 4 天。

（4）保养　在酱制过程中，由于食盐的渗透作用使瓜坯中水分及汁排出，蔬菜细胞由于失去水分及有机物，降低了细胞的内压，使菜体组织紧密，呈现皱缩状，排出的菜汁及水分被曲黄吸收，形成酱醅。在蛋白酶及淀粉酶的作用下，酱醅不断发酵，产生糖分与各种氨基酸。每天翻缸，搓揉菜坯，创造适宜条件，促进酵母菌的活力，使酱醅在适宜的环境中发酵，逐渐成熟，生成具有芳香气味的酯类物质。随着酱醅发酵，甜酱逐渐成熟，酱醅也由稠厚逐渐成稀醪。此时菜坯所在的基质——甜酱的渗透压大大超过菜坯，酱汁中各种成分以及风味物质渗向菜坯，菜坯细胞吸收酱汁后逐渐由失水后的皱缩，而逐渐饱满，俗称还膘，此时菜也逐渐成熟。当菜与酱渗透压达到基本平衡时，酱与菜也均达成熟。

保养就是使酱与菜渗透压达平衡，菜瓜还膘的过程，是必不可少的，成熟期一般共需 20 多天。做酱盆瓜季行性较强，只在热天做，春秋及冬季均不做。

做酱盆瓜时正值夏日高温季节，气候闷热多变，因而应特别注意以下几点。

① 前期如遇阴雨天，则将瓜用曲黄醅压紧 3 天，否则酱出来的瓜不脆。

② 如遇持续阴雨天，则应将瓜拿出来搕干，加盐，埋入曲黄内。凡遇特殊情况，均可埋在曲黄内，以免霉烂变质。

③ 天阴盖缸应注意架高，使空气流通，暴雨后及时掀去缸盖，否则会因闷热而导致不脆，影响质量。

④ 搓揉瓜坯是很关键的一个操作过程，夏季天热高温应在清

晨进行，搓揉瓜坯使坯中水分均匀排出，瓜呈柔软状。如果有的部分仍有硬块，则用手将硬块处水分捏出，使瓜体皱缩均匀，逐渐形成蜜枣样皱纹，搓揉也促进体表酱醅向瓜坯内渗进，在瓜内发酵，促使风味物质渗入菜体内部，所以成熟后酱味浓厚，回味绵长、鲜甜爽口。

100kg 鲜菜瓜出成熟酱甜瓜 40kg。

（十三）扬州酱糖瓜

由于酱盆瓜生产季节性强，劳动强度大，手工操作多，产量受到限制，不能满足市场需要，因此在鲜菜处理上采用重盐腌制成咸坯储存，供全年使用。在酱制方法上采用曲黄先加盐水发酵成甜酱后，再将菜瓜坯入酱酱制的方法来制作酱甜瓜，此法俗称酱糖瓜。其劳动强度及要求均较酱盆瓜低，而产量却比酱盆瓜高，更重要的是不受季节限制，全年均可生产。鲜菜瓜品种、质量以及规格要求，均与酱盆瓜相同。

1. 原料配比

鲜菜瓜 100kg，食盐 18kg，甜酱 50kg。

2. 工艺流程

鲜瓜进厂→挑选→腌制→酱制→成品

3. 操作要点

(1) 挑选　鲜瓜挑选标准同酱盆瓜。

(2) 腌制　有两种方法，一种是腌整瓜，俗称桶瓜，另一种是将菜瓜割开后再腌制，俗称片瓜。这两种瓜腌制时均采用双腌法，但加工方法各不相同，现分别介绍如下。

① 桶瓜腌制法

扎眼：鲜瓜进厂前先在每条瓜的瓜蒂顶端及根部用竹签或钢丝针各扎一眼，然后在每条瓜身周围每隔 3～4cm 距离进行扎眼，每条瓜约扎 10～12 个眼。扎眼要求通透瓜身。

初腌：每 100kg 鲜瓜用食盐 9kg，按层瓜层盐，逐层下缸腌制。加盐时应先洒一点 11°Bé 的盐卤，使盐易于溶化，缸腌满后隔

12h翻缸1次，由甲缸翻入乙缸，连卤一起。计翻2次，经30～36h捞起，装入有洞眼的竹篮内互相叠堆挤压去卤水。

复腌：仍按每100kg鲜菜加食盐9kg进行复腌，方法同初腌。隔12h进行翻缸，计翻2次后进行并（缸）池储存，并池时需层层铺平压紧，灌满20°Bé澄清盐卤，加足封面盐，进行储存备用。

每100kg鲜菜瓜出咸桶瓜58kg。咸坯桶瓜感官要求柔软、纯熟、呈半透明状，质清脆。

② 片瓜腌制法

剖瓣：将选好的鲜瓜对半剖开，刮去瓜中籽、瓤。

初腌：每100kg鲜瓜片用食盐9kg。按一层瓜片一层盐，逐层下缸腌制，撒盐要均匀，使每条瓜片都能沾上盐。缸满后隔12h翻缸1次，计翻2次。捞入有洞眼的竹篮中，相互堆叠去卤水，准备复腌，初腌约需36h左右。

复腌：每100kg鲜菜用食盐9kg，将经过初腌的瓜坯，按层瓜层盐入缸腌制，方法同初腌。12h后翻缸1次，计翻2次。捞入池储存，层层铺平压实，直至池满，压上芦席、木棍或石块，灌满20°Bé澄清之盐卤，加足盖面盐，储存备用。复腌约需30～36h。

（3）酱制　将咸瓜坯放清水中漂洗脱盐，脱盐的时间较一般菜坯时间长，约需6h左右。因菜瓜体积大，漂洗时应经常搅动，促使盐分溶出。捞入有孔眼的竹篮内沥去卤水，入二酱中进行初酱，桶瓜或片瓜直接入酱缸，将菜全部埋入酱中，每天翻搅1次，酱制4～6天。捞入新鲜稀甜酱中，每天翻搅1次，酱15天左右，使酱制菜坯均匀地吸收甜酱风味。

100kg咸瓜坯出酱糖瓜92kg。

（十四）山东酱包瓜

山东酱包瓜创始于明朝年间，选用嫩甜瓜为皮，内包各种酱菜、果料、糖及香油拌和而成的馅，经酱制而得名。

1. 原料配比

制咸包瓜皮：甜瓜100个，食盐7.5kg，22°Bé食盐水适量。

制成品：咸包瓜皮 50kg，咸苤蓝丁 22kg，咸莴苣丁 10kg，花生仁 20kg，杏仁 3kg，核桃仁 3kg，咸姜 2kg，橘皮 0.5kg，冰糖 2kg，青丝 0.5kg，红丝 0.5kg，糖桂花酱 1kg，香油 0.5kg，料酒 1kg，甜酱 100kg，香油、料酒适量，12°Bé 盐水适量。

2. 工艺流程

（1）瓜馅制作　瓜馅改型→脱盐→拌橘皮丝→沥水→装袋→酱制→串袋→出酱沥汁→成品

（2）鲜包瓜酱渍　鲜包瓜→选择原料→原料处理→盐渍→翻缸→咸皮→脱盐→装袋→酱渍→拌馅→封口→酱渍→出袋→成品

3. 操作要点

（1）选择原料　选择圆形鲜嫩、皮青绿、六成熟、无残伤、无虫口、不畸形的鲜瓜，6～8 个/kg，直径为 6～7cm，每年小暑前后几天摘下的瓜（即 7 月初）最为适宜。

（2）原料处理　将选好的新鲜包瓜用六角刀在瓜蒂处开个口，将瓜蒂取下，再用匙子把瓜瓤、瓜子全部挖净。

（3）盐渍　因鲜瓜质地脆嫩，易于渗透，因此采用瓜内装食盐盐渍，以利于保持鲜瓜的色泽，提高产品出品率。将食盐（细盐）放入瓜皮内，每 100 个瓜皮用食盐约 4kg。将取下的瓜蒂塞入瓜内，使口朝上，摆入缸内。次日翻缸，灌入盐水，隔 1～2 天将瓜取出。二次盐渍，每 100 个瓜皮用食盐 3.5kg，口朝上摆入缸内，隔 2～3 天翻缸，再将食盐水调到 22°Bé 澄清后灌入缸内，即成咸包瓜皮。

（4）辅料成型　将咸苤蓝切成 3～4mm 的小方丁；咸莴苣切成 3～4mm 的小方丁；咸姜切成 1mm 组的细丝；橘皮泡洗净后切成 2mm 的丝；花生仁经热水烫洗、脱皮后，再烫去生花生仁气味，用盐渍；核桃仁经热水烫洗后用盐渍，切成 2mm 的片；杏仁经热水烫洗去皮，再用水沏去苦味，用食盐盐渍；将冰糖砸成碎块或粉末。因夏季气温较高，果料（花生仁、核桃仁、杏仁）应随用随加工，去皮后用 12°Bé 的盐水盐渍 4h 即可，不宜过长。

（5）酱渍　将切好的各种咸菜丁（即馅）混合，清水浸泡，备用。将咸包瓜皮浸泡脱盐，浸泡 3～4h 翻缸 1 次，次日换清水再泡 1 天。将包瓜皮捞出，口朝下，一一摆在竹板上沥去水分。将包瓜皮、各种咸菜丁分别装袋入酱缸酱渍，每天串袋 1 次，酱渍 20 天左右。松袋出菜，沥净酱汁，再把各种酱菜坯与糖桂花酱、青丝、红丝、香油、花生仁、核桃仁、杏仁、料酒混合，充分拌匀成馅。将馅装入酱过的包瓜皮中，用手指压实，每个瓜内放上一点冰糖，盖严瓜，用线缝口，再置入甜酱中酱渍。每日打耙 1～2 次，酱渍 20 天左右即可成熟。

（十五）商丘酱龙须菜

原料搅瓜，类似荀瓜，色泽浅黄发白。可用沸水浸烫后搅拌成丝，加佐料拌为凉菜。加工腌制的搅瓜，要求瓜体两头大小匀称，个重 0.5kg 以上。

1. 原料配比

鲜搅瓜 100kg，8～10°Bé 盐水适量，甜面酱（头酱、二酱质量比为 3∶7）100kg。

2. 工艺流程

鲜搅瓜→冻瓜→烫瓜→搅瓜丝→浸泡→盐渍→酱渍→成品

3. 操作要点

（1）冻瓜、烫瓜　鲜搅瓜进厂后，放在室外露冻一夜，次日加工。入缸用沸水浸烫，以手捏瓜身松软烫熟为度。

（2）搅瓜丝　浸烫的瓜坯，要及时用刀在瓜的根部切下一个圆形盖口，用一双竹筷插入瓜心，转圈搅拌，从瓜心搅转到瓜壳外皮为止，取出的瓜丝比人工刀切的均匀。

（3）浸泡、盐渍　将瓜丝入缸用凉水浸泡，使瓜丝由热变凉，恢复脆性。捞出，在 8～10°Bé 的盐水缸内盐渍，次日翻缸，翻缸 2～3 次，腌 6～7 天即为半成品。

（4）酱渍　从盐渍缸内把瓜丝捞出、控水，装袋入缸，使用头酱、二酱（3∶7）的混合酱酱渍。注意原缸翻袋，促使酱的渗透。渍 30 天为成品。

(十六) 福州酱越瓜

福州酱越瓜俗称“酱越”，是福建省历史悠久的传统小菜名产之一。

1. 原料配比

鲜越瓜 100kg，食盐 25kg，面酱 25kg，酱油 10kg，二酱 15kg，老酱 15kg，糖精 0.025kg。

2. 工艺流程

鲜越瓜→选料→整理→打洞→初腌→二腌→酱渍→包装

3. 操作要点

(1) 选料 一般选用色泽翠绿，瓜质脆嫩无苦味，头尾部大小均匀，直径约 6cm 左右，瓜长度约为 33cm 的无疤、无硬皮、无病虫害的新鲜瓜。

(2) 整理、打洞 切去鲜越瓜头尾顶端蒂部后，用削尖的竹签穿刺瓜条，刺点要分布均匀，不可过分穿刺，以避免瓜条折断。一般每条瓜都要三向穿孔，每个方向穿 3～4 孔，穿刺的深度能达到瓜瓤为度，以促使盐分渗入瓜条内部，同时也便于瓜内的水分渗出。

(3) 初腌 第 1 次腌瓜，每 100kg 原料需用盐 10kg，加水 1kg，调拌均匀撒在越瓜上，腌渍 2 天后取出压干。

(4) 二腌 将瓜条整齐排置在缸内，每隔一层就撒一层盐，原料瓜 100kg 需用盐 15kg。然后缸面用石头压上，使原卤高出菜体。经过这样处理，瓜坯储藏时间达到 1 年以上。每 100kg 鲜越瓜大约可制成 40kg 越瓜条坯。

(5) 酱渍 酱渍分 3 次完成。第 1 次，将咸坯置入缸中，每 100kg 咸坯加 15kg 二酱（即已渍过酱瓜条的面酱），酱渍 4～5 天，每天翻动 1 次。最好置在阳光下晒，使其蒸发部分水分，直至越瓜条呈现出酱色，并且具有面酱的香味时，便可将瓜条捞起，抹掉附着的二酱。第 2 次酱渍，使用老酱 15kg，约 15～20 天后取出。第 3 次酱渍，使用优质面酱酱渍。将瓜条排整齐置于缸中，排一层瓜，铺一层面酱，如此排满，缸最下层需要铺上一层较厚的面酱。酱渍 20 天后，即是成品。

4. 酱瓜片生产过程

质量稍次、不适宜制瓜条的越瓜可做成酱瓜片。

（1）瓜片坯制法　切去越瓜头顶尾蒂，对切，挖去种子。按每 100kg 鲜瓜原料用盐 8kg，盐渍至第 2 天取出，压去水分。再进行第 2 次盐腌，原料 100kg 用盐 12kg，层菜层盐，缸满为止。每 100kg 鲜越瓜大约可制 31～33kg 越瓜片坯。

（2）瓜片酱渍法　瓜片的酱渍过程比较简单，将瓜片坯晒去部分水分，用二酱浸渍 1 天后，除净二酱。换新鲜面酱，进行酱渍。每 100kg 菜坯，用面酱 25kg，酱油 10kg，12g 糖精，经过 2～3 天后即是酱越瓜片成品。该成品不耐储存，一般只能存放 10 天左右，因此只能就地供应。

100kg 鲜瓜出 31～33kg 酱瓜片。

（十七）贵州酱香瓜

1. 原料配比

花香瓜 100kg，甜面酱 40kg。

2. 工艺流程

花香瓜→选料→挖瓤→漂洗→酱渍→成品

3. 操作要点

（1）选料　选择老嫩适中、瓜身厚实、无虫害、无烂斑、无硬斑的花香瓜。以当天采摘当天加工处理为宜。

（2）挖瓤　将鲜瓜切去头顶尾蒂，对剖为 2 瓣，挖净瓜瓤。

（3）漂洗　先以 8% 的鲜石灰水漂洗瓜身，再以清水洗 2 次，务将石灰质洗净。

（4）酱渍　将洗净的鲜香瓜放在日光下晾晒。待失去 50% 的水分后，在瓜片上抹一层甜面酱，存放 2 天；第 3 天剥去陈酱，再抹甜酱；存放 4 天后，如前法再抹第 3 次酱，再放 7 天即为成品。

（十八）杞县酱瓜

选成熟度7～8成，无霉变、无伤斑和病虫害的菜瓜为好，如过度成熟，酱制后没有脆性。

1. 原料配比

去瓤菜瓜100kg，食盐12.5kg，土盐5.5kg，酱黄70kg，川椒0.1kg。

2. 工艺流程

菜瓜→原料选择和处理→腌制→醅制→翻缸→装袋→成品

3. 操作要点

（1）原料选择和处理　将菜瓜洗净后平分两开，挖瓤后用布擦干净。

（2）腌制　严格控制瓜坯用盐比例，24h后翻缸澄水，继续泡腌，48h后出缸醅制。食盐杂质含量少，土盐要炒制后使用。土盐即“碱盐”，为盐碱地所产，味苦质劣，在盐家族中处于末位，只是作为食用盐的替代品。

（3）醅制　醅瓜时应精心操作，分层下缸心手如一，做到瓜无酱尽。每层都将较大颗粒酱黄摊到周围缸边，最后倒入澄清盐水。白昼使日光曝晒，注意防止闷缸。每晚加盖席棚，遇到阴雨也应搭架席棚，使其通风。否则不仅闷缸后瓜质有软、烂之症，而且酱的滋味不正。

（4）翻缸　瓜缸经1个月曝晒，缸内上下有半熟不均之差，可对原缸倒翻（上倒下），继续曝晒。1个月后，瓜、酱两成。

（5）装袋　脱酱后装入布袋，埋在酱内使其透进酱汁浸腌，15天后成品色味俱佳，即可销售。

（十九）黄酱黄瓜

黄酱黄瓜是华北和东北地区的一种地方性酱菜。黄酱黄瓜皮色黑绿，肉质棕红、油亮，有浓郁的酱香，味鲜而咸，质地较脆。

1. 原料配比

鲜黄瓜100kg，食盐30kg，黄酱75kg。

2. 工艺流程

鲜黄瓜→挑选→盐渍→脱盐→脱水→酱渍→成品

3. 操作要点

(1) 挑选　制作黄酱黄瓜多用秋黄瓜。鲜瓜进厂后，进行挑选。要求颜色碧绿，质地嫩脆，条直细长，顶圆把短，无老籽，无大头鹰嘴，6 条/kg 左右。

(2) 盐渍　先在缸或池底撒少许食盐，然后摆上一层黄瓜，撒上一层盐。每层摆瓜约 15cm 厚。撒盐要均匀，用盐量底层少些，层层增多。至装满容器盖上封面盐，自然盐渍。自第 2 天起，每天转缸（池）移位翻瓜 1 次，并灌入原卤和尚未溶化的食盐。待食盐全部溶化，改每隔 2 天转缸（池）移位翻瓜 1 次，同时灌入原卤。10 天后合并缸（池），压紧，灌满卤，使瓜没入卤中以免绿色减退，发黄变白。

(3) 脱盐　盐渍后的黄瓜含盐量 20%以上，苦咸而无法食用，需脱盐。一般采用浸泡脱盐法，将咸瓜坯捞至缸内，约加 150kg 清水至满缸。每隔 4h 搅动 1 次，浸泡 12h，捞出沥去浮水。将浸泡水倒掉，更换清水后，继续浸泡，并间断搅动翻瓜，经 12h 后，捞出沥去浮水。经浸泡后的瓜坯含盐量一般在 10%左右。

(4) 脱水　经浸泡脱盐的瓜坯，瓜体内水分呈饱和状，不利于酱汁的吸收，而且大量残存的盐卤会影响成品的品质。脱水的办法包括自然脱水、压榨脱水、装袋压水等。制作黄酱黄瓜一般采用装袋压榨脱水，将浸泡后的瓜坯装入布袋内，每袋约装 3kg，然后装入木榨内，缓缓增加压力，将瓜内卤液挤压出来。压榨时不可过快，以免挤破瓜身，待榨至每 100kg 咸瓜坯剩余 65kg 左右时即可。

(5) 酱渍　将脱盐脱水后的瓜坯由袋内倒出，松动瓜体，再装入布袋内，每袋装 3kg（亦有装 5kg 的）。然后，下入黄酱中，每缸黄酱约 150kg，下袋 20 个。每天翻袋 1 次，使下层酱袋翻至上层，上层酱袋翻至下层。一般冬季酱渍 15 天，夏季酱渍 10 天左右即为成品。

(二十) 天津甜酱黄瓜

1. 原料配比

鲜黄瓜 100kg，大盐 27.5kg，23°Bé 清盐卤 7～8kg，咸秋黄瓜 90kg，天然面酱 75kg。

2. 工艺流程

鲜黄瓜进厂→盐渍→浸泡脱盐→酱渍→成品

3. 操作要点

(1) 盐渍　鲜黄瓜要求瓜长不超过 20cm，个头整齐，条顺，色正绿。进厂后及时过秤下缸，半缸黄瓜下一层盐，黄瓜下满缸再把盐下齐，将咸卤倒在黄瓜上面。当天及时捣缸，捣缸时必须将盐卤扬 10 余下，每天早晚捣 2 次缸，共捣 15 天左右即为咸坯。将黄瓜咸坯倒在空缸里，上面按顺序码一层席，用木棍别住，灌满清卤，每缸上面撒上 2～3kg 盐。封缸，阴雨天不动，晴天可以揭开席通风。

(2) 浸泡脱盐　把咸坯用白水浸泡 3 次，每次均用水 125kg。第 1 次浸泡 24h，第 2、3 次各浸泡 12h，每隔 2h 用耙活动。因黄瓜嫩容易碰断，浸泡后要轻轻捞在筐内，控水约 1.5h。

(3) 酱渍　一层黄瓜一层酱的装入缸内，然后串匀。酱渍期间每天串扒 4 次，每 2h 串 1 次，在头两天串扒要手轻，2 天后黄瓜的水分出来、软化，即可以正常串扒，15 天为成品。

(二十一) 北京酱黄瓜

黄瓜的品种很多，北京地区以种植刺黄瓜、鞭黄瓜为主。北京酱黄瓜以刺瓜“京元六号”为原料最佳，其特点是果肉厚、心室小，富有清香气味。在北京酱黄瓜传统工艺基础上，改进了腌渍工艺，在咸坯制作上，采用双腌法，提高了产品质量。

1. 原料配比

鲜黄瓜 100kg，食盐 35kg，甜面酱 55kg。

2. 工艺流程

鲜黄瓜→原料处理→盐渍→清水脱盐→酱渍→打耙→成品

3. 操作要点

（1）原料处理　挑选幼嫩、条顺直的鲜黄瓜作为酱黄瓜原料。

（2）盐渍　黄瓜入池，按入池数量加食盐 12%，清水 3%～5%。3～4h 后，循环抽卤浇淋，2～3 天后出池控卤，另入池复腌，一层黄瓜一层盐，加盐量为初腌后黄瓜数量的 25%。继续循环抽卤浇淋，14 天后即可封池储存。100kg 鲜黄瓜初腌后得 92kg。

（3）酱渍　将腌黄瓜入清水脱盐，夏季换水 1 次，冬季换水 2 次。脱盐后，出缸控水，入缸初酱，加二酱（酱过菜的酱）100%。每天打耙 3～4 次，3～4 天后，出缸除净二酱，入缸加入新鲜甜面酱复酱。每天打耙 3～4 次，2 周后即为成品。出品率 70%。

（二十二）商丘酱黄瓜

商丘酱黄瓜选用当地产的刺黄瓜（又名吊瓜）为原料，特点是果形大，果面具有稠密凸起的果瘤，并带刺毛，果肉厚，胎座小。一般选用长度在 20～25cm 鲜黄瓜，要求鲜嫩、青绿，大小均匀，无弯曲、尖嘴、蜂腰、大肚，无黄点或其他斑点、无虫害、无腐烂和破裂。其生产工艺都是以曲黄（酱曲）醅制而成。

1. 原料配比

鲜黄瓜 50kg，食盐 11kg，曲黄（酱黄）22kg。

2. 工艺流程

鲜黄瓜→清水浸泡→初腌→洗瓜翻缸→复腌→洗瓜翻缸澄卤→下黄酱渍→晒露→成品

3. 操作要点

（1）清水浸泡　为保持黄瓜的色泽和鲜嫩，鲜黄瓜进厂后要及时挑选、清水浸泡。注意当天浸泡的瓜，要当天进行盐渍。

（2）初腌　将浸泡后的黄瓜捞出入筐，倒入缸，用细盐进行初腌。每 50kg 鲜菜，初腌用盐 3kg，一层瓜一层盐，腌至缸满为止，第 2 天（隔夜）捞出换缸。经初腌后咸坯重量约为鲜菜的 70%～75%，表面松软，局部出现皱纹，菜坯内层仍很硬。

（3）复腌　换缸时，将经初腌后的瓜坯用卤水清洗，计量过磅。每 100kg 瓜坯用盐 18kg，仍按层瓜层盐进行复腌，缸满为止。当天上午盐渍，下午翻 1 次缸。此后每天翻缸 1 次，4 天后捞起，进行挑选。将弯曲、半截、粗细不匀、头大尾小的挑出，作次品处理。将合格瓜坯入另缸，将经过澄清、去除杂质及泥沙的腌瓜盐卤倒入瓜坯缸中，继续盐渍。每隔 3～4 天翻缸 1 次，盐渍 15～20 天，即为半成品。经第 2 次腌制后，菜坯细胞组织已基本失去机能，体积缩小到 1/2 左右。一般每 100kg 鲜菜出咸坯 50～55kg，咸坯大部分已呈布满皱纹的松软状，具有韧性。

(4) 下黄酱渍　将经复腌后的半成品咸坯捞起，装入竹筐内进行控卤，一般上午控卤，下午入缸下黄。每 100kg 咸黄瓜坯用 70kg 曲黄。下黄时先在缸底撒一层曲黄，然后放一层瓜坯，瓜坯要排列整齐，曲黄要撒得均匀。然后按一层瓜坯，一层曲黄，层层相间，直至缸满，留 20cm，缸面用曲黄盖面，再把盐卤倒入酱缸内。

以后每天早晨捺缸面 1 次，捺时要用力，不用翻缸。到第 4 天，用麻袋盖上缸面，用重物将缸面压一下，使曲黄紧密地粘在菜坯上，吸收菜坯内的汁液，促使咸坯进一步脱水。日晒夜露，加强管理，严防雨淋。约经 15 天左右，菜缸表面曲黄开始潮湿糊化，这时应进行转缸翻菜。转缸时仍按层瓜层酱黄进行，将瓜身上的湿酱勒下，以使酱稠湿均匀，然后整齐地排列在酱黄上。翻完后，缸口表面仍用酱黄封面。在食盐的高渗透压作用下，咸坯内部的水分和可溶性物质从毛细管外溢出，被酱黄吸收，咸坯逐步收缩，外表起皱纹发软萎蔫。咸坯脱出的盐卤，促使酱黄溶解成糊状，通过日晒和夜露，发酵成甜酱。甜酱在发酵过程中形成了大量的还原糖和各种氨基酸，再被咸坯吸收，甜酱中的挥发性有机成分在酶的作用下生成乙酸乙酯，这就是人们所喜爱的酱香与酯香气。转缸翻菜后存放 3 个月即可成熟。

100kg 鲜黄瓜出成品 35～38kg。

(二十三) 扬州酱乳黄瓜

扬州酱菜是扬州地方名特产品，历史悠久，具有鲜、甜、脆、嫩四大特点，并讲究色、香、味、形。根据不同的蔬菜品种采用不同的加工方法。在蔬菜腌制工艺上，大体可分为双腌法、卤泡法、先腌后晒法等几种。在甜酱制作上有大块饼黄天然晒露法（传统工艺）和多酶糖化速酿法（新兴工艺）。

酱乳黄瓜采用扬州郊区所产鲜乳黄瓜——线瓜为原料，辅以传统工艺制作的甜面酱精心渍制而成，是扬州酱菜中的佼佼者。线瓜皮色翠绿，果形苗条，肉厚皮薄，籽瓤小、质嫩脆，头尾粗细均匀。芒种前的瓜肥足，条形太大；小暑后的瓜皮壳厚、太老，因此腌制期以芒种至小暑间采收的瓜品质最佳。

1. 原料配比

鲜乳黄瓜 100kg，食盐 20kg，甜面酱 50kg。

2. 工艺流程

鲜乳黄瓜进厂→分级→初腌→复腌→初酱→复酱→成品

3. 操作要点

（1）分级　鲜乳黄瓜进厂后要及时分级，摘去瓜花，剔除大肚、鸡头、黄斑、虫疤等不合格的，然后按大、中、小三级分档；分别腌制，大的每千克 20 条以下，中的每千克 40 条左右，小的每千克 50 条以上。

（2）初腌　采用双腌法，即采用两次加盐腌制法腌制乳黄瓜，一般用于腌制含水分大的瓜果类。两次加盐目的；一是节约用盐；二是如果一次加盐太多，盐液浓度过高，高渗透的作用会使乳瓜骤然失水而皱缩过分，颜色发暗，没有饱满感；三是未成熟的瓜都有一种苦涩味，第 1 次加盐可将瓜内带苦味的葫芦素渍制出来，与盐卤一起排除，使瓜保持清香、纯正的口味；四是初腌时盐液浓度低，乳酸发酵旺盛，分批加盐可对腐败菌进行抑制。初腌 4～6h 后一定要及时翻缸，不使乳酸发酵过度，24h 后一定要压净初腌卤水，保证产品口味鲜脆。

每 100kg 鲜乳黄瓜用食盐 9kg，按层菜层盐逐层下缸。乳黄瓜下缸后，先洒 10～12°Bé 盐卤，然后均匀撒盐于每条瓜上。加盐时下层少加，上层多加，直至缸满为止。隔 4～6h 后翻缸 1 次，由甲缸翻入乙缸，缸底未溶的盐及卤汁一起并入乙缸。再经 8～10h 进行第 2 次翻缸，仍按顺序，翻入空缸内（每排缸的第 1 缸为空缸）。再经 4～6h，捞入有洞眼的竹篮内堆叠，压去苦卤。翻缸具体安排是上午入缸腌制、下午翻缸，夜里 10 时再翻缸 1 次；下午入缸腌制，夜 11 时左右翻缸，第 2 天清晨再翻缸 1 次；到 9～10 时起缸去卤。如果在芒种时腌制，可 12h 翻 1 次，2 次后起缸。

(3) 复腌　将初腌后的乳黄瓜捞入有洞眼的竹篮内，5～6 个堆一叠，压紧去卤，3～4h 上下调头 1 次，压干瓜中苦卤。一般上午起缸，中午调头，下午复腌。每 100kg 鲜乳黄瓜仍用 9kg 食盐，如按初腌后咸坯计算，100kg 初腌坯需加盐 14kg 左右。加盐方法同初腌。12h 后翻缸 1 次，翻 2 次后，起缸并池，并池要求铺平，层层压紧，然后加上封面盐及竹席后用木杠压紧，灌入 20°Bé 澄清之复腌盐卤，使盐卤漫过竹席及木杠储存。复腌的盐卤浓度不够时，可加盐。储存池应建在排水及通风良好处，防日晒雨淋。如无储存池，则储存缸最好在室内通风良好处，如在室外需四层芦席盖好，严防生水进入缸内及雨淋。室内可保存 2 年，室外只能保存 1 年。

(4) 初酱　酱制是直接影响酱菜质量好坏的最后一道关键工序。在酱制过程中，不但要掌握好酱与菜的搭配，同时要根据咸坯的品种特性进行改制、漂洗脱盐、脱水，去掉菜坯中的咸苦涩味。酱制时要经常翻捺菜袋（即北方的打耙），使菜坯能充分与酱作用，互相渗透。由于酱的渗透压大于菜坯，酱中的鲜甜味及芳香风味吸入菜内，形成滋味鲜美，风味优良的酱菜。

选色青质脆、大小均匀的咸乳黄瓜坯，计量、入缸，用清水漂洗脱盐。用水量以浸过菜坯 15cm 左右为宜。当水中食盐浓度达 6～7°Bé 时即可捞起装袋。酱菜袋直径 40cm，长 90cm。每袋装 12kg，装好后堆叠去水，每 10 个袋一堆，3h 后掉头 1 次，将水去净后即可入缸酱制。入缸时应将菜坯袋抖松，放入已酱过 1 次菜的二酱中进行初酱，每缸 12 袋，下缸前先用扒子将二酱搅匀，再将菜坯袋放入。每天早上捺袋 1 次，将袋内空气排出；将上面的菜袋翻到缸下面，调换一下菜袋位置，以便均匀渗透。酱渍的过程是一个互相渗透的过程，初酱主要使酱菜坯中的咸苦味吐出来。初酱时间一般4～5天，不宜过长，如时间过长容易引起菜坯变质。

(5) 复酱　将经过初酱的菜袋起缸，抹去袋外附着的酱后，放缸架上，堆叠除去二酱卤。堆叠3h后上下调头1次，直到断线滴卤时即可进行复酱。每100kg咸乳瓜坯用100kg新鲜甜面酱进行酱制，每天早晨翻菜捺袋1次，方法同初酱。复酱7～14天，春秋10天左右，夏季7天，冬季14天。复酱是菜坯吸收甜面酱风味的阶段，所以甜面酱的鲜甜及风味决定了酱菜的质量与风味。

在后期管理时要经常检查咸坯卤水浓度及数量，防止生水及雨淋，否则会引起卤水发黑、瓜变烂。酱乳黄瓜是十分娇嫩的，成熟后应立即封缸储存，如果不封缸，必须连袋储存于酱中。门市部散菜到晚上下班时，应将未卖完的酱菜放回布袋入缸保管，才能保持酱乳黄瓜的新鲜、甜鲜及滋味鲜美。但成熟后的乳黄瓜也不可在酱中储存过久，否则会因酱的盐分高而影响菜的口味，同时在酱中时间过长会影响脆度、色泽，尤其是夏季，更不宜过长。

100kg鲜乳黄瓜出52～55kg咸坯乳黄瓜。100kg咸坯乳黄瓜出80kg酱乳黄瓜。

(二十四) 山东糖酱黄瓜

以秋季架黄瓜为原料，要求个头整齐，13～15个/kg，色泽鲜绿，无畸形。

1. 原料配比

鲜黄瓜100kg，食盐37kg，甜面酱40kg，白糖8kg，味精30g，苯甲酸钠25g。

2. 工艺流程

鲜黄瓜→盐渍→并缸→盐渍→倒缸→咸瓜坯→切制→浸泡→沥水→装袋→酱渍→串袋→提袋→沥水→酱渍→出袋→沥水→糖渍→装坛→成品

3. 操作要点

(1) 盐渍　鲜黄瓜入缸，分层加盐盐渍，每缸3层，每层洒少量盐水。第1次盐渍用盐15kg，盐渍1～6h，将2缸黄瓜并在1个缸内，卤水一同并入；第2天倒缸，卤水不用，加入食盐12kg盐渍；第3天倒缸，将剩余食盐全部倒入封缸；隔4～5天再倒缸1次即成咸坯。

(2) 酱渍　将咸黄瓜切成1.5～1.8cm的圆块，用水浸泡24h，浸泡时需搅拌2次，然后捞出沥净水，装袋放入乏酱中酱渍。每天串袋1次，酱渍3～4天后提袋沥水。换新鲜甜面酱酱渍，每日串袋1次，连续3次后，再隔3天串袋1次。酱渍10～12天后即可出袋沥水。将瓜块放入盆中，均匀拌入白糖、味精。每日翻拌1次，3天后即可装坛密封，糖渍7天后即为成品。

(二十五) 苏州蜜汁小黄瓜

苏州蜜汁小黄瓜，又名王子小黄瓜，采用小黄瓜与曲黄醅制，酱与小黄瓜同时成熟后再加砂糖蜜制而成。

1. 原料配比

鲜小黄瓜50kg，细盐10kg，黄子（曲黄）12～13kg，砂糖7.5kg，苯甲酸钠25g。

2. 工艺流程

鲜小黄瓜进厂→盐渍→压石头→第2次盐渍→压石头→铺黄子→加卤封酱→拌糖→翻缸抽卤→加糖→加糖卤→成品

3. 操作要点

(1) 盐渍　鲜小黄瓜进厂后，立即下缸，一层盐一层瓜。每50kg瓜第1次用盐3.5kg。洒上饱和盐水，10h后转缸翻菜1次，压上石头。24h后起缸复腌，每50kg瓜用盐6kg，仍按层菜层盐、下少上多的加盐方法，直至缸满，再压上石头。经5～7天后，咸坯成熟。100kg小黄瓜约出咸坯65kg。

(2) 铺黄子　铺黄子就是加曲黄。黄子是制作面酱的酱坯，制作方法为0.5kg面粉加200g清水，和好擀成薄片，截成长方形块，再切成2cm厚的长条片，上锅蒸熟，将面片放在28℃左右的地方，发酵3～4天，待长出一层黄毛时晒干捣碎就是黄子。每50kg咸坯用晒干的曲黄 19～20kg。

先在缸底铺一层曲黄，再放小黄瓜咸坯，按一层黄子一层小黄瓜坯层层相间铺平，缸面用曲黄封顶，封顶曲黄要多一些。开始几天先不宜太阳晒，篷盖也不可盖紧，以免热量过头。3～4 天后，去掉缸盖，改用石头压，待卤超过瓜面时去掉石头，封酱，日晒催熟。约经 40 天后，层酱层瓜，逐批取出，洗清酱，沥干卤。

(3) 糖渍　每 50kg 酱小黄瓜用砂糖 15kg。糖渍分 2 次进行，第 1 次用砂糖 5kg，按层瓜层糖入缸腌渍，经 2～3 天翻缸抽卤。第 2 次加糖 10kg 拌和，7 天后，将第 1 次用过的回糖卤浇少许于面上，再过 4～5 天即可成熟。

100kg 鲜小黄瓜约出 65kg 咸坯小黄瓜。100kg 鲜小黄瓜约出 35～38kg 成品小黄瓜。

(二十六) 杞县酱黄瓜

杞县酱黄瓜以身上带绒毛的顶花带刺、拇指粗细、五六寸长 (1 寸≈3.33cm) 的乳黄瓜为原料，且中茬为佳。

1. 原料配比

黄瓜 100kg，酱黄 70kg，食盐 12.5kg，土盐 5.5kg，川椒 0.1kg。

2. 工艺流程

鲜黄瓜→选料→整理→腌制→酯制→翻缸→袋装→成品

3. 操作要点

(1) 选料　选择个头细小均匀、直径不超过 1cm、无伤斑和病虫害者作为原料。

(2) 整理　摘去瓜花和瓜把，洗净泥土。黄瓜晾干后下缸腌制，否则会使表皮腐烂。

(3) 腌制　分层下缸腌制，适当掌握瓜和盐的比例。每层以 5kg 左右为宜，不应过厚，否则腌制不均匀，酯制后成品嫩脆度不一，甚至腐烂。24h 进行翻缸澄水后继续泡腌，再需 24h 方可出缸酯制。

(4) 醅制　一层酱黄一层瓜，醅完后再次澄清盐水，倒入瓜缸，正常情况 15～20min 盐水下完。每天揭盖曝晒。

(5) 翻缸　经 30 天的曝晒，进行原缸倒翻后，继续曝晒 30 天。翻缸时盐水一定要澄清，若泥土带入缸内，经曝晒后，酱缸发酵上涨过度，影响成品质量。

(6) 装袋　将曝晒 60 天的黄瓜脱酱后装入布袋，下缸酱渍，酱渍 15 天即为成品。

(二十七) 山东酱磨茄

酱磨茄是山东传统产品，早在明朝中叶就有生产。该产品生产工艺、产品风味均独具一格，是我国酱腌菜中的珍品之一。选用鲜嫩大红袍圆茄为原料，要求正圆形，皮薄肉嫩，色泽紫黑色，肉质嫩而密实，直径 5～7cm，每千克 12～15 个，无虫害、无伤残。

1. 原料配比

鲜茄子 100kg，食盐 7kg，甜面酱 150kg（按盐渍后的 100kg 咸茄坯计算）。

2. 工艺流程

鲜茄子→洗涤→削蒂→磨皮→扎眼→盐渍→咸坯→去籽→咸坯→入缸→初酱→酱渍→成品→储存

3. 操作要点

(1) 洗涤　由于生长过程中新鲜的茄子受各方面的影响，沾上了泥土、灰尘、农药等物质，对产品的质量会带来一定的影响。另外，茄子采收进厂后，如不及时洗涤会迅速失水，造成表皮萎蔫，给下步工序带来困难。因此，原料进厂后要立即进行浸泡、洗涤。将鲜茄子置入装有清水的容器中，一般浸泡 1h 左右，用木棒搅动，使茄子互相碰撞，洗去泥土及杂质，然后捞出，更换新水，继续浸泡 1h。浸泡时要避免阳光直射，防止水温升高，保持茄果新鲜。

(2) 削蒂　削蒂的目的是便于下道工序的磨皮、去籽及成品的造型。为保证茄果不变色，采用不锈钢刀削蒂，使茄果蒂部呈基本一致的平面，基本保持茄果的正圆形。

(3) 磨皮　将浸泡、削蒂后的茄果捞出，置磨皮机内磨掉表层紫黑色的茄皮。磨皮时，应使茄果始终浸没在水中，以防茄果接触空气后发生酶褐变，使产品变黑，影响外观。磨皮的基本要求是既要磨净表皮，又不伤及茄肉。

如没有磨皮设备，可采用手工磨皮。即将未经使用的新红砖(建筑用红砖)，置清水中，短时浸泡，然后，手持茄果在砖面上快速旋转摩擦，磨去表皮。此项操作自始至终也要在清水中进行，防止茄果接触空气。

磨皮过程中，清水会被污染成黑灰色，并有大量泡沫产生，因此，应随时更换新水，以保持茄果表面洁白。

(4) 扎眼　去皮后，立即用直径 0.3cm 的竹针，在茄果蒂部的平面上扎 5～7 个小眼，扎眼深度入茄果 3/4 处。如扎眼过深会造成茄果破裂，扎眼过浅则无法挤出茄果体内的嫩籽。扎眼后，立即放置清水中，以保持茄果不变色。

(5) 盐渍　按层菜层盐法，腌渍 20h 左右，使茄果体型收缩，菜体变软。鲜茄用盐 7kg。

(6) 去籽　取出盐渍后茄果，用手沿顶部至蒂部，适当用力挤捏，使茄果内的嫩籽及部分汁液由蒂部的眼内流出。捏茄时，用力均匀，做到既能使茄体变软，挤净茄籽及汁液，又不至将茄体挤破裂。

(7) 初酱　将去籽茄果称重计量，装入缸内约至缸体 1/3 处，加入一次回笼酱约至缸体 2/3 处，初酱 24h。初酱可使咸茄坯的表层及体内盐卤释出，除去部分强烈的生茄气息，以利于产品质量的提高。

(8) 酱渍　初酱结束后，捞出茄果，沥去表面酱液，装入另一缸内。倒入基本成熟的甜面酱至缸体的 2/3 处，立即打耙翻菜，使茄果在酱内分布均匀，上下互换位置。每天上下午各打耙翻菜 1 次。翻菜时，下耙要轻，深及缸底，提耙用力，力求使菜体翻动。酱渍过程中，每天上午开缸晒酱，中午盖缸避光，下午开缸晾酱，夜晚天气晴朗，敞缸夜露。

每次翻菜后，都应使茄果没入酱内，不可使菜体暴露于空气中，以防氧化。

(9) 储存　酱渍约 80 天即为成品。一般采用两种办法储存成品，即原缸储存法和装坛封存法。原缸储存是将成品酱磨茄在原缸内翻匀后，灌入基本成熟的甜面酱至满缸，然后用塑料布封严缸口，盖好缸盖，避光封闭存放。装坛封存法是将成品酱磨茄捞出，装入坛内，振动排气后，灌入原缸甜面酱，用三层塑料布封好坛口，置阴凉避光处储存。

每 100kg 鲜茄出 80kg 酱磨茄。

(二十八) 甜酱小茄子

1. 原料配比

鲜茄子 100kg，大盐 25kg，20°Bé 盐卤 25kg，天然面酱 75kg。

2. 工艺流程

鲜茄处理→盐渍→咸坯→脱盐→酱渍→成品

3. 操作要点

(1) 盐渍　选用核桃大小、嫩而无籽的鲜小茄子，去掉硬柄。100kg 鲜茄子用大盐 25kg，20°Bé 盐卤 25kg，全部放入缸内盐渍，盐渍时每天倒缸 1 次，共 15 天即为腌成的茄子，出品率 70%。

将茄子捞出装入另一空缸里，用席盖盖严后用小棍别好，再灌满盐卤，盐卤的浓度亦为 20°Bé，日常缺卤就灌。

(2) 脱盐　将咸茄子用水浸泡 3 次，每次浸泡按 250% 用水，每次 24h。隔 2h 就用笊篱翻 1 次，浸泡 72h 后，捞入筐内约控 2h，控净水后过秤装袋，每袋不超过 2.5kg，扎严袋口。

(3) 酱渍　先将 50% 的天然面酱入缸，再下 50% 的菜袋，然后一层菜袋一层酱，当时用耙串匀。此后每日串扒 2 次，15 天即为成品。

100kg 脱盐后菜坯出成品 90kg。

(二十九) 山东酱包椒

酱包椒选用色青绿、肥嫩、柿形、无虫蛀、无伤裂口不烂、味甜而微辣的鲜青椒为原料。

1. 原料配比

鲜柿子青椒100kg，包馅60kg，甜酱20kg，食盐15kg。

包馅比例是：酱苤蓝丁74%、酱莴苣丁2%、酱瓜丁2%、酱姜丁3%、核桃仁1%、花生仁17%、石花菜0.5%、红辣椒丝0.5%。

2. 工艺流程

鲜辣椒→扎眼→盐渍→脱盐→挖种心→装馅→封口→装袋→酱渍→成品

3. 操作要点

(1) 盐渍　用竹针将鲜柿子椒周身扎眼5～6个，然后热盐水浸泡2min，捞出，沥去水分。每100kg鲜椒加盐15kg，放在缸内盐渍。每天倒缸1次，连续倒缸3天，以后每隔4～5天倒缸1次。3个月后将椒坯捞出，沥去盐水，在清水中浸泡5h后，用刀削去顶盖，挖去种心（椒坯含盐5%～6%）可装馅。

(2) 酱渍　各种菜丁不得超过$2mm^3$，馅料拌和均匀一致。装馅后用线缝接椒盖，放于酱缸内酱渍。前3天每天翻缸1次，以后每隔3～5天翻1次，15天即为成品。

(三十) 紫油蜜椒

紫油蜜椒是黄淮流域中原一带的传统特色产品，紫红油亮，形态绚丽，酱香浓郁，鲜辣甜脆爽口。

紫油蜜椒，选料极为严谨。所选用的大椒，是当地特有的优良品种，紫红色，短圆锥形，肉厚籽少，辣味适中，辣香纯正，以选用二茬椒最适宜。肉厚、质嫩，适合酱渍。采摘时间，一定要掌握在“已经不绿，尚未全红”的当口。呈现紫红色时，开始采摘。

1. 原料配比

去籽蒂紫红椒100kg，食盐20kg，甜面酱100kg。

2. 工艺流程

原料处理→盐腌→初酱→翻缸→复酱→成品

3. 操作要点

(1) 盐腌　鲜紫红椒进厂，要及时摘去梗蒂，加盐进缸。前3天每天翻2次，盐化后，每天翻1次即可。7天后，即可装袋下酱。甜面酱一定要用当年新成熟的甜面酱，乏酱酱渍，新酱封存，才能确保紫油蜜椒的风味、质量、光泽、脆度达到标准，长期保存不变质。

(2) 酱制　初酱时每100kg椒坯加甜酱40kg，每天提袋打酱1次。7天后，将袋提出，撤去乏酱。加新甜酱30kg，进行复酱，每天提袋打酱1次。15天后，将袋提出，放在另一缸中，排放平整，上加新甜酱30kg封顶。

成品紫红蜜椒，封顶后，要用双席盖好。防止雨水，即可长期保管。100kg去籽、蒂红椒出成品46～48kg。

(三十一) 甜酱冬瓜

1. 原料配比

鲜冬瓜100kg，盐37.5kg，天然面酱75kg。

2. 工艺流程

原料处理→盐渍→改制→脱盐→酱渍→成品

3. 操作要点

(1) 盐渍　将冬瓜切开去瓤，100kg鲜冬瓜用盐37.5kg，一层冬瓜一层盐入缸腌制。每天倒缸2次，隔4h倒1次，2天后捞在筐里控净。把冬瓜肉朝上摆在席上晒1天，晒后下缸入原卤，每天倒缸1次，15天即为咸冬瓜。

(2) 改制脱盐　把咸冬瓜切成1cm×1cm×3cm的长方条，放在水中浸泡3次。每次用水250kg，把冬瓜放在水中浸泡24h，隔4h用笊篱翻拌1次，换3次水。共浸泡3天。把冬瓜捞出放在筐里控净，过秤入袋，每袋装2.5kg，用细绳扎紧袋口。

(3) 酱渍　将50%的面酱入缸，再下50%的菜袋，再一层酱一层菜袋装好，每天打扒2次，15天为成品。

酱成熟的成品，用原来的酱抹平封严，冬季可储存30天，春季20天。

100kg脱水咸坯出酱成品80kg。

(三十二) 酱芸豆

以9月、10月份收获的芸豆为好，鲜、嫩、脆而不易腐烂变质。

1. 原料配比

鲜芸豆100kg，食盐25kg，老盐卤30kg，甜面酱80kg。

2. 工艺流程

鲜芸豆→挑选→盐渍→切制→脱盐→酱渍→成品

3. 操作要点

(1) 挑选　挑选鲜、嫩、脆，没有虫害及腐烂变质的芸豆，去筋。

(2) 盐渍　将挑选好的芸豆倒入缸内，一层盐一层芸豆，装满后按配比倒入老盐卤，即前年腌菜剩下的盐卤。第2天开始倒缸，以后每天倒缸1次。连续15天至盐全部溶解，盐卤已超过芸豆，这时可封缸继续盐渍，盐渍半月以上就可以进行下道工序。

(3) 切制　用于做酱芸豆的咸坯芸豆的形状有两种，一种是整芸豆角，另一种是芸豆段。做酱芸豆段时用刀切成2～3cm长，切豆时随时挑出老、柴皮豆。

(4) 脱盐　把切制好的芸豆装入缸内，每缸装100kg，放入冷水100kg浸泡，夏季浸泡24h，冬季浸泡36h，在浸泡过程中要搅拌3次。

(5) 酱渍　将脱好盐的菜坯捞出控干水分，装入白布袋。每袋装9kg，每缸装18袋，按比例倒入面酱，使酱超过布袋，见酱不见袋。每隔10天倒袋1次，共倒袋3次，30～40天后即为成品。倒袋时把酱袋取出，把袋内的酱菜倒入桶内，控去菜内的酱汁，再把菜装入布袋继续酱渍。

（三十三）沈阳酱扁豆

1. 原料配比

鲜扁豆 100kg，食盐 20kg，大酱（或面酱）85kg。

2. 工艺流程

鲜扁豆→摘青筋→洗涤→入缸→盐渍→咸坯→脱盐→换水→控卤→装袋→酱渍→成品

3. 操作要点

（1）盐渍　将鲜扁豆青筋摘去，洗净控干水分，入缸盐渍。100kg 扁豆用盐 16kg，一层扁豆一层食盐，顶部压上石块。次日倒缸，再用盐 4kg，一层扁豆一层盐，隔日倒缸 1 次，20 天后咸坯制成。

（2）酱渍　清水浸泡咸扁豆 2～3h，换水 2～3 次，捞出控卤，阴干 1 天后，装入布袋，入缸酱渍。每天搅动 3 次，使酱的香味和营养均匀浸入扁豆内，30 天后即为成品。用大酱渍叫大酱扁豆，面酱渍叫面酱扁豆。

（三十四）山东酱三仁

酱三仁是山东传统产品，由花生仁、杏仁、核桃仁按一定的比例配好酱制而成。要求花生仁颗粒饱满，无虫咬，无霉变。杏仁要粒大而实，大小均匀，无霉变、无虫蚀，甜杏仁、苦杏仁均可，苦杏仁需脱苷后使用。核桃仁要求无霉变。

1. 原料配比

花生仁 60kg，杏仁 20kg，核桃仁 20kg，食盐 15kg，甜酱 100kg。

2. 工艺流程

原料→浸泡→热烫→脱皮→盐渍→混合→装袋→酱渍→串袋→成品

3. 操作要点

精选合格的花生仁、杏仁、核桃仁，分别浸泡，使其膨胀，然后捞入沸水中热烫至脆，迅速冷却，脱去外皮，放入清水中浸泡4～6h后，捞出晾去浮水，按比例混合装袋进行酱渍，每天串袋1次，20天左右即为成品。

(三十五) 甜酱杏仁

甜酱杏仁主要产区在山东、河南、河北、山西等北方地区，产品色泽光亮，清香爽口，质地清脆，属较高档的酱腌菜。

1. 原料配比

杏仁100kg，甜面酱100kg，精盐3kg。

2. 工艺流程

杏仁→浸泡→烫漂→浸泡→盐渍→酱渍→成品

3. 操作要点

(1) 浸泡　要求杏仁颗粒饱满，大小均匀基本一致，无霉烂变质及虫蚀，无哈喇味，以当年产的最好。将干杏仁置清水中，泡至杏仁表面无皱纹，捞出沥水，约24h。

(2) 烫漂　将清水煮沸，把浸泡好的杏仁倒入沸水中，连续搅动，使杏仁受热均匀，约3～4min，杏仁煮熟，捞入冷水中微冷。烫漂时一定要掌握好成熟度，煮不透则质不脆，苦味大；煮过火则质地变软，影响风味。

烫漂后在冷水中浸泡1天，取出置脱皮机上脱皮或用手工搓皮。

(3) 浸泡　杏仁口味苦，经烫漂、脱水后要继续置清水中浸泡，以消除苦味。每隔24h换水1次，浸泡5天，苦味可基本消除。

(4) 盐渍　将浸泡好的杏仁置缸中，拌上精盐，充分拌均匀，2h后再翻拌1次。每隔4或5h翻1次，腌制48h即可。

(5) 酱渍　将盐渍后的杏仁装入布袋中，每袋装3kg，置入甜酱中酱渍。每缸酱150kg，下酱袋20只，每天翻袋，将下层酱袋翻到上层，并解开袋口摇动酱袋，使杏仁翻动。然后扎好袋口，埋入酱内。连续酱渍7天，即为成品。

(三十六) 甜酱果仁

1. 原料配比

果仁 100kg，天然面酱 100kg。

2. 工艺流程

果仁→煮熟→装袋→酱渍→成品

3. 操作要点

(1) 煮熟、装袋　将生果仁煮半熟，无生味为宜，去净皮，用水洗去杂质，捞在筐内控净水分。过秤装袋，每袋装 3kg，用细绳扎紧袋口。

(2) 酱渍　先下 50%的酱，再下 50%的菜袋，然后一层菜袋一层酱。在酱制期间每天串扒 3 次，果仁渗透作用较快，10 天即可为成品。

成品用原来的酱封严抹平，冬季存 40 天，春季存 30 天，夏秋两季随时酱制，存放过久则色易变黑，口不脆而硬。

100kg 果仁出成品 150kg。

(三十七) 甜酱西瓜条

1. 原料配比

鲜西瓜皮 100kg，大盐 25kg，咸姜丝 1kg，果仁 10kg，天然甜面酱 75kg。

2. 工艺流程

鲜瓜皮→盐渍→改制→脱盐→酱渍→成品

3. 操作要点

(1) 盐渍　将鲜西瓜皮去老皮，刮净里面的瓤子，过秤入缸。瓜皮 100kg 下大盐 25kg 腌制，每天倒缸 2 次。2 天后捞在筐里控净水分，将瓜皮肉朝上摆在席上晒 1 天，再收起放入原卤内，每天倒缸 1 次，10 天即为咸坯。腌好后用盖垫将缸头封严，灌足原卤，酱渍时再取。

(2) 改制　将瓜皮切成 1cm×1cm×5cm 的长方形，姜丝切成

2mm 宽的细丝。果仁水煮、去杂质。

(3) 脱盐　将腌瓜皮条与姜丝混合，用水浸泡。第 1 次用水 250kg，第 2 次用水 250kg，第 3 次用水 200kg，浸泡的时间前 2 次 24h，第 3 次 12h，然后捞在筐里控 2h。掺入果仁拌匀，过秤装袋，每袋装 2.5kg 左右，用细绳扎严袋口。

(4) 酱渍　把 50%的天然面酱先下缸，下菜袋后再下剩余的 50%，再一层酱一层袋用耙串匀，每天串扒 2 次，酱渍 12 天为成品。

成品在 5 天内继续串扒，每天串 2 次。5 天后用原来的酱抹平封严，随售随取，取后封严，冬季存放 40 天，春季存放 20 天。

100kg 脱水后菜坯出成品 80kg。

五、花菜类酱渍菜

酱黄花菜是亳县的传统特产之一，历史悠久。选取当地鲜嫩肥大、支朵整齐、稍带青黄色而尚未开花的鲜黄花菜为原料，于端午节后采收腌制加工。

1. 原料配比

鲜黄花菜 350kg，食盐 35kg，甜面酱 150kg，酱油 50kg。

2. 工艺流程

鲜黄花菜→摘梗→盐渍→翻缸→装袋→初酱→翻缸→复酱→翻缸→成品

3. 操作要点

(1) 盐渍　鲜黄花菜进厂后，摘去老梗，保留嫩蒂，捡出破损的花片和杂质，洗净后轻轻倒入大缸中摊平，用木板、石块轻轻压住。将食盐配成 16°Bé 盐卤。

盐渍时每 100kg 鲜菜加 16°Bé 盐卤 50kg，浸泡 24h 后起缸，沥去盐卤装入布袋。

(2) 初酱　将装好菜坯的布袋放入缸中，每 100kg 菜坯用 100kg 酱过菜的回收酱进行初酱，初酱时每天翻缸 1 次，酱 20 天后取出，沥去老酱卤准备复酱。

(3) 复酱　复酱采用混合酱进行酱渍，每 100kg 混合酱用甜酱 75kg，酱油 25kg 混合而成。100kg 菜坯用 100kg 混合酱进行复酱，复酱时每天翻缸 1 次，20 天后即可成熟。

成品储存于阴凉通风处。100kg 鲜黄花菜出 33kg 酱黄花菜。

六、其他酱渍菜

(一) 天津甜酱八宝菜

1. 原料配比

苤蓝丁 40kg，黄瓜条 30kg，茄丁 4kg，藕片 5kg，瓜丁 4kg，细豆角 8kg，姜丝 1kg，果仁 8kg，天然面酱 75kg，青花椒 1kg。

2. 工艺流程

原料处理→浸泡脱盐→酱渍串袋→成品

3. 操作要点

(1) 原料处理　将苤蓝切成橡头形丁，要求 0.5cm×0.5cm×1.5cm。黄瓜切成柳叶形条，两头宽 0.2cm、中宽 0.75cm、长 4cm。茄子切成三角丁，底宽 1cm，高 1cm，厚 0.75cm。整藕切为四开，切成 0.3cm 厚的片。瓜切成橡头形丁，0.6cm×0.6cm×1.4cm。细豆角，要求最细的，切成 1.5cm 的段后腌制。姜切成 1.5cm 长的细丝。果仁煮后去皮。

(2) 浸泡脱盐　将上列 7 种菜料掺拌均匀后入缸，用清水浸泡除去咸味，前后共 3 次。第 1 次菜料 100kg 加水 250kg，浸泡 24h；第 2 次用水与第 1 次相同，浸泡 24h；第 3 次菜料 100kg 用水 200kg，浸泡 12h。捞入筐内控 2h，再掺入果仁装布袋，每袋约装 3kg，装袋后用细绳把袋口扎严。

(3) 酱渍串袋　先下入缸内 20kg 天然面酱，再将装好的菜袋码入缸内，一层菜袋一层酱，菜袋及酱全部入缸后，用耙串均匀。从入缸之日起，每天串缸 5 次，时间在早 8 点、11 点，下午 2 点、5 点、8 点适宜，串扒时一定要把缸内的菜袋串彻底，上面的菜袋要串到下面去，下面的菜袋要串到上面来，以便酱汁能更好地浸入菜内。冬季酱渍 10 天，秋季 7 天即为成品。

用原来的酱把成品抹平，封严，冬季存放 50 天，夏季存放 30

天，如存放期过长，原口味即要变化，口发软，无鲜味。

100kg 脱水咸坯出 90kg 成品。

（二）扬州酱什锦菜

酱什锦菜系扬州酱菜的代表作，是扬州酱菜色、香、味、形独特风味的具体体现。酱什锦菜是由各种腌制好的蔬菜咸坯配合而成，对鲜菜的品种、规格、质量、采收时间要求十分严格，鲜菜质量好，咸坯质量才会好。什锦菜对咸坯具体要求是，选用色泽青翠的乳黄瓜，剔除籽瓜、小黄瓜等不合规格的原料；选色黄、有皱纹的萝卜头，剔除黑疤、空心，剪去毛须及根蒂；选取直径 1.5cm 以上的笋段，剔除黑疤、空心，削去锈斑及老茎；选质地紧脆的菜瓜，切去根蒂，剔除地斑、老瓜和瓜子；生姜选较嫩的子姜，去净姜皮，剔除老姜及瘟姜；选色红艳的胡萝卜，剔除青头及黑疤；选质地紧脆的大头菜，削去青头及老茎；选色黛、肥嫩、三个圆环以上的宝塔菜，剔除地藕。

1. 原料配比

原料以咸坯计，乳黄瓜 20kg，萝卜头 15kg，莴笋 16kg，生姜 5kg，宝塔菜 3kg，菜瓜 14kg，萝卜 13kg，大头菜 14kg，甜面酱 100kg。

2. 工艺流程

腌制好的各种咸坯→切制→脱盐→脱水→酱制→成品

3. 操作要点

（1）切制　切制是制作什锦菜的关键，扬州酱什锦菜不用果料，完全是利用蔬菜咸坯切制后的不同造型，来体现各种菜的特色与综合后的风味，因而对切制时的加工十分讲究，形状要求也各不相同，刀工不仅影响美观，而且影响风味。

形状要求如下。

乳瓜片：要求切成四片，剔除发黄的。

萝卜角；三角形，要求每块都有皮。

甜瓜丁：四方形，将菜瓜切片开条后，切成立方形。

菜瓜丝：长丝，要求每条瓜丝都带皮，切制时先切成鱼鳞片，再切丝。

红丝（胡萝卜丝）：长丝，要求色红艳，先切片（红片），后切丝。

芥片（大头菜片）：方片，先切成片形，然后改切成小方片。

芥丝（大头菜丝）：长丝，先切成芥片，然后切长丝。

莴笋片：圆片，切成厚薄均匀的圆片。

姜片：片形，切成厚薄均匀的扇牙形。

宝塔菜；自然形态，不得有根须。

以上造型除宝塔菜外，全部系手工切制。规格要求见表 3-1。

表 3-1 规格要求

品名	形状	规格/cm	数量/(个数/50g)
乳瓜片	圆片	0.6×1.5	40～50
萝卜角	三角形	1.0×1.0	50
莴笋片	圆片	1.5×0.2	30～40
菜瓜丝	长丝	0.4×8.0	70～80
甜瓜丁	四方形	1.0×0.9	40～50
红片	斜方片	0.3×1.5	75～85
红丝	长丝	0.3×8.0	100～110
芥片	方片	0.3×1.5	80～90
芥丝	长丝	0.3×8.0	100～110
姜片	牙片	1.5×0.2	30～40
宝塔菜	自然形态		

什锦菜配比要求杂而不乱，各种块形都要能显现，同时又要色彩分明，既要达到鲜、甜、嫩、柔、良、适口，同时又要体现色、香、味、形风味突出，所以菜坯搭配比例十分重要。具体比例为乳瓜片 20%、萝卜角 15%、莴笋片 16%、菜瓜丝 6%、菜瓜丁 8%、胡萝卜片 8%、胡萝卜丝 5%、大头菜片 8%、大头菜丝 6%、生姜片 5%、宝塔菜 3%。

（2）脱盐 将乳瓜片、莴笋片、菜瓜丝、甜瓜丁、姜片、芥片、红片按比例放入缸中，用清水漂洗脱盐，红片后放，浸泡时间短一点，经脱盐后的菜坯装袋脱水。

（3）脱水　装袋后的菜坯堆叠压干水，堆叠3～4h调头1次(上下位置对换)。将水控尽，每袋约装菜坯12kg左右。

（4）酱制　将经过脱盐、脱水后的菜袋抖松，入缸进行初酱。每缸放12条菜袋，初酱用已酱过1次菜的二酱，酱渍4～6天，每天翻缸捺袋1次。菜袋起缸后堆叠于缸沿上，4h调头一起，控尽二酱卤。待卤干时，把袋内的菜坯倒入缸内，加拌红干丝、芥丝、萝卜角，再装袋入新鲜稀甜酱中，进行复酱。每100kg菜坯，用新鲜稀甜酱100kg，每天翻缸捺袋1次，直至成熟。复酱一般7～10天，视季节而定。

酱什锦菜的风味，不仅决定于咸坯的质量，而且决定于甜面酱的质量与风味。复酱主要是吸收甜酱中的甜鲜味及酱的风味，每天要翻缸捺袋，使酱与菜汁互相渗透，以达到酱菜鲜、甜、脆、嫩。在这个阶段酱与菜汁相互作用，捺缸时不但要将菜袋上、下翻匀，而且要将菜袋内的气体压出来。袋内的气体是由于微生物生长繁殖过程中产生的，如不将气体压出来，就会妨碍酱与菜体的接触，从而不仅影响渗制的速度，而且会影响酱菜的风味。

切制好的什锦菜咸坯，如一时不用，必需放在盐卤中保养，否则影响脆度。酱渍成熟的酱什锦菜如暂时不销售，应把袋埋于酱中，以免引起菜体的败坏。

100kg混合咸菜坯出成品85kg。

（三）甜酱合锦菜

酱合锦菜是山东酱菜的代表产品之一，已有300多年的历史。酱合锦菜与南方酱什锦菜相比，在配料、生产工艺、成品形态、产品风味等方面都有较大的区别。

1. 原料配比

咸苤蓝30kg，咸菜瓜20kg，咸莴笋15kg，咸花生米20kg，咸核桃仁5kg，咸杏仁5kg，咸生姜3kg，橘皮2kg，甜面酱100kg，白糖8kg。

2. 工艺流程

咸坯→切制→脱盐→脱水→配料→装袋→酱渍→翻袋→糖渍→成品

3. 操作要点

(1) 切制、脱盐　选择鲜嫩无冻伤之半成品菜坯。将咸苤蓝、咸菜瓜、咸莴笋切成 $0.7cm^3$ 的正方形丁；咸生姜切成 0.1cm 宽的细丝；橘皮切成 0.2cm 宽的丝；咸核桃仁切成小块。把切好的咸坯置清水中浸泡脱盐，每 10h 换清水 1 次，共换 3 次水。浸泡过程中每隔 2h 要翻动 1 次菜，使其脱盐迅速。然后捞出，装入竹筛或布袋中，叠压脱水。

花生仁、杏仁经浸泡、烫漂后，脱去外层红皮，100kg 加食盐 3kg 轻腌 2h，沥去表层浮盐水。

(2) 酱渍、糖渍　将咸菜坯、花生米、杏仁、核桃仁等按比例拌和均匀，分装入布酱袋或丝酱袋中，每袋装 5kg，入甜酱中酱渍。每天上、下午翻袋 1 次，并开袋拌菜、排气。连续操作 2 周后，将菜倒出袋，拌上白糖，糖渍 48h，即为成品。

(四) 酱汁八宝菜

用酱汁制作酱菜是一种生产酱菜的新工艺，较老法酱菜工艺生产周期缩短了，简化了工序，降低了成本，产品质量也较为稳定。且卫生条件好，减轻了工人劳动强度。

1. 原料配比

咸秋苤蓝 40kg，咸秋黄瓜 15kg，咸藕片 10kg，咸细豆角 5kg，咸扁豆 4kg，咸洋姜 5kg，咸地环 8kg，咸莴笋 5kg，咸蒜苗 4kg，生姜 2kg，杏仁 2kg，天然面酱 100kg。

2. 工艺流程

酱汁制备 ↓（至酱渍）

咸坯→挑选→改制→过磅→脱盐→压榨→酱渍→成品

3. 操作要点

(1) 咸坯挑选　咸坯出池，挑选脆嫩、保持其正常风味和颜色的合格菜坯，要求无空心、老筋，无霉烂变质、异味。如黄瓜要求绿色。

(2) 改制　除咸地环外，按要求将咸坯分别切成各种形状。将咸秋苤蓝切成厚2～3mm的梅花形，咸秋黄瓜切成薄三角片，咸细豆角切成2mm的长条，咸扁豆切成每边为1cm的等边三角形，咸洋姜切成3mm的薄片，咸莴笋切成每边2～3cm的薄片，片厚2～3mm，咸蒜苗切成2cm的长条，生姜切成1mm左右的细丝。切制出来的各种形状要整齐、美观，大小一致，不合格的部分要去掉。杏仁放在开水中热浸，然后脱皮。

(3) 脱盐、压榨　按比例要求将改制后咸坯分别过磅，倒入脱盐机内，加入1.5倍的清水，开动脱盐机的搅拌装置，使菜坯上下翻动，达到清洗、脱盐、拌匀的目的。八宝菜所用原料都是碎菜，搅拌时间不宜太长，一般搅拌1.5～2h。脱盐时间随水温的变化而改变，如水温高脱盐时间可缩短一点，反之要延长脱盐时间。菜坯的含盐量也随季节不同而有所增减，一般夏季菜坯含盐量为10%～12%，冬季菜坯含盐量为6%～8%。搅拌结束后，打开放水阀把水放掉，再打开脱盐机的排菜口，使菜直接流入压榨机的榨箱，压榨1h左右，榨至菜坯内水分失去40%。

(4) 酱汁制备　采用石压控淋法，将天然面酱装入面袋中，捆严袋口，放在缸内控架上。布袋放满后，压上盖和重石，利用重石的压力进行自然压榨，酱汁逐渐从面袋中渗出流入缸内。压榨24h后，100kg面酱可得头淋酱汁50kg。头淋酱汁中各种成分含量高，称为厚酱汁，用于生产高档酱菜。

淋过头遍的酱渣中加入三淋酱汁80kg，调匀装入布袋，放在空缸控架上，布袋放满后，压上盖和重石，24h可得二淋酱汁70kg，二淋酱汁用于生产中档酱菜。

淋过2遍的酱渣中加入13°Bé盐水160kg，如上操作，24h可压控出三淋酱汁140kg，三淋酱汁用于控淋头淋酱渣。

压出的酱汁必须加温消毒，80℃，保温10min，如果长期储存须加适量的防腐剂。淋出的酱汁数都以100kg面酱为基数。

(5) 酱渍　将已脱盐脱水处理好的咸坯菜、杏仁及生姜丝等放酱汁中酱渍7～10天，夏季可缩短到5天。在酱渍过程中搅拌2～3次。浸泡结束后即为成品。

(五) 上海精制什锦菜

1. 原料配比

大头菜丝25kg，尖辣椒3kg，青萝卜丝15kg，生姜丝3kg，红干丝15kg，甜面酱酱油50kg，白萝卜丝14kg，甜面酱30kg，乌笋片10kg，白砂糖4kg，生瓜丝或丁5kg，糖精15g，大响萝卜丁5kg，味精0.1kg，地姜片5kg，苯甲酸钠0.1kg，宝塔菜5kg。注：原料均系已腌制的咸坯半成品。

2. 工艺流程

咸坯制品→挑选→切制→漂洗→压榨→初浸→装袋→酱渍→复浸→加料→过磅→包装→入库

3. 操作要点

(1) 挑选、切制　咸坯起池后，先挑选后切制。要求咸坯脆嫩不酥，不空心，不花心，无老筋，无虫斑，无根须，无异味，保持每个品种的正常风味特色。大头菜、青萝卜、红干、白萝卜要求个头大，丝条长，颜色分别要求为红艳、青翠、白亮；大响萝卜要晒得干、香味足；乌笋白肉、青肉均可，但要保持原有的淡黄、深绿颜色，包光发亮；尖辣椒要求小、嫩、连柄的辣线。除宝塔菜、尖辣椒不必切制外，其余品种按不同要求分别切制成丝、丁、片，要求粗细、大小、厚薄均匀。丝的粗细一般为1～1.3mm；丁的大小在2mm左右，片的厚薄为2mm，直径在1.5cm以内。地姜片外形可以不规则，长方形的螺丝纹以长3mm、宽1cm、厚2mm为宜。刀具要锋利，使得切制的产品光亮，不发毛、细软、轻捏不断；机器切制的要将碎屑、形状不规则、大小厚薄不合格的拣掉。

(2) 漂洗、压榨　切制咸坯后，将生姜丝除外的10个品种的原料按照配比的数量，分别过磅，再集中放在缸内，用1∶1的清水漂洗1～2h，用笊篱上下翻动，起到清洗、漂淡、拌和的作用。

因为丝细、粒小，漂洗时间不宜太久。气温在10℃以下，浓度达到6～8°Bé即可；气温在10℃以上，浓度要求达到10°Bé；气温在20℃以上，其浓度要求达到12～14°Bé。漂洗后用笊篱捞出，沥去水分和碎屑，放进榨箱，压榨1h左右，压到占榨箱50%～55%的程度出榨。

（3）初浸、酱渍　出榨撬松后，先放在回笼甜面酱酱油内初浸24h，第2天起缸装布袋，袋的容量不要太大，以7.5kg左右为宜，扎好袋口。放在天然发酵制成的老甜面酱酱缸内浸渍3天，每天上下翻动2次，促使均匀浸透。切制后的生姜丝先用1∶1的清水漂洗，漂洗时间、咸度要求与其他品种相同。沥干水分，用烧开的原汁甜面酱酱油按1∶1的比例烫浸1h，然后与其他10个品种拌匀，合并装袋。

（4）复浸、加料　从酱缸内捞起出袋后，按比例倒入加过白砂糖等所有辅料的酱油内复浸，每天上下午撬动2次。复浸用的酱油约需70kg，其中原汁甜面酱酱油50kg。酱油和成品的咸度因气温的变化而异：气温在10℃以下，成品的咸度要求氯化钠含量在10%左右，复浸用的酱油掌握在11°Bé；气温在10～20℃之间，成品的咸度要求达到13%，酱油咸度需13～14°Bé；气温在20℃以上，成品的咸度必须达到10%左右，要求酱油咸度为15°Bé。复浸36h后，出品率为105kg。复浸36h，产品成熟后即可过磅、装瓮、入库、出厂。

（六）商丘酱虎爪

酱虎爪以高粱或玉米的侧根芽（也叫虎根芽）为原料。一般是利用6月后高粱、玉米地间苗时拨出的根芽，或者选用连续阴雨天无法生长而拨出的根芽，也有专为加工腌制而包产种植的根芽，但产量不大。酱虎爪是商丘地区的一个独特产品。

1．原料配比

以成品50～60kg计，鲜嫩高粱或玉米根芽100kg，8～10°Bé过量盐水，甜面酱100kg。

2. 工艺流程

鲜原料→清洗→浸泡→翻缸→装袋→酱渍→翻缸→成品

3. 操作要点

(1) 清洗　把高粱、玉米的根芽用清水洗净。

(2) 浸泡　用8～10°Bé过量盐水浸泡，缸口要上篾压实，翻缸2～3次，6～7天后成熟，捞出脱卤。

(3) 酱渍　把脱卤后的虎爪，装入布袋，入缸，用头酱、二酱(3∶7)混合甜面酱酱渍。翻缸2～3次，30天可出成品。

(七) 湖南茄干

湖南茄干可以各种茄子为原料，但以紫色茄子为佳。要求原料皮薄、肉嫩、种子少、味鲜、无虫蛀、无伤疤。

1. 原料配比

鲜茄子1000kg (半成品咸茄干100kg)，食盐53kg，咸红辣椒15～20kg，豆豉35～40kg。

2. 工艺流程

整理→沸煮→切瓣→第1次晾晒→盐渍→第2次晾晒→咸茄干→浸泡→切碎→拌辅料→装坛→成品

3. 操作要点

(1) 预处理　按原料要求进行选料，切去茄柄及叶片，洗净。食盐研碎，红辣椒要用食盐腌过。

(2) 蒸煮　先把锅里的水煮沸，再将茄子放在锅里，盖上锅盖，待茄子皮变成深褐色、柔软，立即捞出，散热。

(3) 切瓣　散热后，把茄子劈成2瓣，在每瓣上用刀划成3～4小瓣，但瓣相连。

(4) 第1次晾晒　将切瓣的茄子一个个地摆在晾晒台上，使茄子的剖面朝上，进行日光曝晒。晾晒1天，待茄子散热后即可盐渍。

(5) 盐渍　每100kg茄子用盐5kg。盐渍时将食盐撒在茄子的剖面上，揉搓均匀，使食盐全部沾在茄瓣上，把茄子的剖面朝上一层层地铺在缸（盆）内，一直铺到茄子高出盆口 3～4 层，使缸（盆）中央凸出为止，盐渍 24h。

(6) 第 2 次晾晒　将腌渍过的茄瓣一个个地摆在晾晒台上，日光曝晒。每隔 4h 翻晒 1 次。翻晒时，茄子下面如果有水，应用干布擦干。曝晒 2～3 天，待茄子颜色变黑，能够折断时，即为半成品。

(7) 浸泡、切碎、拌辅料、装坛　将半成品茄干放在盐水里浸泡 20min（每 100kg 茄干加 3kg 盐），使它吸水膨胀而柔软，捞出，晒去表皮浮水。再将茄干切成 5cm 长、2cm 宽的块，加进腌过的咸红辣椒（咸红辣椒切 1cm 见方小块）、豆豉等辅料，搅拌均匀后，逐层装入坛中，捣实。装满后，在坛口盖上一个菜碟一样的盖，坛口周围的水槽里灌上水，最后，把扣碗套过坛口，扣在水槽中，坛内的菜与坛外的空气隔绝。经 15 天发酵，茄干即为成品。

1 年内茄干不会变质，越存风味越好。但要储藏在阴凉的房子内。坛口外水槽里的水经常保持一定的量，不能干枯，同时应当经常换水，保持清洁。取菜或换水时切勿将格中水滴入坛内，以免引起菜体腐败变质。

(八) 甘草苦瓜

1. 原料配比

制苦瓜干坯：鲜白苦瓜 100kg，食盐 5kg，明矾 0.4kg。

制成品：苦瓜干坯 100kg，开水 100kg，紫苏粉 1kg，甘草粉 3kg，红辣椒酱 15kg，糖精 50g，苯甲酸钠 100g。

成品上粉：干辣椒粉 500g，甘草粉 800g，紫苏粉 400g。

2. 工艺流程

鲜白苦瓜→制苦瓜干→苦瓜干上卤→上粉→成品

3. 操作要点

(1) 制苦瓜干　先将新鲜白苦瓜切去两头，直剖 2 块，挖掉瓜瓤和籽，切成 5cm 长的条块，及时放入沸水中烫漂 1min，急速捞入冷水缸内浸泡冷却，换冷水 1 次，浸泡 6h，捞起沥干。放入缸内加食盐 5kg，一层瓜一层盐，上层盐多，下层盐少，4h 后连同盐水转缸 1 次，再隔 4h 上木榨，榨去部分水分。晾晒成干（每 100kg 鲜苦瓜晒成苦瓜干 6～7kg），即为苦瓜干。

(2) 苦瓜干上卤　将沸水 100kg 倒入缸内，将紫苏粉、甘草粉放入缸内搅拌均匀，冷却后再加入红辣椒酱和糖精、苯甲酸钠，搅拌均匀，即成卤水。将苦瓜干坯 50kg 分次放入木盆（木盆斜放），再将卤水撒在干苦瓜坯上，用竹耙子耙均匀后，将苦瓜干耙至木盆上斜面处，沥出卤水，再拌第 2 次，务使苦瓜干吸收卤水均匀，12h 后，再晾晒至八成干。

(3) 上粉　将干辣椒粉 500g、甘草粉 800g、紫苏粉 400g 调和均匀，撒在晾晒八成干的苦瓜片上，反复搅拌，使之均匀，即为成品。

第三节　酱油渍菜

一、根菜类酱油渍菜

(一) 嘉兴萝卜条

嘉兴萝卜条采用腌、漂、榨、卤等多道工序制作而成，具有甜、爽、清脆及微带酱香的特点。

1. 原料配比

制咸萝卜条：鲜萝卜 100kg，食盐 16kg。

制成品：萝卜条榨坯 100kg，配制酱油 15kg，白糖 3kg，60°白酒 500g，味精 290g，糖精 50g，苯甲酸钠 100g。

2. 工艺流程

鲜萝卜→初腌→复腌→挑选→切条→漂洗→扬松→上榨→出榨→落料→翻缸→装袋→装箱→成品

3. 操作要点

(1) 原料要求　鲜萝卜选用海宁产半长种，要求新鲜，无霉烂变质，无空心、黑心等情况，同时不准有柴油污染，在货源缺乏的情况下也可用长萝卜加工，但需精工细作。

(2) 初腌、复腌　鲜萝卜采用二次性用盐腌制，第1次每100kg萝卜用盐6～8kg；5天后翻池复腌，用盐8kg，复腌后卤水浓度要求达15～16°Bé，20天后可加工成品。

(3) 挑选、切条　挑选外观质量好的咸坯进行拔淡，修清斑疤，剔除小萝卜、头子空心片，切条要求条长6～11cm，截面近似方形，边宽1～1.2cm，剔除切条中不合格的边条。

(4) 漂洗　制备熟水，即经100℃烧开后冷却待用。每缸落料250kg，放水后将咸坯萝卜条撬松，漂洗2.5h。漂洗时间可根据咸坯咸度情况适当延长或缩短，以上榨后在翻榨时测定榨卤咸度达到以下浓度为标准：春节前加工的9～10°Bé；春节后加工的10～11°Bé。

(5) 扬松　上榨前30min再进行第2次扬松，使缸内萝卜条咸度一致。

(6) 上榨　一般每榨上萝卜条4缸(1000kg)，上榨中要固定榨码子及眼子，防止出榨率高低不一；要勤升榨，逐步压榨，上榨后约5h须翻榨。榨时必须做到榨底萝卜条全部翻匀。

(7) 出榨　出榨时每箩放榨坯50kg，分批送进包装间，100kg咸坯出榨率为33～35kg。

(8) 落料　按每缸125kg萝卜条榨坯称量落料，并按配比放入卤汁(配制酱油、味精、糖精和苯甲酸钠)，将萝卜条抄匀抄松，过5h再翻缸抄松，把卤浇在上面，以后每天翻2次，共3h时间。其中，苯甲酸钠需留出10%放在落料后的第4天用。

(9) 翻缸　第4天上午翻缸时，再按配比加入白糖、白酒和预先留出的10%苯甲酸钠(调入白酒内)，下午再翻缸1次，至第5天可包装。

(10) 包装　包装前工作人员要洗手，操作时需戴口罩和穿工作服，严格注意产品清洁卫生。塑料袋要逐个检查，剔除破损或漏气的。将萝卜条滤去卤汁，然后每袋准确称量6kg装袋，袋内掀实，充气后再密封扎口。

(二) 爽甜萝卜条

上海爽甜萝卜条采用早种“浙大”长白萝卜或上海郊区产的晚种长白萝卜为原料。长白萝卜，又称筒子萝卜，根圆锥形，下端渐尖，有颈，每个重0.5～1.5kg。味甜，水分较少。早种萝卜约在10月20日前后加工，晚种萝卜约在11月5日前后加工，加工要及时，避免冰冻、空心和花心。鲜原料进厂后要随到随加工，绝对不能积压。

1. 原料配比

鲜萝卜658kg，食盐105kg，味精200g，甜酱油20kg，糖精15g，白砂糖10kg，防腐剂100g，60°白酒0.5kg。

2. 工艺流程

鲜萝卜→选料→洗涤→初腌→翻池→抽卤→复腌→咸坯保养→挑选→切制→漂洗→压榨→拌辅料→翻缸→拌糖→检验→拌酒(白酒)→成品→装袋

3. 操作要点

(1) 选料、洗涤　萝卜要选择身条粗壮、表面光滑、无斑点、无黑心、无灰心、无开裂、无八脚、不烂、不断头的。剔除杂物及杂草，放在清水里漂洗干净，沥干备用。

(2) 初腌　每只4m^3 (2m×2m×1m) 的水泥池以初腌鲜萝卜3000kg计算，第1次用盐8% (240kg)，每批经过洗涤入池的萝卜要摊平后再加盐，加盐原则是下部20%，中部30%，上部50%。数量加满后。池面先用竹片压平成篱笆状，再均匀地压上每块约50kg的石头9块。第3天进行第1次翻池，先将上半池的萝卜（见卤为止）翻入空池内摊平，再将下半池的萝卜捞在上面，摊平，将卤水和未溶化的盐粒也一并均匀地移过去，加在池面上，最后加压竹片石块。到第5天进行第2次翻池，方法与第1次相同，但要先压竹片、石块，再加卤水。

(3) 抽卤、复腌　复腌前要先压掉初腌的卤水。方法是在空池的池底放上竹木架子，让池底架空。第 7 天先把初腌萝卜翻入，分批排齐排紧，上面放竹片，压石头 40 块（每块 50kg）。用泵将竹木架下面的卤水抽尽。第 8 天上午复腌。把空池洗净，将压掉卤水的萝卜重新过磅，以初腌相同方法将入池萝卜逐批摊平加盐，仍以每 100kg 鲜原料加盐 8%的标准计算用盐，下面少，上面多，封面盐留 35%。池满后，四周用光洁蒲包排紧，放上竹片，均匀压石头 12 块（每块 50kg）。两周后测量盐卤浓度（一般应保持 17°Bé），并观察质量。

（4）咸坯保养　萝卜是一季腌制全年加工，为保证咸坯质量，半年内使用的，池面必须不脱卤；半年以后使用的，为便于长期储藏，必须用泥封池。复腌 20 天左右，将池面上的卤水抽干，使池面上的萝卜无卤水。搬去石头、竹片、蒲包，将四周萝卜拉平，中间略高，再放上蒲包、草包，四周塞紧，加干泥土 400kg，把泥拉平、踏实，3 天后再重踏 1 遍。封泥以后，要定期检查，保持草包被卤水浸湿，发现卤水下降，要及时加卤，防止萝卜咸坯脱卤变质。池面防止淋入生水而降低卤水咸度，不使卤水发混，发霉、发黑而影响咸坯质量。

（5）挑选、切制　要使成品在色、香、味、脆、形五个方面都达到质量标准，须在成品加工的各道工序都有专人负责质量的检查。咸坯必须光滑而呈黄或白色，无霉花，无泥、无杂质。将萝卜表面的根须拔净，然后切成长 10～11cm，宽 1.55～1.7cm 的条形，如发现有黑心、硬心、花心、空心的萝卜都要拣尽。

（6）漂洗、压榨　半成品挑选切制后，做好过磅记录。咸坯的浓度（卤水）一般在 17°Bé 左右，而成品的咸度（氯化钠含量）只要 6%～8%即可。所以要用水漂洗拔淡，漂洗时间视咸坯的咸度而定。漂洗后，测定咸度达到要求后，榨压去水分。按照成品含水量的要求，一般经过 12h 压榨，出品率达到 28%～30%即可。

（7）拌辅料　压干后的半成品要认真过磅计量。按配方将味精、糖精、甜酱油、苯甲酸钠一起搅拌均匀溶解后，将半成品逐渐浸入，并立即拌匀翻缸，以后每天翻 2 次。到第 5 天上午，再将白砂糖按比例均匀撒在萝卜上，当天下午再翻缸1次，隔天上午即可成熟。入缸拌料和翻缸时，每只缸都要加盖，把缸口、缸盖擦干净，用开水冲洗用过的容器。

(8) 装袋　成品检验合格后，用食用塑料袋包装，每6kg加入白酒25g，要边装袋、边撒酒、边封口，保持产品质量和香味。出口的规格，每袋6kg，每箱30kg，定量装木箱入库。

(三) 辣油萝卜丝

1. 原料配比

咸萝卜坯100kg，姜丝3kg，辣椒2.5kg，白糖18kg，芝麻仁10kg，桂花4kg，香油5kg，味精0.9kg，黄酒2kg，苯甲酸钠0.3kg，酱油50kg。

2. 工艺流程

咸萝卜坯→切丝→脱盐→脱水→卤渍→成品

3. 操作要点

(1) 切丝、脱盐、脱水　将咸萝卜坯切成细丝，倒入1.5倍水内浸泡2～4h，一般要漂洗2次，使坯含盐量8%。捞出后，压榨脱水，每100kg咸坯得到脱水萝卜丝25～30kg。

(2) 卤渍　将芝麻仁炒熟，不煳不苦；香油加热到100℃，然后放入辣椒炸成辣椒油；将酱油加热到100℃，加入白糖、苯甲酸钠溶化搅匀，制成糖卤。在制好的辣椒油、糖卤中，加入芝麻仁、味精、桂花、姜丝、黄酒等，搅匀后即成辅料。将脱水萝卜丝拌松，放入缸内，添加辅料，翻拌均匀。以后每天早晚转缸翻菜1次，7天即为成品。

(四) 五香萝卜丝

1. 原料配比

鲜白萝卜100kg，酱油20kg，水10kg，白糖1kg，白酒100g，香料粉100g，盐3kg。

2. 工艺流程

鲜白萝卜→切丝→晾晒→腌制→拌香料粉→装坛

3. 操作要点

先把鲜白萝卜加工成细丝，晒干，拣净，放入缸内。用3kg盐化成10kg盐水后，再加入酱油及其他各种小佐料，经混合搅匀后，晾凉，再倒入菜缸内，翻匀腌制。每2天翻1次缸。10天后，拌入香料粉，装坛即成。

（五）五香萝卜条

1. 原料配比

鲜白萝卜100kg，盐20kg，酱油10kg，香料粉300g，白酒200g。

2. 工艺流程

鲜白萝卜→腌坯→加工→成品

3. 操作要点

（1）腌坯　挑选重约250g的鲜白萝卜，洗净后放入缸内。12kg盐加水50kg化成盐水，倒入菜缸内，每隔3天翻1次缸，腌20天即成萝卜坯。

（2）加工　把腌成的萝卜坯切成月牙状，用石头压去一些水分。酱油10kg，加水1kg、盐8kg，搅拌均匀，煮沸晾凉，倒入菜缸，放入摊晒过的月牙形萝卜泡制。5天后，捞出萝卜，压去一些水分，摊晒1天，再投入原来的酱油汤内，泡3～5天。捞出，拌上香料粉、白酒，掺匀装坛，密封，20天即可食用。注意存放期间经常翻搅。

（六）辣萝卜条

1. 原料配比

鲜白萝卜100kg，酱油12.5kg，白酒125g，红辣椒粉187.5g，盐6kg。

2. 工艺流程

鲜白萝卜→清洗→腌制→切条→拌料→成品

3. 操作要点

（1）清洗、腌制　鲜白萝卜去根去顶后，洗净下缸。3kg盐加水18.7kg化成盐水，洒在上面，再撒3kg盐在菜上。第2天翻缸，以后3～5天翻1次缸，腌20～30天即为咸坯。

(2) 切条 把咸坯切成5cm长的筷子条，在冷水中拔淡1天，再用石头压1天，压去部分水。

(3) 拌料 把酱油加热煮沸，冷凉后加入白酒搅匀，拌入菜内，腌2天后，拌入红辣椒粉即成。

(七) 香甜萝卜条

1. 原料配比

鲜白萝卜100kg，酱油20kg，盐10kg，白酒200g，糖精200g，香料粉200g。

2. 工艺流程

鲜白萝卜→清洗→腌制→切条→拌料→成品

3. 操作要点

(1) 清洗、腌制 鲜白萝卜去根去顶，洗净下缸。5kg盐加水30kg化成盐水，洒在上面，再撒5kg盐在菜上。第2天翻缸，以后3～5天翻1次缸，腌20～30天腌成咸坯。

(2) 切条 把咸坯切成20cm长的筷子条，在冷水中拔淡1天，再用石头压1天，压去部分水。

(3) 拌料 把酱油加热煮沸，冷凉后加入糖精、白酒搅匀，拌入菜内，腌2天后，拌入香料粉即成。

(八) 桂花萝卜

1. 原料配比

鲜萝卜100kg，盐10kg，白酒200g，糖精200g，白糖3kg，桂花香精少许，酱油10kg，糖桂花300g。

2. 工艺流程

鲜萝卜→清洗→腌制→切条→拌料→装坛→成品

3. 操作要点

(1) 清洗、腌制 鲜萝卜去根去顶，洗净下缸。5kg盐加水

30kg化成盐水，洒在上面，再撒5kg盐在菜上。第2天翻缸，以后3～5天翻1次缸，腌20～30天成为咸坯。

（2）切条　把咸坯切成5cm长的筷子条，在冷水中拔淡1天，再用石头压1天去水。

（3）拌料、装坛　把酱油、糖精、白糖混匀，煮沸晾凉，加入白酒、糖桂花、桂花香精等，拌匀，装坛密封，随吃随取。

（九）寸金萝卜

1. 原料配比

白萝卜100kg，盐20kg，小磨香油3kg，酱油15kg，辣椒酱10kg，味精60g，糖精60g。

2. 工艺流程

白萝卜→盐渍→漂洗脱水→配料→拌料→保存→成品

3. 操作要点

（1）盐渍　把白萝卜（象牙白最好）洗净，切成如小拇指头一样大小的长条。20kg盐用60kg水化成盐水，同萝卜条一起下缸腌制。

（2）漂洗脱水　腌7～10天，把萝卜条捞在筐内，用清水冲一下，再用石头压1天，脱水。然后放入盆（缸）内。

（3）配料　把酱油、味精、糖精混在一起，煮沸灭菌，晾凉。

（4）拌料　将配料倒入菜内，搅拌均匀，存放1天，再拌入小磨香油、辣椒酱，翻2遍。

（5）保存　装在缸内，盖严，放在阴凉处，并经常用干净筷子搅匀，以防生霉。

（十）五香大头菜

1. 原料配比

（1）盐渍阶段　鲜大头菜100kg，食盐18kg。

（2）卤制阶段　咸坯100kg，酱油100kg，五香粉0.3kg，苯甲酸钠0.03kg。

2. 工艺流程

鲜大头菜→修整→盐渍→第1次晾晒→第1次卤制→第2次晾晒→第2次卤制→第3次晾晒→拌五香粉→成品

3. 操作要点

(1) 修整　将鲜大头菜剥去根须、尾根、叶基部，削去表皮后切块。

(2) 盐渍　削皮大头菜100kg、食盐18kg，层菜层盐腌渍。次日转缸翻菜1次，并将原缸内未溶食盐菜卤浇到菜面上。每隔2～3天转缸翻菜1次，经20天后并缸压紧，补入盐分为22°Bé的菜卤。

(3) 第1次晾晒　将菜坯移至芦席上晾晒，每天翻菜2次，3～4天晒至菜变形弯曲。

(4) 第1次卤制　将一半的酱油、苯甲酸钠及五香粉加入到酱油中，混合，搅拌均匀。将第1次晾晒的菜坯装进空缸内，灌入上述卤汁的1/2，每2～3天转缸翻菜1次，20天后捞出，沥去菜卤。

(5) 第2次晾晒　同第1次晾晒。

(6) 第2次卤制　将第2次晾晒的菜坯装进缸内，压实，灌入预留卤汁的一半及第1次卤制时剩余的卤汁，1个月后捞出，沥去卤汁。

(7) 第3次晾晒　同第1次晾晒。

(8) 拌五香粉　将预留的一半五香粉撒在处理好的菜坯上，翻拌均匀后，分层压紧在缸内，盖上薄膜，后熟半个月即成。

(十一) 玫瑰大芥

1. 原料配比

鲜大芥100kg，盐15kg，酱油15kg，白酒300g，黄酒100g，白糖500g，味精50g，玫瑰香精30g，玫瑰花30g，糖色6kg。

2. 操作要点

挑选重150～200g、个头圆整的鲜大芥，削去皮，切成上下十字连刀，下入盐水中泡几天，盐水量以腌没大芥为宜，捞出晒半干。在盐水中加入糖色（卤汤）3kg，加热至沸，放凉，倒入缸内，放入半干大芥，泡10天，当中翻缸1～2次，捞出再晒至半干。在老卤汤中再加糖色 3kg，煮沸，放凉，再倒缸内，再放入半干的大芥，泡 7 天，捞出晒至半干。将酱油 10kg 和黄酒、白糖混合后拌匀、煮沸，放凉，放入半干菜，浸泡 7 天。待把卤水吸完后，将酱油 5kg 和白酒、玫瑰香精、玫瑰花等拌入菜中，装坛密封。3 天后即可食用。

（十二）紫香大芥

1. 原料配比

鲜大芥 100kg，香料面 500g，糖精 20g，盐 15kg，白糖 150g，酱油 15kg，白酒 150g，糖色 2.5kg。

2. 操作要点

挑选重 300g 左右、长圆形的大芥，削皮后切成月牙形。10kg 盐加水 50kg 化成盐水，倒入菜缸内。腌 15～20 天，捞出，在席上摊晒至半干。加香料面、糖色于原盐水中，煮沸灭菌，倒入缸内。将半干的大芥放入，腌 8～10 天，每天翻 1 次，再出缸晒至半干。将酱油、白糖、糖精混匀，煮沸灭菌，晾凉，加入白酒。拌入已晒半干的菜，再放入缸内。每天翻 1 次，约 7 天把卤水吸完，即成，装坛存放，随吃随取。

（十三）辣芥丝

1. 原料配比

鲜大芥 100kg，酱油 20kg，糖色 1kg，白酒 100g，红辣椒面 100g，香料面 100g，盐 3kg。

2. 操作要点

将大芥洗净，切成细丝，晒干后约有干丝 12kg。拣净，放入缸内。将酱油、糖色、盐及水 20kg 搅匀，煮沸晾凉，除留下 4kg 作为拌小料用外，其余全部倒入菜缸内，及时掺匀，进行腌制。2 天后翻缸 1 次，20 天出缸。将白酒、红辣椒面、香料面与 4kg 盐水拌匀，倒在芥菜丝内掺匀，装坛即成，随吃随取。

二、叶菜类酱油渍菜

以腌香椿芽为例。

1. 原料配方

香椿 100kg，食盐 20kg，0.2%食盐水适量，0.5%氯化钙溶液适量，蔗糖 2.7kg，味精 0.27kg，酱油 1.4kg，醋 1.1kg。

2. 操作要点

(1) 清洗　挑选符合要求的椿芽（以芽色紫红、芽长 10～15cm，尚未木质化的嫩梢为宜），然后用清水冲洗干净。

(2) 热烫　在 90～95℃，0.2%的食盐水中烫漂 0.5～1min。

(3) 冷却硬化　将热烫后的香椿芽浸于 0.5%的氯化钙溶液中浸泡 20min，冷却硬化，然后捞出用清水冲洗。

(4) 腌制　将晾好的香椿芽按层菜层盐摆放，层与层之间不宜过厚，也不易太薄，加盐量为香椿的 20%，然后盖住容器口。

(5) 后熟　腌制 3 天后即可翻坛。约 1 周翻 1 次，共翻 3 次。约过 1 个月的后熟期，即为成熟的咸坯。

(6) 脱盐　将咸坯放到清水中漂洗 30min，使其含盐量降至 8%左右。

(7) 切段　据不同要求，切成不同长度的细段。注意尽量保留中间部分。

(8) 拌料、成品　按配方要求搅拌均匀，装坛密封即为成品。

三、果菜类酱油渍菜

(一) 蜜汁辣黄瓜

蜜汁辣黄瓜始产于 20 世纪 80 年代，是北京酱菜中的新产品。蜜汁辣黄瓜以幼嫩的咸黄瓜为原料，经切段、撤咸、脱水后加酱油、白糖、蜂蜜、辣椒等辅料浸渍而成。

1. 原料配比

咸黄瓜 100kg，回笼酱油 30kg，二级酱油 30kg，白砂糖 10kg，蜂蜜 2kg，糖精 15g，香油 1kg，辣椒糊 5kg。

2. 工艺流程

咸黄瓜→切制→脱盐→脱水→酱油浸渍→倒缸→出缸脱卤→酱油浸渍→倒缸→出缸脱卤→拌辅料→成品

3. 操作要点

(1) 脱盐　将咸黄瓜切成长 2cm 的黄瓜段，入清水撤咸。菜与水的比例为 1∶1.5。春、冬季撤咸 2 昼夜，中间换水 2 次，夏、秋季撤咸 1 昼夜，中间换水 1 次。换水办法，将菜坯捞入另一空缸（池）内，放入清水。撤咸后菜坯含盐量春、冬季为 6%，夏、秋季为 8%。撤咸后把菜装在干净的竹筐内互压脱水。3～4h 后，上下筐互相调换，再压挤 3～4h。

(2) 酱油浸渍　将脱盐菜坯入缸（池），用回笼酱油浸渍，每天倒缸（池）1 次。冬、春季浸渍 3 昼夜；夏、秋季 1～2 昼夜。第 1 次酱油浸渍后出缸（池）装筐脱卤，脱卤方法与第 1 次脱水同。脱卤后用二级酱油浸渍，每天倒缸（池）一次。二次酱油浸渍时间为，夏、秋季 1～2 昼夜；春、冬季 2～3 昼夜。二次浸渍后出缸（池），装筐压卤 2～3h。

(3) 拌辅料　添加白砂糖、糖精、香油、蜂蜜、辣椒糊等辅料，翻拌均匀，进行糖渍。每天倒缸 1 次，2～3 天后即为成品。

(二) 酱三仁

酱三仁以花生仁、杏仁、核桃仁为原料，经烫漂去皮后，用酱油浸渍而成。

1. 原料配比

花生仁 40kg，杏仁 30kg，核桃仁 30kg，酱油 50kg，味精 0.03kg，白砂糖 2kg，苯甲酸钠 0.015kg。

2. 工艺流程

酱油 ↓

果仁→预处理→装袋→酱油渍→成品

3. 操作要点

(1) 预处理

花生仁：用 3 倍重量、40℃左右的水浸泡花生仁 8h，捞出沥去余水，置水中漂洗除去红皮，然后入 100℃水锅中烫漂，其间不停搅动，使之受热均匀。经 3～4min 捞出，迅速浸入水中冷却。

杏仁：选取颗粒饱满、大小均匀、质量合格的杏仁，以当年产的甜杏仁为佳。先将杏仁置水中浸泡 24h，泡至表皮无皱纹，捞出沥去余水，再放入100℃水锅中烫漂约3～4min，捞入水中浸泡冷却。24h后捞出，搓掉表皮，再将去皮杏仁置水中浸泡5～6天，每隔24h换水1次，备用。

核桃仁：选择肥大饱满、无霉烂变质虫蛀、无哈喇味的核桃仁，以当年产的为佳。将干核桃仁掰成1cm左右小块，置水中浸泡24h左右（鲜核桃仁不浸泡），用竹针剥去外皮，再浸入冷开水中，备用。

(2) 酱油渍 将上述三种经预处理备用的果仁按比例装入布袋中。置于缸（池）内进行酱油渍。浸渍时每天翻动1次，7天左右即为成品。

四、其他类酱油渍菜

(一) 酱石花菜

酱石花菜以海藻类石花菜为原料，经复水、盐渍、造型、拌果仁、酱油渍制而成。

1. 原料配比

石花菜 100kg，花生仁 40kg，食盐 15kg，明矾 0.3kg，酱油 30kg，味精 0.75kg，苯甲酸钠适量。

2. 工艺流程

食盐、明矾
↓
花生仁→浸泡脱皮→烫漂
↓
石花菜→洗涤→浸泡→盐渍→造型→复洗→拌花生仁→酱油渍→成品
↑ 水（浸泡）
↑ 酱油、味精、苯甲酸钠（酱油渍）

3. 操作要点

(1) 石花菜预处理

洗涤：选择淡黄褐色，分枝纤细，泥沙少，不霉烂变质的石花菜。先抖掉石花菜中的泥沙，再用水漂洗2～3遍。

浸泡：将石花菜浸入饮用水中浸泡 12h 左右。捞出，沥净余水。

盐渍：在复水的同时，将定量的食盐和明矾溶解，注入浸泡水中。

造型：将石花菜截成长度 3～4cm 的小段。

复洗：再用水洗涤石花菜小段，务必洗净泥沙。

(2) 花生仁预处理

浸泡脱皮：浸入 2 倍清水中浸泡，同时按水的重量加入 5%食盐及 0.1%明矾，浸泡 12h，搓掉种皮，洗净，捞出，沥去余水。

烫漂：将花生仁置于 100℃沸水中烫漂 3～4min，以除去生花生仁气味，又不失脆度为度。捞出，立即浸在凉水中冷却至常温。

(3) 酱油渍　将味精、苯甲酸钠溶于酱油中，再倒入石花菜和花生仁，拌和均匀。每 6h 翻拌 1 次，24h 后即为成品。

（二）沈阳四合菜

1. 原料配比

苤蓝 100kg，芹菜 8kg，豇豆 8kg，大蒜 5kg，食盐 20kg，酱油 35kg。

2. 工艺流程

原料预处理→盐渍→加工切制→脱盐→控卤→酱油浸渍→倒缸→成品

3. 操作要点

(1) 盐渍

苤蓝：去皮洗净，装入容器中，层菜层盐、上多下少，100kg 苤蓝用盐 15kg。分别于第 2、第 4、第 7 天倒 1 次缸，以后每隔 1 个多月倒 1 次缸，置于阴凉干燥处，禁日晒。

芹菜：将鲜芹菜削根去叶，洗净切成 3cm 长的菜段，沸水中热烫 1～2min，再用凉水冷却，均匀拌入 15%食盐。3h 后装入容器内，压上石块。第 2 天翻倒 1 次，以后每隔 3 天倒缸 1 次，防止日晒。

豇豆：将鲜嫩的豇豆切去蒂把、洗净、控干，用16°Bé的盐水蘸一下，然后放于容器内，层菜层盐，每100kg用盐10kg，顶部压上石头。第2天翻缸倒菜1次，将盐卤撤出，再一层豇豆一层盐，用量为10kg。

大蒜：鲜蒜头100kg、食盐15kg。将大蒜去须根和鳞茎，放入缸中，层蒜层盐，装满缸后，加入17°Bé的盐水，没及菜体。第2天翻蒜，上下互换。每天操作1次，2周后蒜头自动沉底为止。鲜蒜入缸要昼夜敞开，20天后制成咸蒜。

(2) 酱油浸渍　将咸苤蓝、咸豇豆分别切成3～4cm的段或条，4种菜混在一起，用清水浸泡2～4h，换水2～3次。控干水分，入缸后投放酱油。第2天倒缸1次，4天后即为成品。

第四节　糖　醋　菜

糖醋渍菜是蔬菜咸坯经脱盐、脱水后，用糖渍、醋渍或糖醋渍的加工方法制成的酱腌菜品种。糖醋渍菜又分为糖渍菜、醋渍菜、糖醋渍菜三个类型。糖渍菜主要以食糖、蜂蜜为辅料，添加少量桂花、食盐等调味品制作而成。糖渍菜以甜为主，或甜而微酸、稍咸，如白糖大蒜、甜酸乳瓜、桂花糖熟芥等品种。醋渍菜是指用食醋浸渍而成的蔬菜制品，风味以酸为主，略带咸味，如酸藠头、酸笋等品种。糖醋渍菜则为使用食糖、食醋混合浸渍而成的品种，甜酸适口，别具一格，如甜酸藠头、糖醋酥姜、糖醋大蒜等品种。现将其生产工艺详述如下。

一、根菜类糖醋菜

(一) 扬州糖醋萝卜干

糖醋萝卜干属糖醋渍菜类，系扬州酱菜中传统优良名特产品之一，历史上曾获南洋物产交流会银质奖。原料选用扬州郊区所产之大头红萝卜，皮红而光滑，组织致密，水分低，糖分高，质脆嫩。

个头大，每个约重150g以上，农历霜降到小雪期采收腌制。经腌制加工后，再辅以糖、醋汁浸渍而成。产品具酯香浓郁、甜酸、艮脆、爽口之特色，有佐餐、开胃、助消化之功能，深受消费者的喜爱。

1. 原料配比

腌制阶段鲜萝卜100kg，食盐10～12kg。糖醋渍阶段：萝卜咸坯100kg，食醋70kg，白砂糖35～38kg。

2. 工艺流程

鲜萝卜进厂→洗涤→腌制→曝晒→烫卤→入缸→改制→晒坯→糖醋渍→成品

3. 操作要点

（1）腌制　鲜萝卜进厂后，首先洗涤干净，剔除空心、烂疤、黑斑等不合规格的，对切。按每100kg鲜菜用食盐10～12kg，层菜层盐，入缸腌制。每天翻缸转缸1次，根据气温调节加盐量及翻缸次数，如果温度较高，则每100kg菜加32kg盐，12h翻缸1次，即每天翻2次，温度低则每天翻1次，腌制3～4天起缸。

（2）曝晒　将经过腌制后的萝卜捞起，淋去卤水，均匀地摊在芦席或芦帘上，曝晒7天左右。每天用耙翻菜1～2次，使曝晒均匀，晒至卷边，将干坯入缸压紧，加封面盐，储存备用。

（3）烫卤　将腌萝卜的原卤澄清后，加热煮沸，冷却至70～80℃备用。

将经曝晒后的咸干坯放入缸中，分层烫卤，每层用篾衣隔开。根据季节、气温灵活掌握烫卤温度，一般夏季40～50℃。烫卤时间12～14h。

（4）改制　将烫好卤的萝卜，用刀进行改制铲片，即刀口向外斜批式的切制。将其切成不规则的、边沿较薄的、形似蒜瓣样的薄片，要求大小均匀，块块有皮。

（5）晒坯　将改制好的萝卜薄片放高架芦席上，晾晒至卷边，一般晒2～3天。然后漂洗脱盐，每100kg咸坯片用水120kg，漂洗约1h左右，捞起，沥干水分，再晒2～3天。第1次晒坯漂洗，是去掉烫卤中的咸涩味，以及萝卜本身的辛辣味，而盐分含量仍较高。第 2 次晒坯，是晒去脱盐后菜坯中的水分，使成干坯。

100kg 改制后的铲片，晒干后约得 35kg 左右。

(6) 糖醋渍　将食醋 70kg 放入锅内煮沸后，再放入白砂糖 35～38kg，不断搅拌，使其溶化，然后滤去渣质及浮沫，配制成糖醋卤备用。

糖醋浸渍方法有以下两种。

一种是将晒干的铲片装在缸内，上用生姜、老葱封口，然后灌满糖醋卤，不可使菜坯露出卤面，用黄泥封口，装缸要紧。此法较麻烦、产量低、劳动强度大，但香气好。

另一种方法是将晒干的铲片放在大缸中，加入配制好的糖醋卤，使干坯浸在糖醋卤中，每天检查翻拌，不使露出卤面，此法省力，产量大，但香气、风味不及缸内的好。100kg 咸干片，需糖醋卤 80kg。为了加速成熟，也可用热卤浸泡，但要掌握好气温及热卤温度，防止不脆。成熟期 1 个月。

大缸中浸泡的，到后期可以每隔 3～4 天检查翻拌脱卤勿使菜露在空气中，这样风味才能得以保持。100kg 咸干坯出 70～72kg 成品糖醋萝卜干。

(二) 甜辣萝卜干

甜辣萝卜干又名“糖辣干”，是北京酱腌菜畅销产品之一。以“二缨子”萝卜为原料，经挑选、洗涤、盐渍后，切成 1cm 宽厚的萝卜条，清水撤咸、脱水后，拌以白糖、辣椒糊制作而成。二缨子萝卜也叫京萝卜、象牙白萝卜，长 12cm 左右，直径 2～3cm，皮、肉洁白，质坚实、艮脆。根据北京地区的情况，二缨子萝卜主要用于小酱萝卜、甜酱萝卜和甜辣萝卜干。个头均匀的萝卜用于生产酱萝卜，个头太小或过大的萝卜用于生产甜辣萝卜干。但无论个头大小，都要不糠不烂，质地艮脆。

1. 原料配比

咸萝卜 100kg，白砂糖 20kg，辣椒糊 6kg。

2. 工艺流程

咸萝卜→洗涤→切制→脱盐→脱水→糖渍→倒缸→成品

3. 操作要点

(1) 洗涤、切制　将咸二缨子萝卜削净根须，清水洗净，切制成1cm宽厚的萝卜条，长度则根据萝卜的长短而定，一般在10cm左右。过长的萝卜可切成两段。

(2) 脱盐、脱水　将切好的萝卜条入清水脱盐。倒入2倍于萝卜条的清水，浸泡24h，中间换水1次。脱盐后的萝卜条含盐量为6%～8%。脱盐后将萝卜条捞入压榨机，挤压脱水。脱去水分40%～50%。

(3) 糖渍　将出榨后的萝卜条入缸糖渍，按比例添加白砂糖、辣椒糊，翻拌均匀。每天上下午各倒缸1次，边倒缸边翻拌，务使糖、辣椒糊均匀。3～5天后即为成品。

(三) 糖醋盘香萝卜

糖醋盘香萝卜是中、低档酱腌菜，以洁白色、皮细嫩的白萝卜为原料，经盐渍、切制、撤咸、脱水后，添加食醋、糖精等辅料浸渍而成。

1. 原料配比

(1) 盐渍阶段　白萝卜100kg，食盐16kg。

(2) 醋渍阶段　咸萝卜坯100kg，食醋25kg，糖精15g。

2. 工艺流程

(1) 盐渍阶段　白萝卜→去根须→洗涤→盐渍→倒缸（池）→封缸（池）→咸坯

(2) 醋渍阶段　咸白萝卜→洗涤→切制→脱盐→脱水→醋渍→倒缸→成品

3. 操作要点

(1) 盐渍阶段　将鲜白萝卜去掉根须、叶，清水洗净，入缸（池）盐渍。每100kg白萝卜用盐16kg，层菜层盐，下少上多。缸（池）装满后，添加原腌菜卤20%（按萝卜数量）。次日开始倒缸

(池)翻菜，每天倒缸(池)翻菜1次。如用池腌渍，亦可使用循环抽卤浇淋，每天抽卤浇淋1次。1周以后，改为隔日倒缸(池)或循环抽卤浇淋1次。从入缸(池)算起，3周后即可封缸(池)储存备用。

(2) 醋渍阶段　将咸白萝卜加工整理，清水洗净，斜刀两面切制，菜片0.5cm，菜片连接不断。入清水脱盐，脱盐后萝卜含盐量在6%左右。捞入干净的竹筐，两筐互压脱水，压3～4h，上下筐互换1次。再压3～4h，即可入缸(池)醋渍。按配比添加溶解的糖精水和食醋(糖精先用水溶化与食醋混匀)。每天倒缸(池)1次，共倒缸(池)5次。倒缸时注意轻拿轻放，5～6天即为成品。

(四) 桂花糖熟芥

糖熟芥是熟制酱腌菜品种，用文火焖煮而成。北京糖熟芥，已有100多年的生产历史。其原料选用京郊马驹桥种植的“两道眉”芥菜头，蒸煮时延用老卤，因此始终保持独特风味。

1. 原料配比

去皮咸芥头100kg，白糖25kg，桂花1kg。

2. 工艺流程

咸芥头→选料→削皮→切口→浸泡→控水→入锅→加糖卤→蒸煮→出锅→加桂花→成品

3. 操作要点

(1) 选料、削皮　选用个头均匀、无空心、无软腐、每个重约200～250g的优质咸水芥，削皮。削皮薄厚要适度，去皮太薄会影响质量，去皮过厚则出品率低，加大成本。一般去皮率为20%～25%。

(2) 切口　将去皮后咸芥头切竖口3～4道，切口的深度为芥头的2/3。

(3) 浸泡　将加工好的芥头入清水撤咸，冬、春季撤咸3昼夜，夏、秋季撤咸2昼夜，每天换水1次，捞出控水2～3h。撤咸后芥头的含盐量为6%～8%。

(4) 蒸煮　入锅焖煮，锅内添加原有的老卤，开始武火，开锅后添加白糖，并改烧文火。约3h后，至锅内芥头用竹筷子容易穿过时，即可陆续出锅。一般采取用竹筷子逐个穿试、逐个出锅的办法，以达到产品软而不碎的要求。

(5) 成品　芥头出锅后，仍用原卤浸渍，添加桂花，1～2昼夜即可出售。出品率75%（按去皮芥头计算）。

4. 注意事项

生产糖熟芥时，关键在于掌握“火候”。

① 开锅以后，必须改烧文火，否则就达不到软而不碎、表皮有核桃纹的要求。

② 注意掌握陈年的咸芥头和新腌的芥头煮的时间，因陈芥头“吃火”，不易煮软；新芥头则容易煮软。

③ 熟芥出锅添加桂花后，应在原卤中浸渍1～2天方可出售，以达到其浓郁的风味。

（五）济宁糖醋萝卜干

1. 原料配比

腌制阶段：鲜五缨萝卜50kg，盐5kg，5°Bé盐水适量。

拌料阶段：咸萝卜坯50kg，五香粉300g（五香粉的比例为花椒84.89%，桂皮、小茴香和大茴香各5%，丁香0.11%），黄酒1kg。

糖醋渍阶段：五香萝卜干50kg，白糖20kg，食醋30kg。

2. 工艺流程

鲜五缨萝卜→切瓣→腌制→晒制→脱盐→晾晒→拌料→封坛→切分→糖醋渍→成品

3. 操作要点

(1) 选料　选用小顶大肚、嫩脆不空心的五缨萝卜，以秋季萝卜为好。

(2) 腌制　将鲜五缨萝卜切成2瓣，放入腌缸中，每50kg萝卜加盐 5kg。第 2、第 3 天均要倒缸 1 次。待食盐全部溶化后，清除卤中泥沙，用 5°Bé 的盐水补足盐汤。每隔 3～5 天倒缸 1 次，1 个月后每隔 15 天倒缸 1 次，共需腌制 4 个月。

(3) 晒制　将萝卜坯捞出沥去盐水，放在竹帘上晒干，每天摊翻 4～5 次，晒至八成干时收起，揉去表面盐霜。用冷水快速洗去表皮盐，随即沥去水分，放置竹帘上晒至八成干。

(4) 拌料　每 50kg 萝卜咸坯加五香粉 300g、黄酒 1kg，揉拌均匀。装坛后用木棍捣紧，封口后存放于阴凉处备用。

(5) 切分　封坛 4 个月以后开坛。将咸萝卜坯切成长 1.5cm 的小块，放入冷开水中浸泡脱盐 2h，捞出沥干，放入缸内。

(6) 糖醋渍　五香萝卜干每 50kg，加入白糖 20kg、食醋 30kg，搅拌均匀。第 2 天再搅拌 1 次，直至白糖全部溶化，20 天后即为成品。

(六) 镇江糖醋萝卜干

1. 原料配比

萝卜干 100kg，食盐 8～10kg，5%以上醋 300kg，白糖 60kg，糖精 600g。

2. 工艺流程

选料→预处理→盐腌→切片→脱盐→压榨→晾晒→糖醋渍→成品

3. 操作要点

(1) 预处理　选用肥大、肉质鲜嫩、外表美观、无虫害的萝卜。去根和叶，洗净后晾晒，除去表面水分，切成两半。

(2) 盐腌　将切好的萝卜逐层装入缸内，均匀地撒上食盐。盐腌 2～3 天后开始倒缸，每天倒缸 2 次，把萝卜和液汁全部倒入另 1 个空缸中，使盐加快溶化，萝卜腌匀。倒缸后缸上盖上竹篾盖，压上重石，盖好缸罩，过 2 天后取出。

(3) 切片、脱盐　将取出的萝卜切成 1.5cm 的薄片，放入清水浸泡 3～6h，以排出萝卜内的辣味和苦味，析出盐分，利于吸收糖醋液。

（4）压榨、晾晒　将浸泡后的萝卜片压榨至剩余水分约40%，阳光下晾晒3天，成为萝卜干。

（5）糖醋渍　将醋煮开，放入白糖、糖精，晾至40℃左右。将晒好的萝卜干放入缸内，然后将配制好的糖醋液徐徐倒入缸内。用油纸扎好缸口，再涂上猪血和石灰调成的血料，过一段时间即可食用。

二、茎菜类糖醋菜

（一）广东糖醋酥姜

糖醋酥姜，是广东名特产之一。所用原料生姜，要整修干净，不带泥土、毛根、不烂顶、不蔫、不带碰伤、不冻、不热。生姜受冻后，外皮脱落，发软，捏时流水；受热后，生白毛，皮色发红，易烂。

1. 原料配比

（1）盐渍　生姜100kg，食盐24kg，食醋30kg。

（2）糖醋渍　生姜咸坯100kg，食醋50kg，白糖70kg。

（3）染色　糖醋渍姜100kg，花红粉（无毒）100g。

2. 工艺流程

鲜原料→整理→第1次盐腌→第2次盐腌→第1次醋渍→切片→第2次醋渍→糖渍→染色→煮姜和装缸

3. 操作要点

（1）整理　将采收后的生姜迅速加工，最迟不可耽搁3～4天，如过久，姜皮起皱纹，不但增加损耗，而且不易刮皮，影响产品品质。选择鲜嫩、肉肥、坚实、完整的生姜作原料，剔除太嫩、太老或有破损的姜。太嫩的姜水分含量高，出品率低，不耐储藏；太老的姜，肉质粗糙，口味不好。用刀削去姜芽、姜仔、老根，如果姜块很大，可以切成若干段。用水洗净，最后用竹片把姜的表皮刮净，刮下的皮要薄，皮刮得太厚会降低成品率。刮皮后，再用水洗净。

(2) 第1次盐腌　把整理后的姜装入大木桶铺平，厚约10cm。每100kg刮皮姜加盐18kg，盐要撒匀，不要搅拌。2h后，姜内已腌出汁液，姜层下降，再按照第1层的装桶办法装第2层。这样，一层层地装满木桶。最后一层，每100kg刮皮生姜多加食盐1～2kg，以便加强防腐的作用，然后在姜上盖竹篾盖，压上相当于桶内生姜重量50%的鹅卵石，在竹篾盖的中央，压的石头可以稍多一些。过3h，桶内的姜即可排出大量汁液，用橡胶管吸去一部分，但是留在桶内的汁液必须漫过姜面6cm。如果汁液太少，姜露出水面，容易变色发霉。24h后，用笊篱将姜捞到竹筐内，盖上竹篾盖，压上相当于筐内姜重量50%的石块，把姜里的水分压出一部分。压3h，每100kg去皮生姜可得50kg咸坯。在筐内压出的水，要保持清洁，盛入桶内，可以腌制其他蔬菜。

(3) 第2次盐腌　姜在筐内过3h后，重新逐层装入木桶，每100kg经过第1次盐腌的姜加食盐12kg，逐层均匀地撒进食盐。最上一层，每100kg腌过的姜多加食盐1～2kg，盖上竹篾盖，压上石头，这一次腌出的汁液少，不须排出汁液。腌24h，再把姜捞到竹筐里，压上筐内姜量50%的石头。过3h，附着在姜表面的汁液即可沥净，姜块发软并被压扁（只有鲜姜一半厚），重量也较第1次盐腌沥水后下降8%～9%。

(4) 第1次醋渍　将第2次盐腌和沥水后的姜重新装入木桶，用粮食醋进行浸渍。根据将要装入桶内的姜的重量，先在桶底放5%的食醋，再将姜装进去。装到距桶口约15cm时，灌进相当桶内姜重25%的食醋。盖上竹篾盖，压上相当桶内姜重20%的石头。适当补充食醋，使桶内的醋液漫过姜面9cm，浸渍24h，即成半成品。半成品色白鲜明，较浸渍前稍微肥胖一些，重量比浸渍前增加5%～10%。

(5) 切片和析出部分盐分　剔除不合规格的半成品。把合格的半成品纵劈2瓣，再斜着切成一边厚、一边薄的碎圆片或半圆片，厚边约0.3cm，薄边像斧刃。将切片在清水里浸30min，洗净，捞入另一只木桶或缸内，清水浸泡12h，使部分盐水析出。捞进竹筐，盖上竹篾盖，压上石头，沥水8h。在沥水期间，把筐里的姜片翻动1次，使压力平衡，筐里的姜片排水均匀。

(6) 第2次醋渍　将析出部分盐分的姜装入木桶，至距桶口约15cm为止。按桶内姜片50%的重量灌进食醋，使醋液漫过姜面约9cm，盖上竹篾盖，但不再压石头。浸渍12h，把姜片浸得更酸更脆。再捞到竹筐里，沥净醋液，沥出的醋液可重复使用。过3h，姜片更加饱满鲜嫩，重量增加约10%～12%，即可糖渍。

(7) 糖渍　把姜片倒进缸内，装到距缸口约15cm时为止。加入相当缸内姜重70%的白糖，上下翻动，搅拌均匀。把缸面摊平，盖上麻布、竹篾和缸罩。浸渍24h，使姜片充分吸收糖液。然后，捞进竹筐，把糖液沥入缸或桶中。约经2h，糖液沥净，即可染色。

(8) 染色　把用糖浸渍过的姜片装在缸里，装至距缸口12cm为止。每100kg糖渍姜中加无毒花红粉100g，上下翻动，搅拌均匀，摊平，灌入糖渍后沥出的糖液，盖上麻布、竹篾盖和缸罩，继续糖渍7～8天。

(9) 煮姜和装缸　把浸渍姜片的糖水倒入锅里煮沸，捞去杂质。将糖渍过的姜片放在锅里煮至膨胀饱满，约煮沸3min，期间用笊篱翻1次锅。捞入竹筐摊平、散热。将糖水舀到缸内冷却，把姜片装入缸中，糖水浸过姜面3cm。盖上竹篾盖，将几根3～4cm宽的竹片交叉成双十字形，卡住缸口，防止姜片膨胀。然后盖上缸罩或木桶盖，放在室内空气流通的地方，可储藏1个月。温度愈低，保存时间愈长。如果需要长期保存和外运，可以装在玻璃瓶里，灌进糖液，瓶口密封后，再整批装在木箱中，中间撒上稻糠，以免玻璃瓶相互碰伤。

(二) 扬州糖醋大蒜头

糖醋大蒜头是扬州酱菜中传统特色产品之一。鲜大蒜头采用传统工艺加工腌制后再用糖醋卤浸渍。选择皮白肥大、鳞茎整齐、质地鲜嫩的鲜大蒜头，要求直径在5cm左右，俗称漏一、漏二，即用拇指与食指圈其直径，尚漏一个指头或两个指头。采收腌制期在农历小满前后1周，不能迟，迟收的质老味辣，易炸瓣，皮亦转红，影响产品质量。

1. 原料配比

鲜大蒜头100kg，食盐15kg，食糖38kg，食醋72kg。

2. 工艺流程

鲜大蒜头→洗涤→腌制→上坛→曝晒→糖醋卤渍→成品

3. 操作要点

(1) 洗涤　用清水浸泡5～6h，洗净泥土及最外面的一层皮，然后进行腌制。

(2) 腌制　每100kg鲜大蒜头用食盐10kg，按层菜层盐方法入缸腌制。每缸约腌250kg，缸不要腌满，经12h翻缸1次，2次/天。第3天翻缸时，每100kg大蒜头加18°Bé盐水20kg，浇在大蒜上面，此后每天早晚各翻缸1次，并在中间扒一塘，每天中饭前后，将塘内盐卤浇在大蒜头上面，腌10天即可上坛，俗称9天18浇。此法为传统做法，较费劳力。也可不用浇卤法，即从第2天开始，每24h翻缸1次，翻6次以后到第10天上坛。

(3) 上坛　将小口坛洗净、晾干，捞入经过盐腌后的大蒜头。装坛时要层层按紧，用蒜皮塞紧坛口，并加入澄清的蒜卤，每坛约装2kg左右。经18～24h，进行滚坛，12h滚坛1次，48h后将坛口倒置，将卤淋去后，堆叠在室内避阳处，堆叠高度以3～4个坛子为宜，并用沙泥围住坛口，进行储存，成熟期1个月，成熟后即为咸大蒜。

(4) 糖醋渍　先配制糖醋卤，把食醋放入锅内煮沸，放入食糖，使其溶化，同时不断搅拌，然后滤去渣及浮沫备用。

选咸坯大蒜中个大、肥嫩者，摊放在芦席上，曝晒至大蒜表皮发脆，每100kg咸坯蒜晒到重约70kg。剥去表面浮皮，放入坛或缸内，灌入事先配制好的糖醋卤。如果用坛子，则坛口上再加生姜、老葱封口，最后密封，经过1个月后即可成熟；如果用大缸浸渍，经常翻拌，使蒜头吸卤均匀。

100kg鲜大蒜出90kg咸蒜。100kg咸蒜出95kg成熟糖醋蒜。

（三）郑州白糖大蒜

郑州生产的白糖大蒜，是传统特色产品之一。

1. 原料配比

鲜大蒜100kg，盐7kg，白糖44kg，白醋1kg。

2. 工艺流程

鲜蒜→整理→泡蒜→腌蒜→晾晒→装坛→成品

↑

白糖、白醋、清水→制卤

3. 操作要点

（1）整理　将经挑选的鲜蒜切去根尾，剥去老皮。要求圆顶不要一刀削平，上边保留1cm的长把，防止散瓣。

（2）泡蒜　用凉水（最好用井水）浸泡大蒜7天左右。天凉时多泡2天，天热时少泡2天。每天换1次新水，泡出辣味。

（3）腌蒜　将大蒜捞入缸内腌制，按比例放1层蒜、撒1层盐。第2天开始，每天翻缸1次，3～4天后起缸晾晒。

（4）晾晒　将蒜坯平摊在竹帘上晾晒1天，不要堆厚，用簸箕除去浮皮。

（5）装坛　将白糖、白醋加清水100kg搅拌，配成糖卤，煮沸。冷却到40℃以下，将糖卤倒入蒜坛至高于蒜面6～7cm。再撒2kg白糖于卤液面，将坛口盖紧糊严。置阴凉处，腌渍2～3个月即为成品。

（四）北京白糖蒜

白糖蒜是北京名特产品之一，选料要求严格，以采用春播蒜，“六瓣紫皮大蒜”品种为宜。夏至前3天起蒜，此时的蒜头皮白、肉质嫩、辣味小。收获过早则蒜瓣太小，出品率低，脆度也差。收获过晚，则蒜质较老，不符合质量的要求。蒜头的规格，要求以拇指和食指一掐之间空一指。

1. 原料配比

鲜蒜头100kg，白糖50kg，18°Bé凉盐开水适量，食盐5kg。

2. 工艺流程

鲜蒜头→预处理→盐渍→泡蒜→换水→控蒜→入坛→加糖→封坛→滚坛→放气→成品

3. 操作要点

(1) 预处理 大蒜进厂后，及时组织加工，把不合格的挑出来。剥去蒜头外皮1～2层（留嫩皮2～3层），然后削去根须及蒜茎，削平根须，不留根茬，不伤蒜瓣。蒜茎留1.5cm，长短一致。

(2) 盐渍 将加工好的蒜头入缸，每100kg蒜头加食盐5kg。随入缸随撒盐，盐要撒匀，并洒少许清水，以促使食盐溶化。

(3) 泡蒜 蒜头入缸盐渍，次日加清水浸泡，水与蒜平。第3日早晨再续清水，缸满为止。当日晚开始换水，每天换水1次，共换水5～6次。

(4) 控蒜 将蒜头浸泡1周后，出缸控水，或以阳光晾晒8～12h，沥去水分。

(5) 入坛、加糖 将事先备好的小口坛刷洗干净，擦干或控干水分。将蒜头装入坛内，每100kg蒜头加50kg白糖。一层蒜头一层白糖，装满坛后，按每坛蒜头的数量加入10%的18°Bé凉盐开水，然后用塑料布封闭坛口。注意室内的温度，如温度过高，应设法降温，以防止蒜头变红或发生“软瓣”。

(6) 滚坛 事先将木椽摆放在厂房内阴凉通风处，将蒜坛斜卧在椽上，一排排放整齐，按时来回滚动。每天滚坛4次，直到糖蒜制成为止。

(7) 放气 大蒜入坛后，隔日放气1次。即去掉封坛口的塑料布，散发坛内温度及辛辣气味。当日傍晚打开坛口，次日清晨把坛口封严。滚坛、放气都是关键的工艺，一定要按操作规程办事，不能马虎。

(8) 成品 从大蒜入坛算起，约两个月的时间，到“处暑”前后糖蒜制成，即可出售。按入坛时的蒜头数量计算，出品率100%。

（五）天津蜂蜜蒜米

蜂蜜蒜米为高糖酱腌菜品种，主要产于天津。产量小时采用坛子，产量多时可采用大缸生产。用于制作蜂蜜蒜米的蒜要用生长中期的蒜。天津地区生产蜂蜜蒜米用夏至前5天到夏至后5天收获的蒜最适宜。如果蒜收获太早，蒜还没有分瓣或虽分瓣但蒜米尚小。如果收获太晚，不仅不易加工，而且做出来的蜂蜜蒜米不嫩、不脆，产品不符合质量要求。

1. 原料配比

鲜蒜米100kg，白糖60kg，蜂蜜20kg，20°Bé盐水25kg，2%食盐溶液适量，细盐2kg。

2. 工艺流程

鲜蒜头→整理→浸泡→沥水→糖渍→蜜渍→包装→成品

3. 操作要点

（1）鲜蒜头　选用夏至前后5天收获的六成熟的红皮蒜，俗称青苗蒜。蒜头直径在4cm以上，剥出来的蒜米横断面直径不小于1cm。

（2）整理　进厂后及时整理，以免堆积时间长引起发热、变黄、腐烂变质。将蒜头的皮用手剥净，成为蒜米，同时进行分类挑选。合格的蒜米应是无黑脐、无皮、无残次蒜米。在整理过程中不能损坏蒜米表面的一层薄膜。

（3）浸泡　一般当天剥出来的蒜米当天浸泡，不能过夜，如果蒜米存放时间长，表面会发黄，影响产品质量。把蒜米加入预先配制好的2%的食盐溶液中浸泡，盐水要超过蒜面5～10cm。每天换盐水1次，换盐水3次后，盐水中就会产生大量的泡沫，俗称起发，这时改用清水浸泡，以散发蒜中的辣味。在浸泡过程中要及时清除杂质。

采用低度食盐水浸泡蒜米，可防止部分有害杂菌的大量繁殖，同时使一些产气菌生长缓慢，减少气泡产生。盐水与蒜内部的水分交换可使辣味溶解在水溶液中，起发时产生的气泡亦可使部分辣气散发到空气中。

(4) 糖渍 把浸泡好的蒜米捞入干净的竹筐内，控水 24h，控净浮水。把白糖和盐水搅拌均匀，放入缸内，倒入蒜米。100kg 蒜米加白糖 45kg、20°Bé 盐水 25kg。糖渍过程可分为三个阶段。

第 1 阶段周期为 7 天，这一阶段每天倒缸 1 次，串缸 6 次。串缸时上下串均匀，特别是前期，如串不均匀，蒜米局部辣气排不出来，影响产品质量。倒缸可促使糖全部溶解，使蒜米每个部位都接触到浓度相同的糖液；同时散热，降低糖液的温度。

第 2 阶段周期为 7 天，每 2 天倒 1 次缸，每天串缸 6 次。在第 1、第 2 两个阶段缸内糖液有升温现象。温度的高低与当时气温有关。到第 2 周期结束，就不再升温。待温度下降至 30℃以下时，可停止倒缸。在糖渍过程中糖液温度过高会引起蒜米变质。如糖液温度超过 37℃就要增加倒缸、串缸次数。

第 3 阶段周期为 76 天，这一阶段每天串缸 6 次，不再倒缸。待糖液起发后，每 100kg 蒜米中再加入 15kg 白糖，继续每天串缸 6 次。

(5) 蜜渍 把经过糖渍的蒜米捞出，清除残次蒜米和薄皮，放入空缸内。把剩余的糖液取出加热至 90℃，以去掉糖液中的不良气味，杀死糖液中的微生物，防止产生酸败现象。倒入蜂蜜，搅拌均匀，使蜂蜜溶解在糖液中，过滤除杂，冷却至常温。然后把蜂蜜与糖液的混合物按比例倒入存有蒜米的缸内，蜜渍 1 个月即为成品。

(6) 包装 将坛洗涤 3 次。第 1 次用清水洗，第 2 次用漂白粉水洗，第 3 次再用清水洗。控净坛内的水并擦干后装入定量的蒜米，再加入适量的干净蒜卤浸没蒜米，封闭坛口。

4. 注意事项

生产蜂蜜蒜米的车间应设有通风设备、防蝇设备。车间要清洁卫生。在糖渍、蜜渍过程中要尽量防止酒精发酵，也不要让生水进入缸内。

(六) 沙市甜酸独蒜

甜酸独蒜是湖北荆州地区土特产。独蒜，当地又叫麦蒜，它不是一个单独的品种，而是普通大蒜的变态。大蒜和萝卜套种，每年农历八月种植，翌年五月收获，大蒜先种植，待蒜叶长出 3cm 左右时，即撒入当地纺锤形萝卜种子，从此大蒜和萝卜争长，由于萝卜生长发育速度快，农历十二月收获，所以套种在其间的大蒜水肥、光线均不足，致使蒜苗矮瘦，不易抽蒜薹，不生侧芽，鳞茎不分瓣，最后形成独头蒜。

1. 原料配比

鲜独蒜 100kg，食盐 15kg，白砂糖 54.5kg（其中脱色 7.5kg，制卤 20kg)，柠檬酸 200g，苯甲酸钠 25g，卤汁 50kg。

卤汁配制方法：水 40kg，纯白砂糖 20kg，食盐 2kg，苯甲酸钠 25g，混合均匀、煮沸，加活性炭 120g，趁热过滤，冷却后，加柠檬酸 200g，溶解即成。

2. 工艺流程

原料整理→过磅→浸泡→清洗→腌制→翻缸→精选（分级）→漂洗→压干→糖渍→清漂（脱色）→配卤→装瓶→成品

3. 操作要点

(1) 漂洗　将鲜独蒜洗净泥沙，放入缸内，每缸 220～250kg，灌满清水浸泡清洗 2～3 天，洗至缸内无漂浮物。漂洗除洗净泥沙外，还可除掉部分辛辣味。

(2) 腌制　将洗净后的鲜独蒜捞起沥干（以无水滴为宜)，加盐腌制。每 100kg 鲜独蒜用盐 15kg。每缸 250kg 左右，层蒜层盐，上多下少，缸满后缸面挖一个凹字形的小坑，以利排气。

(3) 翻缸　腌制 12h 后进行翻缸，头 10 天，翻 2 次/天，后 5 天翻缸 1 次/天。鲜独蒜腌制后，呈玉白色、透明、无酸味。

(4) 精选（分级）　100kg 咸独蒜，可选出甲级 20%（独蒜直径在 3cm 左右)，乙级 35%（独蒜直径在 2.5cm 左右)。将选好的甲级、乙级咸蒜坯剥去粗皮，剪去须根，分级装进尼龙袋内，40～

45kg/袋，利用每袋自重相互挤压脱水（严防独蒜压扁变形）。每袋压至 34～35kg，即可出袋，进行糖渍。

(5) 糖渍　每 100kg 甲级咸坯加入纯白砂糖 45kg，乙级咸坯加入纯白砂糖 40kg。将白砂糖与独头蒜翻拌均匀后下缸，缸满后，缸面加盖 3～4cm 厚的白砂糖封缸。罩上罩子，待糖溶化后，上面放一个竹篾格子，压上耐酸瓷砖，最后用牛皮纸封严缸口，3 个月即成糖独蒜坯。每 100kg 咸坯出糖坯 50.25kg。

(6) 脱色　白砂糖 7.5kg，加水 50kg，煮沸溶化，冷却。将糖渍独蒜捞起沥干，放入糖液中浸泡 1 天，脱去黄色色素，使蒜洁白。捞起沥干，即为成品。

(7) 包装　螺旋口玻璃瓶，每瓶共重 450g。其中，果实 250g，卤汁 200g，按常规排气消毒、封口，冷却，可长期保存。

(七) 湖北甜酸藠头

甜酸藠头是湖北的传统产品。由于土壤和气候的关系，湖北武汉一带的产品，质地脆嫩，在国际市场上颇受欢迎。

1. 原料配比

鲜藠头 100kg，食盐（海盐）18kg（重盐渍）或 9kg（轻盐渍），明矾（硫酸铝钾）200g，白砂糖（用量为脱盐藠头的 20%），食用冰醋酸适量，卤汁适量，食用柠檬酸适量。

2. 工艺流程

鲜藠头→第 1 次修剪→洗涤→盐渍→第 2 次修剪→分粒→脱盐→糖渍→漂洗→包装→灌卤→储存→成品

3. 操作要点

(1) 第 1 次修剪　藠头 7 月收获。当时气候炎热，出土后，立即在产地修剪。抖掉泥沙，剪去须根，地上茎保留 1.5～2.0cm。修剪后立即运至工厂加工。要求原料新鲜，无黄心，不霉烂；青皮及破口颗粒不超过 1%。藠头腐烂从中心开始，堆积时间过长，易于发烧，产生黄心，即腐烂。

(2) 洗涤　鲜藠头入电动筛，从筛上的喷水装置淋水洗涤。要求泥沙全部洗掉，剥去大部分黑皮、老皮。

（3）盐渍　分为重盐渍和轻盐渍。

重盐渍：每100kg修剪后的藠头用盐18kg，明矾200g。盐渍时，用大缸或水泥池均可，铺一层菜，撒一层盐和明矾，每层菜20～30cm，容器下半部用盐40%，上半部用盐60%，撒盐要求均匀。

轻盐渍：每100kg修剪后的藠头用盐9kg、明矾200g，使用容器和盐渍方法同重盐渍。

盐渍时，用大缸作容器的，每天早晚转缸翻菜各1次，从甲缸转入乙缸，最后将盐卤浇在菜面上。连续转缸4～5天。用水泥池作容器的，池边预先放入长桶形竹篓，直到池底。每天2次抽出池底盐卤浇在菜面上，连续抽卤浇淋7～8次。

（4）第2次修剪　用不锈钢小刀从茎端膨大部分切断，切去根端鳞茎盘。同时，剥掉残余老皮。并将带有叶绿素的青头鳞茎，机械损伤的破口鳞茎一一剔除，或作次品处理，或剥掉一层鳞茎。

（5）分粒　分粒是将大、中、小颗粒分开。分粒设备叫分粒机。它是由孔径大小不同的三层筛倾斜组成，筛由偏心轮传动。在往复传动中，大粒由第1层筛的末端出口；中粒由第2层筛的末端出口；小粒由第3层筛的末端出口；最小的等外粒落入底盘。按照当今国际市场的要求：大粒重在3.4g以上，中粒在3.4～2.2g，小粒在2.2～1.5g，不足1.5g的叫等外粒。

（6）脱盐　脱盐又叫拔淡或撤盐。将藠头咸坯用清水浸泡，由于细胞内外渗透压的差值关系，清水渗入，食盐渗出，在物质交换中，藠头里的食盐含量降低，这就是脱盐过程，南方叫拔淡，北方叫撤盐。脱盐的方法是，藠头入（缸）池，注入清水浸泡，从下部抽水出池，每天换水2次，第2天开始，早晚各抽样检测氯化钠含量，按要求保留5%的氯化钠，即可出池（缸）。

凡是不需要立即制成成品的，藠头入池后盖上竹席，压上木棒石块，注入22°Bé盐水，液面高出藠头10cm左右，储存备用。待需要制成成品时，再依前法脱盐。因为这种藠头含盐量较高，所以脱盐时，换水次数、浸泡时间也要相应增加，最后保留藠头含盐量仍为5%。

(7) 糖渍　按脱盐藠头重量加20%的白砂糖，拌和均匀，入缸发酵，发酵周期20～30天，期间翻缸3～5次。检测pH值，不足3时，加食用冰醋酸补足，即可加盖塑料薄膜，储存备用。但储存不宜超过3个月，随着时间的延长，藠头便由乳白色渐渐转黄色，在商业上认为色泽不好，但其实滋味更为可口。

(8) 漂洗　取糖渍藠头的上清液，将藠头漂洗1次。如清洁程度较差，可再用少量5°Bé盐水洗1次。务必做到不带任何污物。

(9) 包装与灌卤　卤汁配制：卤汁含糖量分轻重两种，重糖卤每100kg开水溶糖100kg；轻糖卤每150kg开水溶糖100kg。然后用柠檬酸和冰醋酸调节pH值至2.5，静置2～3天后，取上清液用7层纱布过滤，滤液即糖卤。

包装分两种：坛装的每坛装果实20kg，糖卤8～9kg；瓶装的275g玻璃瓶装果实120g，糖卤40～70mL。

4. 注意事项

① 无论是低盐还是中盐渍制发酵藠头，发酵中后期，由于各种生物化学反应生成香气成分而消耗了部分酸的缘故，发酵成熟期酸度比高峰期降低。

② 由于生产时加糖、酸较多，糖酸液经加热或储藏发生非酶褐变，发酵不好的藠头坯作原料制成的甜酸藠头，色泽发暗；而发酵好的藠头，乳酸含量较高，可起到护色漂白作用，并且乳酸有抵消非酶褐变的作用。

③ 渍制发酵不宜过长过熟，根据甜酸藠头优质产品生产厂家的经验，以发酵到九成五成熟为好，用这样的藠头坯生产的甜酸藠头，色白有光泽，香气浓，脆度好。

④ 甜酸藠头质量的好坏，取决于坯质量的好坏，藠头坯质量的好坏又取决于渍制池是否渗漏。无论是顺渗漏还是反渗漏都不利于发酵。因为顺渗漏藠头脱离卤水的保护而被氧化，还有利于好气

性菌的生长；而补加盐水可能带进部分杂菌，影响正常发酵，质量无保障。反渗漏（向池内渗）比顺渗漏带来的危害更严重，因为反渗往往渗入的是池下冷水，温度低，还可能带入腐败菌，造成整池的藠头坯报废。

（八）沈阳糖醋圆葱

圆葱，又名洋葱、葱头等，为常见蔬菜品种，多用于烹饪菜肴或调料，亦可腌渍。沈阳糖醋圆葱为低盐、低糖、甜酸风味之酱腌菜品种。

1. 原料配比

圆葱 100kg，食盐 5kg，食醋 12.5kg，白糖 30kg，生姜片或紫苏叶少许。

2. 工艺流程

圆葱→加工整理→切制→盐渍→脱卤→拌辅料→成品

3. 操作要点

将鲜圆葱去掉干皮，清水洗净，切成 3mm 宽的菜丝，入容器盐渍。翻动数次，促使食盐溶化。一昼夜后捞出控卤，放在阴凉处，防止日晒。5～6h 后，添加食醋、白糖，轻轻翻倒。待食糖全部溶化，浮面放上少许生姜片或紫苏叶，两昼夜后即可食用。

三、果菜类糖醋菜

（一）甜酸乳瓜

1. 原料配比

以 100kg 成品计算，乳瓜 100kg，精盐 3kg，粗盐 10kg，石灰 1kg，白砂糖 30kg。

2. 工艺流程

鲜乳瓜→选料→漂洗→石灰液浸泡→漂洗→抹精盐→第 1 次盐卤浸泡→澄卤→清水→消毒→第 2 次盐卤浸泡→开水漂洗→混合卤浸泡→装瓶→排气→密封→杀菌→冷却→产品检验→成品

3. 操作要点

(1) 选料　严格按标准选料整理，大小要均匀，不能有弯钩、胖肚。

(2) 漂洗　将经挑选后的乳瓜倒入清水缸内浸泡，用笊篱轻轻翻倒，洗净表面污物。

(3) 石灰液浸泡　将清水漂洗过的乳瓜用石灰水溶液浸泡(100kg 清水与 1kg 石灰搞拌均匀)，使其表皮渗透，起到保脆的作用，浸泡 1～2min。捞入清水缸内冲洗掉石灰液，洗净后捞在竹箩内沥干。

(4) 抹精盐　将沥干的乳瓜一条一条用精盐轻轻地抹擦，轻轻地放在空缸内，装满缸后盖好盖。下午进行翻缸，翻缸时轻轻翻瓜，防止折断，将盖盖好。待 24h 后，可考虑下一工序。

(5) 第 1 次盐卤浸泡　将粗盐 10kg 用清水 90kg 溶化，澄清去杂，煮沸，冷却。100kg 盐渍过的乳瓜用 100kg 卤水浸泡，在浸泡过程中要搞缸 1～2 次。浸泡 24h 后，将瓜捞在竹箩内沥干，澄清卤水，煮沸冷却，备第 2 次浸泡用。

(6) 第 2 次盐卤浸泡　用冷却后的卤水再次浸泡发酵乳瓜，每缸上面必须加盖。每天搞缸 1～2 次，浸泡 48h 左右，待乳瓜色泽变淡黄、起泡、有乳酸味后（如卤水混浊，表示乳酸已经产生），捞出沥干。倒入冷开水里冲洗掉乳瓜身上的盐分，再捞在竹箩内沥干，准备下道工序浸泡用。在生产过程中，应注意生水绝对不能浸入，要经常搞缸，促使乳酸发酵，出现霉花要捞清，避免发酥变质。

(7) 混合卤浸泡　先将浸泡过的卤水澄清除杂，烧开消毒，冷却后备用。然后将清水 50kg、白砂糖 30kg，放在夹层锅内煮沸，搅拌均匀，冷透后使用。最后将糖卤与盐卤混合起来，用于浸渍乳瓜。

用开水消毒空缸、缸沿及缸边。将沥干水的乳瓜放入空缸内，再按比例倒入混合卤浸泡，使瓜在卤水内继续发酵。严格执行卫生制度，除成品加盖外，工具、用品要进行严格的高温消毒。车间要装纱窗、门，生产人员要穿工作衣、戴工作帽，进入车间必须用消毒水洗手。继续每天捣缸1～2次，使其上下均匀，浸泡6～7天后即可成熟。

（8）装瓶　一般包括乳瓜装入和原卤的灌注两个工序。在装瓶前，按产品标准称量，容许稍有超出，而不应低于标准，以保证产品的重量。排列整齐紧密，大小均匀，色泽一致，不得伸出瓶外，以免影响瓶头的密封。原卤的灌注量不宜过多，以便瓶内留一定的空隙，有利于瓶头排气时，造成一定的真空度。

（9）排气　排除瓶内的空气，使瓶头在密封后，形成一定的真空度。这无论对瓶头杀菌，或长期保藏都是十分必要的。加热排气是在排气箱内，利用直接蒸汽对瓶头进行持续加热，使瓶内空隙中的空气受热膨胀而溢出瓶外。一般排气温度在90～100℃，排气时间为6～15min。

（10）密封　多使用螺旋式玻璃瓶，用马口铁盖（有旋纹），盖内涂塑或用橡皮圈。目前还是采用人工旋盖，但马口铁盖，必须经过消毒使用。

（11）冷却　把已密封的瓶装满一竹筐，依次放入不同水温（60℃、40℃、20℃）的水缸或水槽内。一筐下去，一筐提起来，下在后面缸内，逐步降温。下到冷水缸内的时间不限制，以冷却为止。在降温过程中，保持瓶不爆炸，但又要及时冷却，不损失酱菜脆性为标准。

（12）产品检验　具体检查以下四点：冷却后倒旋瓶盖，倒旋不转则合格；冷却后查瓶头，看卤水是否正常；每批取样，放进培养箱内，保持温度27～38℃，放7天，不发酵，不发霉为标准；用手指轻弹瓶盖，鉴别是否有漏气的瓶子。

（二）桂花白糖瓜片

桂花白糖瓜片为上海人民普遍喜爱的早餐小菜。所用原料菜瓜，为我国自古南北各地盛行栽培的主要蔬菜之一。菜瓜品种较多，且品种名称在南北各地有所不同，上海郊区栽培的品种，皮薄，青中带白，肉质坚实，产量较高。

1. 原料配比

以 100kg 成品计算，鲜菜瓜 240kg，食盐 43kg，甜面酱 60kg，回收甜面酱 50kg，甜面酱酱油 10kg，回收甜面酱酱油 30kg，白砂糖 30kg，糖精 15g，甘草粉 1kg，味精 150g，糖桂花 2kg，苯甲酸钠 100g。

2. 工艺流程

(1) 咸坯 鲜菜瓜→选料→刮片→洗涤→初腌→翻池→复腌→咸坯保养（半成品）

(2) 成品 咸坯→挑选→切制→漂洗→压榨→第 1 次晾晒→第 1 次酱渍→酱油漂洗→第 2 次晾晒→第 2 次酱渍→酱油漂洗→第 3 次晾晒→拌辅料→翻缸→拌糖→糖桂花→检验→成品→装坛

3. 操作要点

(1) 选料 按标准收购，要求条周正，不大肚，不尖头，不弯曲，没虫咬，没外伤，不烂，不带泥，瓜要老熟，肉质要坚实，每条长 30cm 以上，重 1～2kg。不符规格的应拒收。一般在 7 月中旬至 8 月中旬加工，此时正逢天气炎热，进厂菜瓜要随到随加工，千万不能积压，避免霉烂变质。进厂原料要堆放阴凉处，不能被太阳晒，以免表皮变色有斑疤，也不能用铁器抓，要轻放，防断。

(2) 刮片、洗涤、初腌 严格验收，分清批次，剔出不符的原料。用刀一剖二片，用汤匙（瓷或铝制）刮净瓜子和瓜瓤，以免影响成品质量。刮好后在清水里漂洗一下，轻捞轻放，将瓜子、瓜瓤与瓜片分离。捞入竹篮，过磅记录，计算加盐数量。先将腌渍池备好，称好用盐量，核对瓜与用盐标准。

为了操作方便，采用小水泥池，容量 3000kg。将瓜片轻轻地倒入池中，以防折断。先倒入两竹篮，约 200kg，泼卤水后加盐，以后每倒 2 竹篮，摊平、泼卤加盐（下半池用盐 25%，上半池用盐 45%、封面盐 30%），下少上多，使盐慢慢向下渗透。满池后再将瓜片摊平，泼卤，加封面盐，铺上竹片（直、横交叉放平）压石

9块，每块40kg。

(3) 翻池　共翻2次。上午初制的，当天上半夜翻第1次，第2天上午翻第2次；下午初制的，当天下半夜翻第1次，第2天下午翻第2次。翻池方法，先将上半池（见卤为止）生瓜片翻入隔壁空池内，将瓜片拉平，再将下半池捞在上面拉平，把卤水及盐一起均匀加入池面上，再加压竹片，将瓜片全部压住，然后在竹片上压上石头，再加卤水。

(4) 复腌　第3天早上8时以前，将瓜片捞入竹篮，采用竹篮压竹篮的办法，将瓜片内的水榨出来。中午翻篮，将下面的扛篮叠到上面，再加竹片，压上相当篮内瓜片重量50%的石块3h后，沥净水分，每100kg瓜片的重量减少到60kg。这时瓜片的颜色仍然白中带淡绿，肉质却已经变软。瓜条在竹篮内时间不宜超过6h，到下午3时左右再下池复腌。复腌用盐比例是下半池20%，上半池40%，封面盐40%。2天后铺上蒲包、竹片，再压石块。蒲包要塞紧，并浸于卤水中，14天后测量卤水咸度，一般掌握内销16～20°Bé，外销22～23°Bé。经过2周后，半成品颜色略带淡黄，瓜身有些皱纹。经过复腌后，每100kg鲜原料制成咸坯（半成品）40～45kg。

(5) 咸坯挑选、切制　鲜原料腌到20～30天后才成熟，根据质量标准，经中间测试来决定是否可以使用。首先感官鉴别瓜身表面色泽、脆性、味道等，其次测验氯化钠含量多少，决定漂洗标准。要求进切制车间的咸坯无霉花、无异味、无泥、无杂质，不能倒在水泥地上，必须存放在竹篮内。剔除不符规格的原料，然后切制成长4～4.5cm，宽3～3.5cm的斜刀块。

(6) 漂洗、压榨　将经切制的咸坯过磅，记录。由于咸坯咸度高，一般在18%左右，而成品的咸度（氯化钠含量）为6%，所以要用清水漂洗拔淡。用木棍在水中撬动，使上下均匀。视咸坯的咸度确定漂洗时间，咸度达到要求后，用笊篱捞入竹篮内，用竹篮压竹篮榨去水分（不加压石头）。一般上午切制，下午过磅，倒入池内漂洗，晚上撬动浸泡，捞进扛篮压水分，第2天早上10时左右进晒场。

(7) 第1次晾晒　压过的瓜坯，表面的水分较多，如立即倒入甜面酱内，会影响成品质量。将竹篮内的瓜坯，摊在竹帘子上晒，不能摊得太厚。用木耙勤翻，大约3～4h，使瓜表面水分干一些，就算晒成了。如遇阴天，也可用风吹干，但时间要长一些。

(8) 第1次酱渍　将晒过的瓜片倒入回收甜面酱内，腌渍4～5天（天气炎热3天即可），以去除瓜内水分，吸进甜面酱成分，使甜面酱腌渍时不霉变。每100kg咸坯加50kg回收酱。每天用木棍撬缸1～2次，上下均匀。晴天时，掀起缸盖，利用阳光曝晒去除部分水分，酱呈深黄酱色，有酱香味。

(9) 第2次晾晒　用笊篱将回收酱内瓜片捞入回收酱油内，搅动，使瓜上的余酱漂洗干净。捞入扛篮内沥干，倒在竹帘上均匀摊薄，晒5～6h，到下午4时再倒入甜面酱缸内。

(10) 第2次酱渍　将晒好的瓜片倒入甜面酱缸内，进行第2次酱渍。每100kg咸坯放60kg甜面酱，酱渍9～10天即可成熟，天气炎热时7～8天即可。每天用木棍撬缸1～2次，撬时上下、四周必须均匀。天晴可日晒夜露，但要盖严缸盖，不可漏入生水，避免发霉变质。多雨天，如酱面及缸边发霉，及时处理，以免影响瓜片的质量。半成品成熟后，再进行最后一次出晒。

(11) 第3次晾晒　先将瓜片捞出，倒入回收酱油内漂洗余酱。选择晴天出晒，注意勤翻，上下午各2次，最好正、反两面都能晒到，晒至瓜片外皮干松无水汽。

(12) 拌料　将味精、糖精、甘草粉、苯甲酸钠、甜面酱酱油混合后备用。将晒好的瓜片倒入室内缸里，加入混合料，下午翻缸1次。第2天上午翻缸，下午可将白砂糖加入，一层瓜片，一层白砂糖，连续再翻缸3～4次，以后就是糖渍阶段。每天最好用木棍撬缸2次，10天就可成熟。在包装前2天，加入糖桂花。

(13) 检验、成品、装坛　成品检验合格后，用陶瓷坛包装，每坛12.5kg。塑料袋包装，每袋500g、250g、100g装等。成品储藏期，坛装半个月，塑料袋装3个月。

装坛时，可在坛口安置漏斗。将滴卤的瓜片，倒入漏斗内，瓜片即漏入坛内。装坛要分层进行。每装一层，用圆头粗木棒捣一遍，排出空气；捣的力量不可过猛、过重，以免把瓜片捣碎。装满后，再加入甜汁，用干净布擦去边缘的甜卤。然后，在坛口敷一页与坛口一样大的油纸，外面另加一张牛皮纸，把坛口封住。装塑料袋，封口要严密，不能漏气。

瓜片含盐量较少，温度高，容易滋生霉菌，因此储藏时不能使瓜片受潮、受雨、受热。瓜片如果不能及时售出去，可放在原来加工的缸里储藏。

(三) 白糖乳瓜

白糖乳瓜以颜色淡黄的平望种或颜色青翠的扬州种鲜乳瓜为原料。生产工艺上有用咸坯进行再加工和用鲜原料直接腌制 2 种方法。

1. 原料配比

以 100kg 成品计算，鲜乳瓜 250kg，白砂糖 30kg，盐 20～25kg，回笼甜面酱 60kg，甜面酱 60kg（可回笼使用），糖精 15g，甘草粉 0.5kg，回笼糖浆 50kg，苯甲酸钠 0.1kg，6～7°Bé 盐水适量。

2. 工艺流程

盐水（6～7°Bé）
↓
鲜原料→清洗→初腌→第 1 次翻缸→第 2 次翻缸→第 1 次晒坯→第 2 次晒坯→初酱→第 3 次晒坯→复酱→四次晒坯→糖渍→成品

3. 操作要点

(1) 清洗、初腌、翻缸、晒坯　平望种约 10 条/kg，扬州种约 9 条/kg。生产时要将两种颜色拣开分别腌制，避免青、黄混杂，影响外观。要求原料无大肚、弯钩，无烂斑、虫斑，无断头，条身均匀。

乳瓜是个十分鲜嫩的品种，采摘后不能久放，必须及时加工。

先用6～7°Bé盐水洗去泥质，浸去两头及表面苦味，再用盐腌制，最好用细盐。每100kg鲜原料的用盐量，气温在30℃以下，晴天用8kg，雨天用9kg；气温在30℃以上，晴天用9kg，雨天用10kg。操作时一层瓜坯一层盐，每层瓜坯厚度15cm左右，撒盐要均匀，下面少上面多，满缸后加封面盐4kg左右。瓜坯鲜嫩，初次腌制不压石块。隔6h左右翻缸，原卤随缸倒入，未溶化的盐加在上面，铺麻袋、竹片，压上石块，石块重量以压到见卤即可。第1次翻缸后，再隔12h左右第2次翻缸，第2次加盐，加盐量与操作方法同上。第2次翻缸后，再隔30h左右（从下缸初腌算起总共48h）出缸，均匀摊到晾架上晒太阳，瓜身晒白后，翻身再晒另一面，达到浓缩瓜身原卤的作用。傍晚收入空缸内，加竹片，压石块，倒入除去泥脚的原卤。第2天出缸（晴天）再晒1白天，如遇雨天，继续放在卤内浸压，待晴天再晒。

（2）初酱、复酱　把晒过2次太阳的瓜坯捞出，先用回笼酱进行初酱，层瓜层酱，酱到占缸体90%时加封面酱，不要装满，便于每天拌动。初酱1周左右，利用初制瓜卤将瓜坯洗出，上晾架作第3次晒坯，晒法同上。晒到收工前，用成品酱进行复酱。将60kg甜面酱、0.5kg甘草粉拌匀，与瓜坯拌和下缸。瓜坯不能露出酱面，每天撬缸1次。将酱缸放在室外，日晒夜露，下雨加盖防水，酱制15天左右。

（3）糖渍　将复酱瓜条用瓜卤洗出，上晾架再晒1天，傍晚收入空缸内。用回笼糖浆浸没瓜坯4～5天，每天拌动1次，白天晒太阳，雨天和晚上要加盖。把浸在回笼糖浆内的瓜坯捞入另一只空缸里，一层瓜一层糖。按每100kg成品用白糖30kg计算，定量定缸腌渍，掌握下少上多的加糖原则，将多余的糖封在面上，盖好缸盖。隔日倒缸，随同加入溶化的糖浆，未溶的糖加在瓜面上。白糖乳瓜开始糖渍后，就要日晒夜不露，只能晒太阳，不能进露水。糖渍后瓜卤被排出，瓜身逐渐缩小，大约5天后，瓜坯慢慢变大。从开始拌白糖起，15天后将糖精15g、苯甲酸钠100g加水溶化均匀，加进糖卤内与瓜坯拌和，再过4～5天即为成品。在拌白糖的15天内，如果前期天气多雨，晒不到太阳，可提前加入苯甲酸钠，防止产品变质，但糖精要等满15天后再加进。腌瓜糖浆控制在33°Bé以上为好。

4. 用咸坯再加工的方法

将18～22°Bé的瓜坯拔淡到8°Bé左右，不得超过10°Bé。100kg 18°Bé的咸坯用120kg清水浸洗，经常拌动翻和，使瓜内盐分及时排出。只要含盐量达到规定要求，漂洗的时间越短越好。及时上架晾晒，干后即初酱。初酱后的操作工艺与鲜坯直接做的相同。

也可用压干的办法拔淡，100kg 18°Bé的咸坯，如把瓜身中的咸卤压出50kg，瓜内的含盐已经减半，等于达到9°Bé要求，不用生水浸即可初酱。压出的咸卤可以继续使用。如压干达不到9°Bé要求，压后再用清水漂洗，方法同上。

(四) 广东糖醋瓜缨

糖醋瓜缨，是广东地区特产。所用原料黄瓜在我国南北各地均有栽培，要求大小均匀、条直、无大肚、无瘦尖、色鲜绿、不带黄梢，肉质脆嫩。糖醋瓜缨制造时间，春瓜在4月至5月上旬，秋瓜在8月中旬至10月下旬。

1. 原料配比

(1) 盐渍　黄瓜100kg，食盐（磨碎）27.6kg。

(2) 糖醋渍　半成品100kg，食醋（酸度6～7g/100mL）50kg，白糖100kg。

2. 工艺流程

原料选择→第1次盐渍→第2次盐渍→切条→脱盐→醋渍→糖渍→煮瓜→成品

3. 操作要点

(1) 原料选择　选最鲜嫩的幼瓜作原料。瓜顶上有残花、瓜瓤很小或尚无瓜瓤。选好以后，用清水洗净。

(2) 第1次盐渍　把洗净的嫩黄瓜逐层装进木桶摊平。每

100kg 黄瓜加食盐 18kg，撒进食盐后摊平，逐层装满。最后一层，每 100kg 黄瓜，多加食盐 1～2kg，以增强防腐作用。装满后，盖上竹篾盖，压上相当于桶内黄瓜重量 50%的石头。过 3h 后，即可腌出大量瓜汁，桶内瓜层下陷。用橡胶管把桶内的瓜水吸去一部分，使瓜汁漫过黄瓜 6cm。盐渍 24h 后，用笊篱把黄瓜捞到竹筐里，盖上竹篾盖，压上相当于筐内黄瓜重量 50%的石头。3h 后，沥净卤水，每 100kg 鲜黄瓜的重量减少到 60kg。这时，瓜的颜色仍然很绿，肉质却已经变软。

(3) 第 2 次盐渍　按照第 1 次盐渍的装桶方法，把黄瓜重新装进木桶。按每 100kg 经过一次盐腌的黄瓜加食盐 16kg 的标准，逐层撒上食盐。最后一层，每 100kg 黄瓜仍多加 1～2kg。这一次，压上石头后，腌出的瓜汁较少，不用吸除。盐腌 24h，即成半成品。半成品的颜色略黄，瓜身瘦软，有皱纹。半成品如果不能及时加工成为糖醋瓜缨，可以存放在盐液桶里，不翻动，能保存 6～8 个月。

(4) 切条和脱盐　将半成品从桶内捞出，沥净盐水，先用刀劈成两半，再切成长 3～4cm、宽 0.4cm 的细瓜条。切条时，剔除不适宜加工的半成品。切后，用清水浸洗 30min，洗净后装进缸里。倒入清水，漫过瓜条 10cm，浸泡 12h，撤出部分盐分。捞到竹筐里，盖上竹篾盖，压上石头，沥去汁水。为使压力和排水均匀，沥水 4h 后翻动 1 次，再沥水 4h。

(5) 醋渍　将沥水后的瓜条装入缸内，装至距缸口 10cm 时为止。灌进相当缸内瓜条重量 50%的食醋，漫过瓜条 10cm。盖上竹篾盖，不再压石头。浸渍 12h 以后，捞到竹筐里，经 3h，沥去过多的醋液。此时瓜条丰满，色泽鲜明，重量也较醋渍前增加。

(6) 糖渍　把瓜条再装进缸内，撒入与瓜条同样重的白糖。搅拌均匀，摊平，蒙上麻布，盖上竹篾盖和缸罩。连续糖渍 3 天，使瓜条充分吸收糖液，并析出部分水分，瓜条变成黄绿色。然后，把瓜条捞到竹筐里沥净糖液。沥出的糖液要保持清洁，盛在缸里或桶里。

（7）煮瓜　把沥下的糖液倒在锅里，捞去渣滓和杂质，煮沸。再放入瓜条，盖上锅盖，同时降低火力，慢慢地煮。不断搅动，使瓜条煮均匀，煮至糖水再度滚沸，瓜条由黄绿色变成青绿色，立即捞入竹筐摊匀，散热。同时，把锅里的糖水舀到缸里散热。等到糖水凉透，把瓜条重新泡进去。每 100kg 半成品，可制成糖醋瓜缨 110kg。

（五）桂花白糖茄子

桂花白糖茄子原料主要为上海郊区种植的条子茄，又名宁波茄或宁波条子茄。果细长似蛇，色暗紫，有光泽，品质松软，籽极少，一般小寒播种的茄子，6 月中旬即可开始收获头茄，至 7 月中、下旬是茄子的盛产期。

符合规格的茄子要形状端正，无泥、不烂、不裂、不锈，茄把要削齐，以免刺伤别的茄子。收后的茄子如受风吹雨打或太阳晒，就会发蔫变质、受热，从外伤处腐烂。来不及加工时，可倒筐内放风散热，放在阴凉之处。拿时要轻拿轻放，不要碰伤。

1. 原料配比

以 100kg 成品计算，鲜茄子 300kg，食盐 18kg，甜面酱 60kg，回收甜面酱 60kg，回收酱油 20kg，甜酱油 30kg，白砂糖 30kg，糖精 15g，甘草 1kg，防腐剂 100g，味精 150g，糖桂花 2kg。

2. 工艺流程

鲜茄子→选料→洗涤→初渍→第 1 次日晒→回收甜面酱酱渍→第 1 次酱油漂洗→切制→第 2 次日晒→甜面酱酱渍→第 2 次酱油漂洗→第 3 次日晒→拌辅料→翻缸→拌糖→检验→包装→入库

3. 操作要点

（1）选料、洗涤　原料收购时正逢热天，必须严格验收。鲜嫩茄子花盖旁边有绿色的茄子露出，表面发黑紫有亮光。老茄子是紫红色，口味不好，有渣子，籽多发紫。挑选好嫩茄子，用清水洗净，捞入竹筐内沥干待盐腌。

（2）初渍

① 方法一 先渍后蒸。

盐渍：首先备好空缸，称好食盐。加工时，将茄子放在一只大木盘中，加食盐6%用手摩擦，稍擦破茄子皮，边擦边倒入缸内盐渍，一直铺到茄子超出缸口3～4层，缸的中央凸出时为止。在缸内盐渍1天。

笼格蒸：使用竹制的笼格蒸具，放在蒸锅上，通蒸汽管。将盐渍的茄子放在笼格内，用手摊平。一只蒸锅内，一般放4～5格即可。蒸时要经常观察，蒸软但未熟即可。

② 方法二 先煮后腌。

煮软：先把锅里的水煮沸，再将茄子放在锅里，盖上锅盖，同时加强火力。煮约15min，锅里的水再次滚沸时，把锅里上面茄子翻到底下去，再盖上锅盖。等到锅里的水第3次滚沸时，用夹子从锅内取出一个茄子，察看茄子煮的程度。如果茄子已经变成深褐色，柔软，但没有熟透，就是煮好了。立即用笊篱捞出来，放在竹篮内散热。

盐渍：将散热后的茄子放在缸内盐渍，一层茄子一层盐，食盐要撒匀。加盐方法亦是上多下少，每100kg茄子，加6kg食盐。第2天翻缸1次，隔日就可进晒场晒太阳。

(3) 第1次日晒 将经蒸煮、盐渍后的茄子捞在竹筐内，竹筐压竹筐，使盐水析出，放在帘子上摊匀出晒。晒时要勤翻，晾晒1～2h，茄条表面水分基本上已干，就可收进筐内，放在回收甜面酱内浸泡。

(4) 回收甜面酱浸渍 将经初步日晒后的茄子条倒进缸内，酱渍3～4天，每天上、下午各搅动1次，使缸内原料均匀地吸收酱液，吐出茄子内的水分。

(5) 第1次酱油漂洗、切制 将回收酱内浸泡的茄子捞到回收酱油内，漂洗干净，运至切制车间。将茄子条剖开，再切成3～4段即可。在切制时必须讲究卫生，茄子不能落地，切制工具都要清洗干净，绝不能染上污物，更不能将原料倒在水泥地上。在切制当中，应有专人管理。

(6) 第2次日晒　将经切制后的茄子倒在晒场的竹帘上，摊均匀。经常用木耙上下翻动，以便提高日晒效率，使茄子晒得均匀，曝晒1天，晒至茄子表面起皱纹。

(7) 甜面酱酱渍　第2天，将晒过的茄子倒入准备好的甜面酱缸内酱渍，每天上、下午各搅动1次，以提高酱渍效率及酱菜的质量。用木制棍棒在缸内上下、四周不断搅动，使缸内的菜随着棍棒上下更替旋转，把缸底下的原料翻到上面，把上面的原料翻到缸底，使缸上面一层的酱由深褐色变成浅褐色，就算搅缸1次。经过半天，缸上面的一层又变成深褐色，进行第2次搅缸。连续搅缸15天左右，酱渍完成。用过的甜面酱，作为下一次回收甜面酱使用。甜面酱应呈新鲜的酱黄色，有甜味，有清香气。在酱渍中，酱香足，菜质清脆。如果检查中发现有酸味或苦味，菜肉软化，不清脆，有酸败气味，要另行处理，不能加工成品。初酱时应注意气候，温度要适中，天气炎热时，应及时透风，否则成品容易发酸。

(8) 第3次日晒　将半成品捞入回收酱油缸内漂洗，洗净茄子表面的酱渣。捞在竹筐内沥去水分，倒在晒场竹帘上，摊薄使阳光普遍晒到（便于吸收辅料），勤耙，均匀翻动，加速干燥。一般曝晒8～10h，阳光不足时可延长晒的时间。夏天晒1个白天即可，冬天最少2天。

(9) 拌辅料　根据半成品的数量，备好各种辅料，如糖精、味精、防腐剂等，先用热酱油调和均匀，放在缸内备用。将收进室内的茄条过磅进缸，撒匀辅料，当天翻缸。第2天上下午进行2次翻缸，需连续翻缸4～5天。再加入白砂糖，照上面办法继续翻缸。第8天加入糖桂花，再翻缸2次，就可成熟。如在缸内多放几天，则成品质量更好，口味更佳。

(10) 检验　成品成熟前后，都要通过检验。不合格的产品需进行有效处理，合格的产品出具证明单后才能包装。

(11) 包装　目前采用两种包装，一是12.5kg陶土坛，二是12.5kg塑料袋和0.5kg塑料袋。陶土坛用牛皮纸封口，0.5kg塑料袋用木箱装好后堆放。如果售不出去，也可以暂时放在缸里，盖上盖。将包装好的坛和塑料袋放在室内空气流通的地方，可储藏1～2个月。温度愈低，保存时间愈长。

（六）刀豆花

刀豆花被称为酱腌菜中之“工艺品”，主要产于湖南省宁乡县。采用鲜嫩白色刀豆为原料，经烫漂、浸渍、晾晒、切制等工序，将切制的刀豆菜条、菜片，编制成蝴蝶、喜鹊等造型，绘上色，糖渍后即为成品。

1. 原料配比

刀豆坯 100kg，白糖 100kg，食盐 3kg，米醋 10kg，明矾 1kg，食用胭脂红 10g。

2. 工艺流程

原料→热烫→晾晒→漂洗→花坯→浸漂→沥干→上色→浸泡→沥水→糖渍→晾晒→成品

3. 操作要点

选用长约 20cm、无虫蛀伤疤的本地产肥嫩白色刀豆为原料，洗净，用沸水稍加热烫，立即捞起摊开，置于阳光下晒至颜色转白。用澄清淘米水浸泡半天，捞出，洗净晾干，切成适于编花的各种薄片。编花时要心细手轻，视坯料形状，以编织为主，辅以刀，雕琢成各种美术图案。其花样大致有花蝴蝶、喜鹊含梅、娃娃莲花、兰草花等。花做好以后，再用澄清淘米水适当漂浸，沥干备用。将食用胭脂红、明矾、食盐加入 50kg 的温开水中调匀冷却，再将花坯轻放水中，浸泡 2 天，待全部上色均匀捞出沥干。在白糖中拌入食醋，然后将每片花蘸满糖，放入晒钵中，并用纱罩盖严，置于阳光下曝晒，约 2 天至全部糖被吸收，即为成品。

（七）苦瓜花

苦瓜花产于湖南省，已有 100 多年的生产历史，是当地传统产品。选用本地所产形状圆直、青白色、鲜嫩、直径 4cm 左右、长度不限、无虫伤、无疤痕的鲜苦瓜为原料，经过精工制作而成。

1. 原料配比

鲜苦瓜100kg，白糖23kg，细盐1kg，明矾100g，食用胭脂红10g，米醋2kg。

2. 工艺流程

原料→切片→热烫→晾晒→浸洗→编花→上色→糖渍→曝晒→成品

3. 操作要点

(1) 切片、热烫　将鲜苦瓜两端去蒂，切成1cm厚的圆片，并去掉籽瓤。放入开水中烫漂1～2min，至瓜片开始软化时捞出。

(2) 晾晒　将捞出的瓜片沥去浮水，放在阳光下晾晒1～2天，晒至呈白色。100kg鲜苦瓜出瓜片20～22kg。

(3) 浸洗　把晾晒后的苦瓜片放在清水中浸泡半天左右，再放入澄清淘米水浸泡至颜色全白，用清水洗净。

(4) 编花　将苦瓜片编成各种形状的图案，如花蝴蝶、喜鹊含梅等，编花时要心细、手轻。

(5) 上色　将明矾、胭脂红与7.5kg温开水调匀，把编花的苦瓜片放入溶液中浸泡15min，捞出用清水冲洗1遍，放于太阳下晾晒，晒至22kg左右。然后将苦瓜浸泡在食醋（食醋中加入定量食盐）中，浸泡1～2天，捞出，沥去浮水。

(6) 糖渍　一层苦瓜一层糖，放于缸内，糖渍2天后捞出。

(7) 曝晒　把糖渍后的苦瓜放在钵内晾晒，每钵可放5kg，晒时要勤翻动，晒至糖能起丝即可。

四、花菜类糖醋菜

以曲靖韭菜花为例进行说明。韭菜花是用带嫩籽的韭菜花为主料，加入辣椒、苤蓝丝精制而成的。

1. 原料配比

韭菜花1000kg，苤蓝800kg，辣椒100kg，白酒34kg，红糖27kg，食盐40kg。

2. 工艺流程

韭菜花、苤蓝、红辣椒→预处理→配制→成品

3. 操作要点

(1) 预处理　将韭菜花剪去花梗，洗净，用刀切碎。每 100kg 韭菜花加入食盐 12kg，用刀剁细，然后置石臼中用木杵冲烂成为酯子。这样韭菜花的汁液充分渗出，花梗、花秆也随之变软，产品味香，食之无渣。

将苤蓝削去皮，洗净，切成细丝，在日光下晾晒，晾至每 100kg 鲜苤蓝得 7kg 干丝为止。苤蓝丝成油黄色，放于通风干燥处，储存备用。

红辣椒去把，洗净，控去水，放在板上用刀剁细。每 100kg 红辣椒加入食盐 10kg，搅拌均匀，置于竹篓内压 1 夜，排除水分。次日，每 100kg 失去水的红辣椒加盐 10kg，白酒 3kg，搅拌均匀后成为糟辣椒，放入缸内储存备用。这道工序很重要，只有红辣椒水分少，才能使产品久储不变。

(2) 成品配制　韭菜花酯子 1000kg，配以干苤蓝丝 56kg，糟辣椒 100kg，红糖稀（每 10kg 红糖加水 2.5kg，熬成糖稀）33kg，白酒 31kg。

先将糖稀倒入木盆，加白酒，溶化后，再将苤蓝丝倒入浸湿，耙在木盆一边；放上韭菜花酯子、糟辣椒，搅拌均匀，放入缸内，压紧，不得有空隙，缸内要密封不透气，经半年后即为成品。

第五节　泡　　菜

在我国东北、四川、贵州、云南等地民间有自制泡菜的习惯，尤以四川与吉林朝鲜族居住地为最多，形成了 2 个国内著名的品系。

制作泡菜的容器，最普遍的是用陶土烧制成的坛子。这种坛既能抗酸、碱、盐，又能密封，且自动排气，造成一种嫌气状态，有

利于乳酸菌的活动，防止杂菌污染。无论家庭制作还是批量生产，目前为止还未出现造价低廉、易于操作的可替代产品。好的坛子是制作优质泡菜的前提。在选坛时要仔细观察烧制火候，有无裂纹、砂眼等现象，用手击坛，听其声，钢音质量最好。

泡菜盐水所用的配制水，以井水和地泉水最佳，硬度较大的自来水也可以。有时为了增加泡菜的脆性，加入少量的氯化钙。泡菜盐水分为洗澡盐水、新盐水、老盐水、新老混合盐水。

一、传统四川泡菜

(一) 泡菜的生产工艺流程

果蔬→清洗→沥干→切碎
↓
出坯盐水制备→盐水坛→出坯
↓
泡菜盐水制备→盐水坛→口盖→密封→发酵→泡菜

(二) 操作要点

1. 盐水制备

盐水分为出坯盐水和泡菜盐水两种。泡菜质量的好坏主要取决于盐水的质量，盐水质量与所用的辅料、香料、盐和水的质量及配比有关。泡菜采用专用的泡菜盐，应符合泡菜盐 QBT 2743—2005 的规定，或者符合食用盐 GB 2761—2003 的规定，要求氯化钠 (NaCl)≥58.0%，钙（以 Ca 计）≥0.3%。泡菜盐中有适量的钙，能保持果蔬的脆性。用于生产泡菜的水必须符合 GB 5749—2006 的规定，切忌用糖水、沸水，糖水含微生物过多，而沸水缺少部分无机盐类，可能减缓乳酸菌的作用。香辛料应符合 GB/T 15691—2008 的规定。

(1) 出坯盐水制备　盐（NaCl）与清水以 1∶5 的比例溶解即成出坯盐水，使用后可继续用于同品种蔬菜出坯，但每次应按比例加入盐，以保持盐浓度。出坯盐水不用时，澄清去沉，另作别用。

(2) 泡菜盐水制备　指经出坯或晾晒后，再行泡制的盐水。包括新盐水洗澡盐水、老盐水、新老混合盐水和陈盐水。

新盐水就是新配制的盐水，将泡菜盐与水按1∶（4～6）的比例溶解搅匀，澄清，去净表面泡沫，取澄清部分待用，pH值为4.7。有的地方还加母盐水20％～30％，以加速新盐水的乳酸发酵作用，根据所泡的蔬菜用量，再适量添加作料、香料。

洗澡盐水是现泡现吃的泡菜所使用的盐水，pH值为4.5。洗澡盐水配制的比例和办法同“新盐水”，另再加5％～30％的母盐水，以加速新盐水中乳酸菌的发酵，并酌情添加作料、香料，从而产生泡菜盐水所应有的香味。这种盐水咸度稍高，腌制菜时间短，断生即食，可泡制萝卜、莴笋、莲花白、豆芽、青菜头、辣椒之类蔬菜。

老盐水是存放和使用2年以上的泡菜盐水，pH值为3.7，分为三个等级。用于接种的盐水即母盐水，一般取用一等老盐水，经常用于泡一些蔬菜的老茎，如蒜苗、酸青菜、陈年萝卜等蔬菜，经过长时间密封发酵，形成具有色、香、味俱佳的母盐水。这里说的色、香、味俱佳的盐水，其标准如下：色——黄红，似茶，清澈见底；香——醇香扑鼻，闻之舒畅；味——不论咸酸、酸辣、酸甜，其味浓郁芳香。如果一度轻微变质，经救治而不影响色、香、味者，算二等盐水。不同类别、等级的掺混一起，算三等盐水。盐水发生变质，经救治无效而影响色、香、味者，算次等盐水，不宜用于接种。

新老混合盐水，将新、老盐水各按50％比例配合而成的盐水，pH值为4.2。

陈盐水，是指存放和使用500天以上的泡菜盐水，可用于接种。

一些家庭开始制作泡菜时，可能找不到老盐水或乳酸菌。在这种情况下，仍可按要求配制新盐水制作泡菜，只是头几次泡菜的口味较差，随着时间推移和精心调理，泡菜盐水会达到满意的要求和风味。

2. 泡菜原料的选择

传统泡菜原料主要有榨菜、青菜、大头菜、豇豆、辣椒、竹笋、萝卜、黄花、蒜、姜等，选择当季的新鲜蔬菜作为原料，经过整理、精选，剔除不适用部分，才能做出上等泡菜。

在选择蔬菜上还要遵循下列两条标准。

(1) 鲜嫩　蔬菜最好是当天采摘，当天处理，以免蔬菜水分丧失过多，糖分分解，泡菜不鲜嫩。如泡豇豆，要求用嫩的豇豆，如果用较老的豇豆，泡出的豇豆就不脆嫩了。

(2) 肉肥　选用体质坚挺肉质肥厚的蔬菜。如甜椒，要选择肉质肥厚的；泡豇豆，要选用体质坚挺，肉质厚的；泡子姜，要选用母茎短，嫩芽瓣多的子姜。质地松软的蔬菜，如叶类小白菜经过盐水浸泡后，会失去大量水分和糖分而碎烂，故不选用做泡菜。

3. 辅料、原料预处理

花椒，洗净、晾干、剔除杂质。尖辣椒，洗净、晾干、剔除杂质。生姜，洗净、去皮、切成厚度1mm左右的薄片。

萝卜、胡萝卜，切除叶柄基部、尾部、须根。莴笋，削除表皮及苣筋。宝塔菜，剪掉尾根、须根。藠头，剪掉茎盘及地上茎，剥掉老皮。大白菜、甘蓝，摘掉老叶、烂叶、切除根部，将叶片分层撕下。芹菜，去掉菜叶、切除老根。柿椒，摘掉蒂把，剖成2瓣，去籽。豇豆、刀豆、菜豆，摘去菜筋。

4. 洗涤蔬菜

各种蔬菜在土壤中生长，都可能带有一定的土壤、微生物、农药等，需要采用清水将其洗净。如果是叶类蔬菜，因使用农药多，应在洗涤水（淹没原料为宜）中加入0.05%～0.1%高锰酸钾，先浸泡10min左右，再用清水洗净，捞出，沥去浮水。

5. 蔬菜造型

根据原料的种类不同进行适当造型处理，如将萝卜、胡萝卜、莴笋、黄瓜，切成长度5cm，厚度0.5～1.0cm的片；将大白菜切成两半，剥开；将甘蓝切成长宽分别为10cm的方块；将嫩姜斜切薄片；将芹菜切成5～10cm长的小段。

6. 蔬菜晾晒

将洗净、切好的各种蔬菜置于通风向阳处，晾晒3～4h，期间翻动2～3次，至菜体表面呈现微皱纹。

7. 出坯

泡菜出坯又叫泡头道，有杀菌、退色、去涩味和除水分的作用。将晾干的蔬菜放入出坯盐水中，用干净篾片或石头压在菜上，使蔬菜淹没在出坯盐水中，保证蔬菜均匀泡渍，质量一致，防止露出液面而腐败。各中蔬菜出坯的时间见表3-2。蔬菜出坯后，要随时检查菜体内部是否渗透入盐味，只要咸味适度就可以捞出，滤去水分，准备装坛。

表3-2 各种泡菜的出坯时间

菜名	出坯时间	渗透效果	出坯作用
青菜头、莴笋	2～3h	好	保持细嫩
芋艿	5～7d	差	有利于除去异味
青菜、瓢儿白	2～3d	好	定色、保色
萝卜、洋葱	2～4d	差	除去过多的水分
卷心菜、芹菜心	1～2h	好	保持本味鲜美
大蒜、子姜	2～10d	差	除去过大的浓烈味
豇豆	1～2d	好	有利于断生味

8. 装坛

由于蔬菜品种和泡制、储存时间不同的需要，装坛必须注意以下四点。一是视蔬菜品种、季节、味道、食法、储存期长短和其他具体需要，做到调配盐水时，既按比例，又灵活应变。二是严格做好操作者、用具和盛器的清洁卫生，特别是泡菜坛内、外的清洁卫生。三是蔬菜入坛泡制时，放置应有次序，切忌装得过满，坛中一定要留下空隙，以备盐水热涨。四是盐水必须淹过所泡原料，以免因原料氧化而败味变质。

蔬菜装坛大致分为干装坛、分层装坛、盐水装坛三种。

(1) 干装坛　某些蔬菜，因本身浮力较大，泡制时间较长（如泡辣椒类），适合干装坛。方法是将泡菜坛洗净、拭干，把所要泡制的蔬菜装至半坛，放上香料包，接着又装至八成满，用篾片（青石）卡（压）紧，将作料放入盐水内搅匀，徐徐灌入坛中，待盐水淹过原料后，盖上坛盖，坛沿加满干净凉水。

(2) 分层装坛　为了充分发挥作料的效用，提高泡菜的质量，泡豇豆、泡蒜等宜采用分层装坛。方法是将泡菜坛洗净、擦干，在坛底放上一层底盐和少许红糖，把所要泡制的蔬菜与需用的作料（干红辣椒、小红辣椒等）间隔装至半坛，加入盐和少许红糖，放上香料包，接着又装至九成满，撒上盖盐，用篾片（青石）卡（压）紧；将其余作料放入盐水内搅匀，徐徐灌入坛中，待淹过原料后，盖上坛盖，坛沿加满干净凉水。

(3) 盐水装坛　茎根类（萝卜、藠头、大葱等）蔬菜，在泡制时能自行沉没，所以直接将它们放入预先装好泡菜盐水的坛内。方法是将坛洗净、擦干，注入盐水，放作料入坛内搅匀，装入所泡蔬菜至半坛时，放上香料包，接着装至九成满（盐水应淹过原料），盖上坛盖，坛沿加满干净凉水。

9. 发酵

菜坛盐水保持食盐浓度在8%以上，置于20～25℃条件下，发酵一定时间即为成品，发酵时间需要根据原料和吃法而不同。在发酵过程中，发现坛沿中的水蒸发过多时，应取下盖，擦干残存的坛沿水，更换新坛沿水。

(三) 盐水的管理

严格控制泡菜制作过程的情况下，通常均能保证泡菜色、香、味俱佳。但在生产过程中，也可能由于环境条件的变化而发生意外情况，盐水出现浑酽、长蛆虫、涨缩和冒泡、长霉花等变质现象。盐水长霉花是盐水较普遍的一种变质现象，对泡菜的质量有严重的影响。盐水霉花称为酒花酵母菌，是盐水表面的一层白膜状微生物，这种微生物抗盐性和抗酸性均较强，属于好气性菌类，它可以分解乳酸，降低泡菜的酸度，使泡菜组织软化，甚至还会导致其他腐败性微生物的滋长，使泡菜品质变劣。

泡菜盐水的管理是保证泡菜质量的一项重要工作。

1. 预防措施

① 坛沿水要常更换，始终保持洁净，并可在坛沿内加入食盐，

使其食盐量达到15%～20%。如果坛沿中的水少了，就必须及时添满。

② 揭坛盖时，注意勿把生水带入坛内。

③ 取泡菜时，先将手或竹筷清洗干净，擦干，严防油污。

④ 经常检查盐水质量，发现问题，及时酌情处理。

2. 处理方法

① 若坛内霉花生长较多，勿将其搅散，可把坛口倾斜，徐徐灌入新盐水，使霉花溢出；若坛内霉花较少，则可用打捞的方法除净。

② 加入大蒜、洋葱、红皮萝卜之类的蔬菜，由于蒜素、花青素等的杀菌作用，可以杀死酒花酵母菌，也可加入紫苏等其他辅料、香料，以杀菌增香。

③ 加入高浓度白酒加盖密闭，抑制其继续危害。

④ 在去掉霉花的泡菜坛内，加入适量食盐、蔬菜，使之发酵，形成乳酸菌的优势种群，也可抑制其继续为害。除去霉花后的盐水内，应酌情添加香料、作料。此外，如盐水已混浊、发黑，泡菜出现起涎、败味、色恶、生蛆等变质现象，应将泡菜及盐水立刻舍弃，并对泡菜坛进行高温杀菌消毒，避免感染。然后再配制新盐水，重新泡制蔬菜。

(四) 泡菜工业化生产技术

泡菜工业化生产流程如下。

原料→原料预处理→盐渍→盐渍成熟品→预处理→加工→各类泡菜加工品

1. 原料预处理

原料进行盐渍前，要进行分级，便于按照同一工艺条件进行加工，制得品质一致的产品。

(1) 分级　除去杂质，挑出霉烂、破碎、遭受严重病虫害以及有虫斑、空心、变色等不合格的原料。将合格原料按大小、成熟度、色泽分级，使每批原料品质基本一致，再根据不同级别对原料进行加工处理。腌菜原料多采用手工分级。

(2) 清洗　工业化腌菜原料洗涤难度大，但也是不可省略的部分。除部分小型企业及易损蔬菜清洗中仍使用人工法外，多数企业采用机械法清洗蔬菜。在盐渍菜生产中，蔬菜原料的清洗多在盐渍结束后进行，与脱盐处理合在一起，既可达到清洗的目的，也可节约能源和人力。不过仍有部分菜在盐渍前进行清洗，如萝卜等根类蔬菜的清洗。通过清洗原料，将原料表面泥土、粪、化肥、农药等污染物洗涤除去。根据原料种类不同，采用不同的清洗方法，如清洗叶菜类蔬菜时，不可用水对着蔬菜原料冲洗，以防原料受到破坏。

(3) 原料修整、去皮　有的蔬菜附着有根、须、叶等，在盐渍前必须将其修整，除去不可食的部分，如大蒜在盐渍前要去掉根须；莴苣、榨菜等表皮坚硬粗糙的蔬菜要去掉外皮。

(4) 原料的切分　由于生产和市场需要，盐渍蔬菜中的许多品种都需要将原料切分成块、条、片等各种形状。切分能促进细胞中的可溶性物质迅速外渗，使料液中的各种有效成分迅速进入蔬菜细胞，使发酵作用迅速进行，缩短生产周期。目前多采用切菜机代替手工操作，可以大大提高效率，而且切分后的菜形状一致、美观。

2. 盐渍

(1) 清洗盐渍池　蔬菜盐渍之前应对盐渍池进行清洗消毒。先除去盐渍池内的杂物及残留物，用清水冲洗干净池壁池底，再用消毒水（有效氯浓度为50～100mg/kg）清洗1次，将盐渍池四壁擦干。

(2) 盐渍　盐渍是在盐渍池（或缸）中进行，将经过挑选预处理的蔬菜，与食盐按一定比例加入，盖上薄膜、竹篾片，加压砂石。一般盐渍蔬菜用盐量为原料重量的5%～40%。待盐溶解、卤水渗出后，立即加压，加压重量为原料重的30%，使原料浸没在卤水中即可。

① 加盐量与蔬菜品质的关系　根据蔬菜的品种和可溶性物质含量的不同来确定蔬菜盐渍时的加盐量。一般情况下，细嫩、含水

量较大、可溶性物质含量较少的蔬菜品种，加盐量应该少些。如盐渍含水量较大、组织较细嫩的青菜时所用盐液浓度为10%，而盐渍组织致密、可溶性物质含量高的芥菜头，所用的食盐溶液浓度为12%～15%，盐渍小辣椒的食盐溶液浓度则为15%～20%。

② 加盐量与盐渍方法的关系　蔬菜盐渍方法不同，加盐量也不同。对于泡菜、酸黄瓜和酸甘蓝等湿态发酵性制品，发酵过程产生大量乳酸，能起到防腐并延长保存期作用，因此加盐量较少。而非发酵类制品，由于不能产生大量的酸类起防腐保藏的作用，因此加盐量较大。

③ 加盐方法　发酵分为一次发酵法和二次发酵法，这两种方法的加盐法不同。

一次发酵法是盐渍过程只经一次发酵，这种发酵方便快速，节省人力物力，缺点是产品质量不够一致，风味物质少。目前大多数盐渍菜均采用一次发酵法。在进行一次性发酵法盐渍时，各种蔬菜添加盐的量和方法各不相同。有的采用一次加盐法，即一次性加入所有的盐，但由于高浓度的食盐溶液产生的渗透压力较高，会引起强烈的渗透作用，使蔬菜组织骤然失水，导致制品表面发生皱皮和紧缩，使产品质量低下。目前多采用分次加盐法，即采用层菜层盐，一层原料，撒一层盐，表层用盐覆盖以隔绝空气。为调整产品酸度，增加产品风味，提高产品整体品质，为生产更优质产品提供合格原料，部分蔬菜采用二次发酵法进行盐渍。二次发酵法的工艺流程如下。

第一次发酵：鲜蔬菜→验质→盐渍→盐渍成熟品

第二次发酵：发酵液和清洗整形后盐渍菜→发酵

第一次发酵时往往加入较少的盐，使蔬菜呈现一个和新鲜蔬菜相当的盐坯，第二次发酵再加入较多的盐，两次发酵加盐普遍都采用层菜层盐加盐法。如青菜第一次总计用盐量5%；第二次总计用盐量9%。

(3) 翻池　根据工艺要求，部分蔬菜原料盐渍一段时间后进行翻池盐渍，以保证所有原料都能达到一致的盐渍效果。

开池前，排掉盐渍池中盐渍蔬菜渗出水，取下表面压的鹅卵石等压榨物，将第 1 次盐渍成熟的蔬菜转移到另一空盐渍池继续盐渍，翻池要及时，并注意防止在翻池过程中将污染物带入泡菜中，盐渍方法与第 1 次盐渍方法相同。

(4) 盐渍过程管理　盐渍过程应由专人负责管理，时时做好盐渍池周围环境卫生，做好盐渍池的防晒、防雨水措施，杜绝污染。

做好蔬菜入池、翻池记录，记录内容包括品种、入池数量、蔬菜重量、耗用食盐及其他辅料用量、封池时间等。

盐渍过程中伴随蔬菜水的渗出，盐水浓度下降，要及时添加食盐，保持食盐浓度稳定。

3. 盐渍成熟品预处理

新鲜蔬菜经盐渍成熟后，通常不能直接用于生产，需要经过适当处理才能进入下一道工艺，这个处理过程，称为预处理，包括起菜与转运、清洗、脱盐、整形、切块、脱水过程。

(1) 起菜与转运　采用清洁的吊车、叉车等工具将盐渍池（或缸）中的盐渍菜取出来，起菜时应对盐渍池蔬菜进行感官检查，发现有异味菜或褐变严重菜应及时处理，如果异味菜只是其中的一小部分，可以将其挑选剔除，如果异味菜规模大，整批菜都不能用。

一次性起菜不能过多，防止盐渍菜因不能及时加工而变质。起菜过程应注意卫生，防止异物污染。盐渍菜在转运地应选择卫生条件好的场所，避免因光照、雨淋及鼠害等引起产品质量下降。

(2) 清洗　目前大多盐渍蔬菜不洁净，含有较多的泥沙、色素、树叶等杂质，应进行清洗。一般采用清水漂洗的方式冲洗，根据原料的含盐量控制水流量、清洗速度以及时间。根据原料的不同，分叶类蔬菜、根茎类蔬菜的清洗方法。根据清洗方式不同，可分为手工清洗和机械清洗。

根据盐渍蔬菜不同质地及不同工艺特点，清洗与整形的顺序不完全一致，叶类蔬菜一般先清洗后整形，而根茎类蔬菜一般先整形后清洗。

清洗时应根据原料及成品含盐量要求确定蔬菜在清洗池中的存留时间及清洗速度，原料含盐量较高的，清洗速度可较慢，盐渍菜在水中浸泡时间可适当延长，达到多降盐的目的；原料含盐量较低的，应加快清洗速度，缩短蔬菜在水中的浸泡时间，达到降盐的目的。

（3）脱盐　腌菜类产品生产主要原料为盐渍蔬菜，食用盐含量高，若直接加工成产品会使产品咸味过重，因此常需进行脱盐降盐处理，以达到合适的盐度。

脱盐方式主要有清洗脱盐、贮水池脱盐、脱盐机脱盐。根据盐渍蔬菜的数量及盐度，确定脱盐方式。不同脱盐方式控制方式不一样，达到的降盐程度不一样，均匀度也不一样。当腌渍菜盐度高于成品盐度不多的情况，可采用清洗脱盐，既达到脱盐的目标，又能将产品清洗干净；盐渍蔬菜食盐含量较高，但需要脱盐的量比较小的，可进行储水池脱盐；盐渍蔬菜食盐含量较高，且需要脱盐的量比较大，采用脱盐机连续式脱盐。

脱盐与清洗是一个相互的过程，脱盐过程即有清洗作用，清洗也有脱盐作用。因此，部分蔬菜原料的脱盐、降盐与清洗为同一个过程。

（4）整形、切块

① 整形　在盐渍菜进一步加工前，须进行整形切块。整形主要包括削切去须根、黑斑，剥除外皮、老筋，除去黄叶、虫害、病变及腐烂变质的蔬菜，使处理后的蔬菜无老皮、无老筋、无黄叶。

② 切块　蔬菜预处理后的形状直接影响产品的外观形状，因此应根据成品感官形状要求对原料进行切块处理。将整形后原料通过切丝机、打菜机或手工相结合的操作方式使之成为符合生产要求的菜坯，并保证大小均匀一致，少碎末及碎块。

（5）脱水　腌渍菜经过清洗脱盐后水分含量高，并且常不一致，因此需进行脱水，使其含水量符合生产要求。不同的产品对水分含量的要求不一样。通常配料类产品含水量较高，红油小菜类产品含水量较低，镀铝包装红油小菜含水量又相对稍高。脱水方式主要有自然沥水、自然压榨脱水、压榨机脱水等方式。

4. 加工

将以上准备好的主要原料、辅料按下列工艺流程加工成各类加工品。

主要原料、辅料→调配→分装→封口→灭菌→分装

(1) 调配　调配设备主要有加热器、配料锅、搅拌器等，调配前将所有调配设备清洗消毒。

按投料先后顺序，将计量好的原辅料加到适当的容器或操作台面，拌制。调配后产品要达到的基本要求：无团块状，色泽均匀一致，口味及滋味等品质基本一致。调配过程要随时检查原辅材料的质量情况，及时处理不符合生产要求的原辅料，根据分装速度合理控制调配量，避免长时间存放造成的质量隐患。调配方式有手工调配、机械调配两种。

(2) 分装　分装是指将调配调味好的产品进行最小单位包装的过程。调配好的产品及时进入分装环节，要求做到分装后产品重量一致，防止产品重量不足的现象。

根据产品性质不同，分流体分装、粉体分装、碎块分装和非碎块分装，根据包装物不同分袋装产品分装和瓶装产品分装。分装后达到的基本要求，包装物合格，产品完全装在包装物中，计量标准，外观美观、洁净。

分装时应做到稳、准，即称料计量准，分装操作稳；防止待分装产品大量的遗漏于盛装容器之外的台面甚至地面；把握好漏斗进入包装物的深度，防止包装口残留菜汁及油汁。

目前部分泡菜生产企业逐渐采用自动计量分装设备进行分装。

(3) 封口　产品分装后要及时封口，根据包装形式不同分为袋装产品封口和瓶装产品封盖，根据是否抽真空分为真空封口和普通封口。

袋装盐渍菜包装常采用真空包装，要求封口线平整、牢固、干净，袋中空气抽尽。不同的包装袋需要调节不同的封口温度和封口时间，只有温度和时间调整恰当才能将封口做好。封口过程中应经

常检查热压架封口漆布有无脏物，有无破损，是否平整，保证封口强度。

(4) 巴氏灭菌　盐渍菜包装好后，要进行灭菌，以便消除微生物的影响，延长保质期。

盐渍菜因含有一定的乳酸和较高的食盐，因此灭菌温度可以较低，灭菌时间也可以较短。灭菌处理多采用巴氏灭菌。经巴氏杀菌后，干燥去除产品表面的水。目前企业多采用暖风干燥法，待产品经冷却出池时，启动通风及干燥旋钮，使产品经传输带在风力及温度的共同作用下达到干燥的目的。产品干燥后，包装上应无明显水珠，否则应调整转速，降低传输速度。

(5) 包装

① 整理　封口、灭菌后，产品的包装表面有较多的水渍，部分产品还有油汁、残渣等，因此需要对产品进行整理。整理过程包括除水、清理包装外表。整理后要求包装材料合格，无破损，无漏气；外表清洁干燥，无水珠、水渍、油渍，口沿干净；产品净含量达到规定计量要求；生产日期标注准确清晰；包装袋无折皱、花边，封口平整，袋内无气泡；瓶装封盖上无划痕，盖边无压痕；透明包装产品内无可视杂物及异物，红油小菜产品油水不分离。

整理过程，也是质量筛选、检验过程，要对产品外观质量逐一目视检验。清理出的不合格产品用专用容器分区堆放，及时进行集中处理。

② 贴标　瓶装产品须粘贴标签，标签与产品特性、标识一致。粘贴要求平整，无折皱，标签头尾对接吻合、整齐，无倾斜，牢固不下滑、不松弛。

③ 装箱　在装箱前，需要对产品进行最后一次感官质量检查，尤其是透明包装产品，要仔细挑拣不合格产品，质量标准及检出的不合格产品处置与整理阶段相同。

将纸箱组装成型，并在底面接合部两边延升至高一半位置粘不干胶带，留上盖开口。装箱产品要求：产品名称、规格、数量与纸箱标注一致；合格证的标注与产品名称、规格、生产日期一致。

粘贴时，下力要平稳，使封合带均匀横跨盖片接合部，并且平整无折皱，粘贴紧实牢固，不影响纸箱主要标示内容的阅读。

袋装产品为软包装，为防止储运过程中严重变形，一般需用打包机在纸箱外捆扎十字形扦包带，要求捆扎带交叉点位于纸箱中心，并且松紧适度，捆扎过紧易将纸箱扎变形并造成损坏，同时会对箱内产品造成不利影响；捆扎过松则失去捆扎包装的目的。

二、韩国泡菜

泡菜是韩国人饮食文化的主流。起初韩国人通过将大白菜制作为泡菜解决了冬天吃不到蔬菜的难题。而今，韩国泡菜已经发展为一种以蔬菜为主要原料，各种水果、海鲜及肉料为配料的发酵食品。

（一）工艺流程

辅料→配制调料
↓
原料→原料预处理→盐渍→盐渍成熟品→脱水→调配→密封发酵→成品

（二）操作要点

1. 原料

主料选择色泽鲜艳、无病虫害的时令新鲜蔬菜，如白菜、萝卜、豆芽等；辅料品种繁多，如辣椒、大蒜、生姜、葱、白砂糖、鱼露等，所有原辅材料应符合卫生标准。

2. 原料预处理

对原料进行切分、漂洗、选别，以保证盐渍品质量。

3. 盐渍

将洗好的蔬菜置于盐水中泡渍，各种蔬菜泡渍需要不同时间，以便蔬菜中的水分渗出，使盐分渗入获得咸味，这也是为了利用盐的防腐作用抑制有害细菌繁殖，保持蔬菜的品质。

4. 脱水

将盐渍好的蔬菜取出，用适当的水对其进行脱盐处理，然后沥干水分。

5. 调配

调料所需原料种类繁多，常用的调料材料有蒜泥、辣椒粉、虾酱、鱼露、姜泥、葱、白砂糖、蜂蜜、芝麻等。各种不同韩国泡菜调料各不相同，配制调料时通常将各种原料混合均匀即可。将脱水处理好的盐渍蔬菜与调料搅拌均匀。

6. 密封发酵

将拌匀的蔬菜放入坛等密封容器中，发酵一段时间即可食用。

三、新型泡菜

除以蔬菜为原料的传统泡菜以外，目前市场上还出现了以水果、蘑菇、凤爪、鸡肉、猪耳、猪尾、凤冠等原料泡制的新型泡菜，这类泡菜爽脆而又开胃刺激。除采用自然发酵获得的传统泡菜外，也有采用直投式微生物发酵菌剂快速发酵而成的新型泡菜。泡菜口味也在甜中带酸、酸中带辣的传统口味基础上增加了咖喱等新型口味，以满足消费者日益变化的需求。

（一）直投式微生物菌剂快速发酵泡菜

直投式微生物菌剂快速发酵泡菜是采用专用的泡菜复合益生菌优势菌种发酵的一种泡菜。

1. 特点

（1）发酵周期短　直投式微生物菌剂快速发酵泡菜因采用专用的发酵剂，大大缩短盐水浸泡发酵时间，将过去传统泡菜泡制时间由 15～30 天缩短至 2～3 天，大大提高生产效率，使生产成本大幅降低。

（2）营养丰富、味道鲜美　经复合益生菌优势菌种发酵，虽然泡制时间短，泡菜仍具有传统泡菜长时泡制形成的独特味道，酸鲜纯正、脆嫩芳香、清爽可口、解腻开胃。由于泡制时间短，营养成分损失较小，外加菌种发酵产生多种营养成分，维生素、矿物质等含量丰富。

(3) 易保藏　由于加入复合益生菌优势菌种，泡菜可在不添加防腐剂的条件下常温保藏3～6个月，低温下可保藏较长时间。

(4) 质量易控制　经复合益生菌优势菌种发酵，能实现标准化生产，产品质量均一，很好地解决了传统泡菜生产存在的食品安全隐患问题。

2. 生产工艺

灭菌食盐水　发酵剂
↓　　　↓
原料→预处理→清洗→消毒→切块→浸渍→发酵→调配→包装

3. 操作要点

(1) 消毒　蔬菜消毒采用冷杀菌，如紫外线杀菌、微波杀菌、消毒水消毒等方法。

(2) 发酵剂　根据情况发酵剂可含一种或多种乳酸菌，接种量通常为5%～10%。

(二) 泡荤菜

猪尾、猪耳、鸡爪为猪肉、鸡肉的加工副产品，营养价值较高，富含蛋白质、钙、铁，低脂肪，尤其是胶原蛋白含量较高。目前市场上已出现了以鸡爪、猪尾、猪耳等为原料制作的泡菜。下面以巴蜀泡椒凤爪、猪尾、猪耳的加工为例进行说明。

1. 原料配比

川味泡菜盐水：新盐水与老盐水按1∶1混合。

制新盐水：清水5kg，盐1.25kg，白酒50g，料酒150g，红糖150g，醪糟汁1kg，干红辣椒25g，花椒5g，草果5g，山柰5g，八角5g，白菌50g，洋葱、野山椒、香芹适量。

制成品：凤爪、猪尾、猪耳110g，川味泡菜盐水20g，野山椒15～20g。

2. 生产工艺

原料选择→清洗→预煮→浸漂→洗涤→去骨→沥干水分→川味泡菜盐水制备→浸渍→包装→真空密封→杀菌→检验→成品

3. 操作要点

(1) 原料选择　鸡爪、猪尾、猪耳应符合卫生标准，健康、肥大、净白。在鸡脚掌向上1～2mm处切割，除净杂质及污染物。其余原料均符合卫生标准。

(2) 清洗　彻底清洗，逐只检查，去净脚趾甲表皮、鸡毛等杂质，采用2%左右盐水浸漂冲洗。冻鸡爪应进行解冻处理，按气候条件确定解冻的时间温度，室温控制在18℃左右。解冻结束后进行冲洗，彻底清除杂质污物。猪尾、猪耳要除净毛等杂质。

(3) 预煮　将清洁卫生水置夹层锅中，可添少量香料，于沸水中预煮至八分熟，预煮时不停搅动，保证预煮均匀。预煮时尽可能保证鸡爪完整，表面洁净，不可染上其他杂色。

(4) 浸漂　将2%～3%盐水置漂洗池中，浸漂水与鸡爪、猪尾、猪耳重量为2∶1，淹没鸡爪、猪尾、猪耳，尽快翻动达到冷却目的。冷却后静置浸漂8～10h，浸漂水中加入适量食用纯碱。

(5) 洗涤　浸漂完成后，彻底清洗鸡爪、猪尾、猪耳，去净油污。未去净油污会影响盐水质量，甚至造成鸡爪产品口感滋味差。

(6) 去骨　将清洗净后的鸡爪晾干水分，进入去骨过程。除脚趾小骨外，鸡爪及其他部位的骨及渣一律去净，不得残存。也有采用先去骨后浸泡清洗方法的。

(7) 川味泡菜盐水制备　清水5kg、盐1.25kg、白酒50g、料酒150g、红糖150g、醪糟汁1kg、干红辣椒25g，香料添加花椒5g、草果5g、山奈5g、八角5g、白菌50g，同时还应加入洋葱、野山椒、香芹等，将新盐水与老盐水按1∶1混合。

(8) 浸渍　将洗净油污去净骨的鸡爪、猪尾、猪耳取出晾干，置入盐水液中浸渍至入味，浸渍期间室内温度尽可能控制在20～25℃，以保证乳酸菌生长繁殖，进行乳酸发酵。

(9) 包装　袋装每袋加入凤爪、猪尾、猪耳1kg，加入20g盐水，添加15～20g野山椒，采用真空包装，也可采用瓶装。

四、根菜类泡菜

(一) 泡酸辣萝卜皮

1. 原料配比

萝卜皮 1kg，精盐 100g，味精 10g，辣椒粉 70g，白糖 100g，酱油 50g，醋 150g，虾酱 100g，大蒜末 50g，姜末 30g。

2. 操作要点

将萝卜皮洗净，切成细丝，加上精盐拌匀，腌渍 10h，捞出、沥干。将白糖、醋、辣椒粉、大蒜末、姜、虾酱、味精放在同一碗内，调匀即成泡腌调味料。将腌过的萝卜皮层层装入容器中，两层之间抹匀泡腌调味料。泡腌 3 天即可食用。

(二) 咖喱萝卜块

1. 原料配比

白萝卜 1kg，胡萝卜 150g，白菜 100g，大蒜末 25g，精盐 20g，咖喱粉 15g，白糖 20g，5%的温水 500g。

2. 操作要点

将白萝卜、胡萝卜切成块，拌入精盐腌渍 4h；将白菜切成 3cm 长的块，用精盐盐渍 4h。将白萝卜、胡萝卜、白菜取出，放入清水中漂洗 2 次，捞出沥干水分，装入容器中，放置 30min，再加上大蒜末、白糖拌匀。将萝卜、胡萝卜、白菜装入坛中，注入盐水和咖喱粉，盖严坛盖，注满坛沿水，泡腌 5 天即可食用。

(三) 泡萝卜块

1. 原料配比

青萝卜 1kg，精盐 100g，虾酱 60g，味精 10g，辣椒粉 75g，白糖 30g，白醋 5g。

2. 操作要点

将青萝卜削去根须、洗净。用刀削成小块，装入盆内，加上精盐拌匀，腌渍 2h，取出，沥干。将虾酱、味精、辣椒粉、白糖、白醋同放入一碗内调匀，即成泡腌调味料。将腌过的青萝卜块装入容器中，加上泡腌调味料拌匀，泡腌 12h 即可食用。

(四) 泡熟萝卜

1. 原料配比

萝卜 10kg，蒜 1kg，葱 3kg，姜 1kg，青辣椒 500g，白糖 250g，红辣椒 1kg，盐水适量。

2. 操作要点

将萝卜去顶、去根须，洗干净，纵切成 4 瓣，置于烧开的盐水中煮至三分熟，立即捞出，沥干水分，放入坛中。葱去根须，洗净擦干，切成三段，整齐地用葱叶一捆捆地捆好；把红辣椒纵切成细条；姜、蒜切片。将捆好的葱及切好的红辣椒与青辣椒、白糖、姜、蒜一起放入坛内。烧适量咸淡适中的盐开水，晾凉后注入坛内，将菜淹没为止。装满压实，坛沿应当时时有水。

(五) 泡红圆根萝卜

1. 原料配比

红圆根萝卜 10kg，醪糟汁 100g，新盐水 5kg，干红辣椒 150g，白酒 50g，老盐水 5kg，食盐 250g，红糖 100g，香料包 1 个。

香料包配方：八角 7g，花椒 15g，滑菇 50g，香草 7g，豆蔻 7g。

2. 操作要点

选鲜嫩的红圆根萝卜，去顶及须根，洗净，切成条，沥干。加盐拌匀，腌制 5h 左右捞起，晾干表面水分。将各种调料拌匀装入泡菜坛内，放入萝卜条及香料包，用竹篾卡紧，盖上坛盖，水封密封，浸泡 1 天即可。

(六) 泡甜酸胡萝卜

1. 原料配比

小胡萝卜 100kg，料酒 1kg，老盐水 50 L，白酒 500g，干辣椒

1.25kg，新盐水 5L，盐 3kg，红糖 20kg，花椒 480g，醋 5kg，香料一包（含八角、花椒、白菌、排草等）。

2. 操作要点

将小胡萝卜洗净，沥干，晾晒至稍软。用盐腌制，捞出晾干。各种调料调匀与小胡萝卜一起入坛，用篾片卡紧，盖好坛盖，添足坛沿水，密封坛口。泡 10 天，即可食用。

（七）泡胡萝卜

1. 原料配比

胡萝卜 100kg，食盐 30kg，凉开水 40L。

2. 操作要点

将胡萝卜洗净晾干，晾晒要达到稍软，然后装入泡菜坛内。一层胡萝卜一层盐，再加入凉开水，然后盖好盖子，要用篾片卡紧，盖好坛盖，在坛外的水槽里加满凉水，3～5 天即可食用。

五、茎菜类泡菜

（一）泡春笋

1. 原料配比

净春笋 10kg，食盐 500g，料酒 300g，八角 50g，辣椒面 300g，桂皮少许。

2. 操作要点

将净春笋用不锈钢刀切成 2 瓣或 4 瓣，用盐水煮开，再放入八角、桂皮、料酒等煮 0.5h 左右，去沫，连汤带笋倒入盆中凉透。取泡菜坛一只，倒入凉透的原料，加辣椒面，注意汤水不能过多，以刚好淹没菜体为宜。盖好坛口，1 周后即可食用，食用时可根据需要进行改刀。

（二）泡冬笋

1. 原料配比

新鲜冬笋 10kg，干红辣椒 200g，红糖 200g，食盐 1kg，一等老泡菜水 10kg，白酒 100g。

2. 操作要点

将冬笋削去外壳和粗老部分，勿伤笋肉或将其折断。洗净，晾干附着的水分。将配料装坛，放入冬笋。用竹片卡紧，盖上坛盖，添足坛沿水，约泡制 1 个月即成。

(三) 泡藕片

1. 原料配比

鲜藕 100kg，食盐 20kg，水 20kg。

2. 工艺流程

鲜藕→整理→洗涤→切片→盐渍→倒缸→成品

3. 操作要点

(1) 整理、洗涤、切片　选择中节藕段，刮去藕皮，削去毛节，用清水洗涤，沥去浮水。用不锈钢刀将藕切成 1cm 厚的薄片，再用清水冲洗一下，沥去浮水。

(2) 盐渍　每 100kg 鲜藕片，共用食盐 20kg（其中 10kg 用于制卤水）。腌渍时，先用水 30kg、盐 10kg 制成卤水，倒入缸内，再在缸内铺一层藕，均匀撒上一层盐，一层藕一层盐，下层盐少，上层盐多。至缸满后，24h 后翻缸 1 次，以后每天翻缸 1 次，翻 3～4 次，即为成品。夏天气温高时，藕片必须浸泡在卤汁里，要求见卤不见菜，卤少易使藕片变质。

(四) 泡子姜

1. 原料配比

子姜 10kg，食盐 500g，红辣椒 500g，白酒 200g，红糖 100g，老盐水 10kg，香料包（花椒、八角、桂皮、小茴香各 50g）1 个。

2. 工艺流程

子姜→原料整理→盐渍→泡制→成品

3. 操作要点

(1) 原料整理　将子姜去掉粗皮、老茎，洗净。放在净水中泡

2～5 天，捞出，晒干，待用。将老盐水加入红糖 50g、白酒、川盐搅匀。

（2）盐渍　用盐将子姜码匀，俗称出坯。在盐水的作用下，蔬菜脱除部分水分，初步渗透盐味，以免入坛后降低盐水与泡菜质量。有些蔬菜含有较浓的色素，经过出坯处理，有利于蔬菜的定色保色，并且清除异味，避免盐水污染。盐渍约 24h，捞出，除干水分。

（3）泡制　将老盐水倒入坛中，加入红糖 50g，白酒和食盐，搅匀。先将辣椒垫底，再加入子姜，装到一半时放入余下的红糖和香料包，再把剩余的子姜装完，灌入泡菜盐水压紧，盖上盖，添足坛沿水，泡 5～6 天即可。

（五）泡生姜

1. 原料配比

嫩姜 10kg，食盐 3kg，凉开水 3kg。

2. 操作要点

将嫩姜去皮、去茎、去根，洗净，晾干，装入泡菜坛中。将食盐在凉开水中溶解，倒入到泡菜坛中至生姜漫头浸泡，盖好坛盖，在水槽中加满凉水。10 天后即成产品。

（六）泡莴笋

1. 原料配比

莴笋 10kg，料酒 200g，老盐水 8kg，红糖 60g，食盐 100g，香料包一个。

2. 操作要点

选择质地鲜嫩的莴笋，将莴笋去叶、去皮、去筋，洗净沥干水分，再用食盐腌透后捞出，晾干表面水分。将红糖、料酒、香料包放入装有老盐水的坛内，搅匀，投入莴笋，盖上坛盖，添足坛沿水。泡制 2 天后即为成品。

六、叶菜类泡菜

(一) 酸白菜

酸白菜是经过乳酸发酵而制作的一种腌渍菜。我国东北和华北各地，由于冬季时间长，鲜菜不易储藏，广泛采用这种方法制作酸白菜，可储藏半年左右。酸白菜腌渍方法简便，不加任何辅料。可工厂化生产，亦可自家制作，食用方便，食时取出，洗涤后，炒食、煮食均时。

制作酸白菜的工艺有两种，即生渍酸白菜和熟渍酸白菜，其方法基本相同。要求白菜棵大（约1kg）。

1. 工艺流程

（1）生渍酸白菜工艺流程

鲜白菜→整理→洗涤→晾晒→入缸→灌水→泡制→成品→贮藏

（2）熟渍酸白菜工艺流程

鲜白菜→整理→洗涤→烫漂→冷却→入缸（桶）→压菜→灌水→泡制→成品

2. 操作要点

（1）整理、洗涤　首先切去白菜的根，剥去黄菜帮、老帮。棵菜超过1kg以上的，应纵劈成2瓣，每棵超过2kg者应纵向切成4瓣，用水洗净泥土杂质。

（2）泡制

① 熟渍酸白菜　将洗涤后的大白菜放入沸水中烫漂。先抓住白菜的叶梢，将菜的基部（菜帮）伸到沸水中热烫，再缓缓把叶梢浸入沸水里热烫2min左右，待白菜帮呈透明乳白色，捞出。要求菜叶柔熟透明，脆度不变，不疲软为度。将捞出的菜立即投入清水中，冷却至常温，然后再将菜铺在缸内。铺菜的方法是一层菜根对着菜根，一层菜叶梢对着叶梢。这样交错铺至缸满，再在菜面上压上重石，重石的重量占菜重量的15%左右。灌进清水，使水漫过菜面10cm。菜在缸（桶）内发酵20天左右即为成品。

② 生渍酸白菜　不需烫漂，但应将洗涤后大白菜置阳光下晒

2～3h，期间翻菜1次，其他操作方法与熟渍酸白菜相同。

(3) 储藏　储藏温度保持在10～15℃，每隔10天取1/3菜卤，然后用清水灌满，保持菜卤漫过菜面10cm。在储藏过程中，如发现菜卤中生长菌膜，应待菌膜长厚后捞出，白菜只要不腐烂，仍可食用。注意切勿将碎菌膜沉入菜卤中，如菌膜接触白菜菜体，则菜体易腐烂、变质，不能食用。储存期不超过5个月。

(二) 东北酸辣白菜

1. 原料配比

中等大小白菜100棵，萝卜50kg，大葱2kg，大蒜40头，干辣椒1kg，粗盐14kg（腌白菜用），精盐6kg，姜200g，虾酱2kg。

2. 工艺流程

选料→腌菜→制调料馅→渍菜→成品

3. 操作要点

(1) 选料　挑选满心白菜，去掉老帮，收拾干净后放入盐水中。将萝卜洗净，大的可切成3～5片。

(2) 腌菜　盐水最适浓度为1桶水加1.5kg盐。用盐水将白菜浸透，腌2～3天，取出白菜用清水洗净，沥干。

(3) 制调料馅　挑10个大萝卜切成丝，将大葱和姜也切成丝，大蒜捣成汁。把萝卜丝放入盆内，撒少许盐，腌一会后撒入辣椒粉搅拌，再放入大葱、蒜、姜拌和，同时撒点盐拌成馅状。调料馅里可放虾酱，也可将苹果、梨等水果切成细丝放入。

(4) 渍菜　把调料加在每片白菜叶之间。在缸内先放一层萝卜，撒点盐，再放一层夹馅白菜，依此顺序往上排，最上面可用白菜帮覆盖，放石头压住，最好把缸埋在地里，但缸口要露在地面。2～3天后可渗出一些汤。再用调料馅做些汤（或盐水）倒入缸内，然后封口，待冬天即可食用。

(三) 武汉酸白菜

1. 原料配比

白菜100kg，食盐7kg。

2. 工艺流程

晒菜→铺菜揉压→发酵→成品

3. 操作要点

(1) 晒菜　选用鲜嫩的箭杆白菜，挂在拉绳上晒 2～3 天。

(2) 铺菜揉压　将晒软的菜顺序铺在木桶里，一层菜一层盐。铺菜时，最底层是将第 2 株菜的菜帮压在前一株的菜叶上，逐株盘旋铺放，使木桶底部只与最底层的菜叶接触。第 2 层起到桶满为止，铺法恰好相反，把第 2 株菜的菜叶盖在前一株菜帮上，使面上只见菜叶不见菜梗。第 1 层不加揉压，第 2 层起逐层踏实，使白菜柔软而不使菜梗破损，压得整桶白菜严密紧实，不透空气。铺到离桶口约 20cm，加压石块，以后逐日揉压。

(3) 发酵　待菜卤高过菜面 6cm 以上时，停止揉压，盖好。放在空气流通的竹棚下，任其发酵，不要被雨淋，经 25 天即成酸白菜。

(四) 太原泡菜

此菜用料广泛，如圆白菜、豆角、莴笋、苤蓝、菜花等均可作菜料。

1. 原料配比

大白菜 10kg，胡萝卜 1kg，汾酒 200g，芹菜 800g，水 10kg，红柿椒 300g，食盐 500g。

2. 工艺流程

配盐卤→原料处理→控水→入坛泡制→成品

3. 操作要点

(1) 配盐卤　将 10kg 清水烧开，加入食盐 500g 溶化，将盐水晾凉，倒入一小坛内。

(2) 原料处理　将白菜去根、去老帮，洗净切成瓣（大棵白菜可切成 4 瓣）；将萝卜洗净刮皮，切成手指粗的条；将芹菜去根去叶，洗净，切成长 10～12cm 小段；将红柿椒洗净，在红柿椒面上用干净牙签均匀扎若干小孔，以便入味。

(3) 控水　将所有菜料控干水分。

(4) 入坛泡制　将所有菜料泡入盐水之中，加入汾酒 200g，盖严坛口，添加坛沿水。浸泡 1 周后即可食用。如果为了早些时间成熟，可以适当多加一些汾酒。

(五) 四川什锦泡菜

1. 原料配比

白菜 10kg，圆白菜 3kg，大蒜 0.7kg，嫩豇豆 1.3kg，胡萝卜 2kg，白萝卜 1kg，苦瓜 0.7kg，鲜姜 4kg，芥菜梗 0.7kg，芹菜梗 0.7kg，黄瓜 0.7kg，鲜青辣椒 4kg，红辣椒 4kg，粗盐 4kg，白酒 2kg，干辣椒 0.2kg，花椒 0.2kg，生姜片 0.7kg，凉开水 20～25kg。

2. 工艺流程

制泡菜液→晒菜→入坛泡制→成品

3. 操作要点

(1) 制泡菜液　将粗盐、干辣椒、花椒同时放入泡菜坛内，加入白酒及凉开水，搅拌均匀，待粗盐溶化后即可使用。

(2) 晒菜　菜料可以根据个人爱好选用。配料中，不喜欢的成分可少用或不用，可把用量加到其余菜料上。将菜料全部洗净，晾干，用不锈钢刀切成各种小块或小段。如果菜料水分过大，可略晒去水分。黄瓜和圆白菜也可以先用沸水烫一下，再略晒去水分。

(3) 入坛泡制　将所有菜料、调料放入泡菜坛内，搅拌均匀，使泡卤浸泡全部菜料。于坛沿处加水后，用盖盖严。夏天泡 1～2 天，冬天泡 3～4 天即可食用。喜食甜味者，可以在泡菜水内加入少量白糖。用酒最好用高粱白酒，无高粱白酒时，也可用其他粮食酒。

整个操作过程要注意干净卫生，尽可能做到不让生水进入坛中，取食泡菜时也要注意切忌沾油，以防泡菜变质。

(六) 甜酸泡白菜

1. 原料配比

白菜10kg，食盐2kg，蒜苗1.5kg，白酒1kg，糯米酒5kg，辣椒面500g，冰糖500g，食用碱2g，凉开水2kg。

2. 工艺流程

原料处理→揉盐→成品

3. 操作要点

(1) 原料处理　挑选新鲜、无病虫害的白菜，晾晒脱水，然后冲洗，沥干。将白菜叶扯下叠好，切成3cm左右的小块。选用肥大、新鲜的嫩蒜苗，剥去外层老皮，除掉根和茎的上部。每10根蒜苗扎成1把，晾晒4～5天，切成小段。

(2) 揉盐　将切好的白菜、蒜苗放入菜坛，加食盐1kg、白酒拌匀，轻轻揉搓，使菜汁透出，然后捞出菜料放入坛中。

(3) 泡制　用凉开水2kg将冰糖、食盐和食用碱溶化。加入辣椒面、糯米酒拌匀，装入泡菜坛内，淹过白菜、蒜苗。盖上坛盖，添足坛沿水。3个月即为成品。

(七) 泡雪里蕻

1. 原料配比

雪里蕻10kg，红糖150g，一等老盐水8kg，醪糟汁100g，食盐600g，干红辣椒250g，香料包一个。

2. 工艺流程

原料整理→腌渍→泡制→成品

3. 操作要点

(1) 原料整理　将雪里蕻洗净，去掉老茎、黄叶。

(2) 腌渍　曝晒至稍干，均匀地抹上盐 (10kg抹600g)，腌渍在缸中，用石头压紧。1天后取出，沥干涩水。

(3) 泡制　将红糖、一等老盐水、醪糖汁、干红辣椒调匀装入坛内，放入雪里蕻及香料包。装坛时注意装满，用篾片卡紧，盖上坛盖，添足坛沿水，泡制2天即可。

(八) 辣白菜

1. 原料配比

鲜白菜100kg，青萝卜50kg，大葱2kg，大蒜1.25kg，辣椒面1kg，姜1kg，虾油2kg，精盐2.5kg，海盐7.5kg。

2. 工艺流程

白菜→整理→盐水渍→拌料→复腌→成品

3. 操作要点

(1) 整理　选用棵重1～1.5kg的满心鲜白菜，除去老帮、黄叶，削去根须，用清水洗净。

(2) 盐水渍　将7.5kg海盐溶解配成8°Bé盐水，倒入渍制容器内。将洗净的白菜放入盐水中渍制2～3天，注意盐水要没过白菜。取出白菜用清水洗1遍，沥干浮水，然后放在容器内。

(3) 拌料　先把20%的青萝卜切成细丝，全部大葱和姜也都切成细丝，大蒜捣成汁。把萝卜丝放入盆内，撒少许精盐，腌渍1～2h后，撒上辣椒面搅拌均匀，再放入虾油、葱、蒜、姜，充分拌和成“馅状”。为了提高风味，可加入一些苹果、梨（切成细丝）等。

(4) 复腌　在缸内先放一层萝卜，大的可切成3～5片，再放一层白菜，白菜上铺一层已准备好的菜馅，上面再放萝卜。依此顺序层层摆好，最上面用白菜帮覆盖，用石头压上。最后将缸埋在地里，仅露出缸口，过2～3天后，兑入一些盐水，使菜汁超过菜面，后封口，经20天后即可食用。

(九) 延边朝鲜族辣白菜

1. 原料配比

满心大白菜100kg，粗盐5～6kg，辣椒粉0.5kg，白皮蒜1.6kg，大葱0.5kg，生姜10g，香菜籽60g，精盐670g，梨200g，牛肉500g。

2. 工艺流程

原料预处理
↓
大白菜→整菜→腌制→泡制→成品

3. 操作要点

(1) 原料预处理　将白皮蒜、大葱、生姜分别捣成泥状，香菜籽焙炒后捣成粉状，梨削皮后切成条状，牛肉火烤后团成条状。将上述调味料混合拌匀，成半固体状。如果太干，可适当加盐水。

(2) 整菜、腌制　先把满心的大白菜去掉粗帮乱叶，用 10～15°Bé 的盐水（用粗盐配制）浸泡 2～3 天，当手捏不破碎时，取出用清水洗净，晾干。翻开白菜叶子，从心到外将配好的调味料用手涂抹均匀，保持白菜原形态。

(3) 泡制　把大缸洗净，抹干，放在窖内，然后把加上配料的辣白菜按顺序装在大缸里，再用干净石头压在上面，用布严密包扎缸口。装缸 2～3 天后，打开缸检查盐度（最适宜盐度为 3%～5%）和淹没程度（压石上面应有盐水），发现不足时，及时加盐、加水。再把缸口用布严密包扎，任其自然发酵。窖内温度保持 4～10℃，约 35 天，腌成的辣白菜水 pH 值降至 4.3 左右为佳；如果室温高至 20℃，只要 3 天就成了，但风味不好。

(十) 朝鲜族泡菜

1. 原料配比

白菜 10kg，萝卜 7kg，芹菜 1.5kg，芥菜 0.6kg，大葱 300g，生姜 100g，虾酱汁 300g，辣椒粉 300g，盐 700g，蒜头 7 个，生牡蛎 300g（或墨鱼 1 条）。

2. 工艺流程

原料整理→腌制→配料→泡制→成品

3. 操作要点

(1) 原料整理　将白菜除去老帮、老根，切成 2～4 瓣，放入一干净缸内。将各种菜料洗净，防止污染整个菜缸。如用墨鱼则要剥皮，剁成两段，切成丝，在盐水里泡1天后控干水分，再进行泡制。

（2）腌制　倒入盐水1桶（加适量盐即可），基本与菜面平齐，上面再撒一些盐。腌制以后，将咸白菜捞出用清水洗数遍，沥干水分。

（3）配料　取3个萝卜刨成丝，其余的萝卜均切成2瓣待用；将姜、蒜捣碎成泥，与切成2瓣的萝卜及部分盐、辣椒粉搅拌在一起；将芹菜和芥菜洗净，切成5cm长的小段；将牡蛎放少许盐腌，再清洗干净，沥去水分；将葱切碎。将萝卜丝用辣椒粉拌至鲜红的程度，再与上述所有调料拌在一起，最后用虾酱汁和盐调味。

（4）泡制　把配好的调料均匀涂抹在白菜的菜叶上，里外上下都要涂抹到。在缸底码放一层白菜，放些萝卜块，上面再放一层白菜，然后用宽大的菜叶盖住，用净石压住。泡至3～4天后，把熬沸晾凉的盐水倒入缸内，要求水面高于菜面。腌6～7天即可食用。

（十一）朝鲜高级什锦泡菜

1. 原料配比

大白菜10kg，萝卜2.5kg，牛肉末1kg，鱼肉丝1.5kg，蟹肉汤1L，干贝汤1L，牛蹄筋汤1L，苹果500g，梨500g，大葱500g，大蒜500g，辣椒粉250g，生姜250g，食盐400g，味精25g。

2. 工艺流程

原料处理→原辅料混合→泡制→成品

3. 操作要点

（1）原料处理　将大白菜去老帮，洗净，沥干，切成小条；将萝卜洗净，去皮，切成丝，分别将它们装入缸内，用食盐150g预腌。将苹果、梨洗净沥干，去核切成小条。将大葱、大蒜、生姜洗净后剁成碎末。

（2）原辅料混合　捞出腌制中的白菜、萝卜，沥干水分，否则容易变质。和苹果、梨、牛肉末、鱼肉丝、葱姜末和辣椒粉混合拌匀，装缸。装满压实。

(3) 泡制　将冷却后的蟹肉汤、干贝汤、牛蹄筋汤混合在一起，加入剩余的食盐和味精，搅拌后倒入缸内，淹没菜料，盖上缸盖，发酵10天左右，便可食用。尽量随泡制随食用，滴几滴高度白酒在泡菜水的液面可延长保藏期。

(十二) 韩国白菜泡菜

1. 原料配比

以10kg大白菜为例，鲜红辣椒2～3kg（如果用干辣椒粉为0.7～1.2kg)，白萝卜3～4kg，大洋葱0.5kg，韭菜、小葱各0.5kg，银针鱼0.5kg，泡制海带100g，白糖0.3～0.5kg，鱼露200～250g，鲜姜0.5～0.7kg，大蒜0.7kg，虾酱50g，味精60g，雪梨0.5～1kg，精盐0.2～0.5kg（根据需求可适当调整各种原料比例)。

2. 工艺流程

熬制汤料→调制配料
↓
选料→原料预处理→盐渍→脱水脱盐→调味料混合→密封发酵→成品

3. 操作要点

(1) 选料　选择3kg左右质地厚实的大白菜，1kg左右的新鲜白萝卜。选用没有色素的辣椒粉，或秋季市场卖的鲜红辣椒。小葱和韭菜越嫩越好。其他的配料没有具体要求，由制作者自己掌握。

(2) 盐渍　最好将大白菜晾晒2天减少水分，然后洗净，从底部切十字形至中部，用手掰成4大块。将少许盐撒入叶梗厚质部分，再将白菜放入装有盐水的容器中。将大白菜泡制约8h左右后取出，倒入凉水浸泡，水以不淹过大白菜为宜。

(3) 熬制汤料　取1kg左右萝卜及不足总量1/2的泡制海带。将海带绞成颗粒状，放入锅里熬制，开锅后再放入萝卜，再开锅即可。根据所用辣椒确定加水量，如果用新鲜的红辣椒，加少量水调成粥状；如果用干辣椒粉，加水调成稀粥状。

(4) 调制配料　将新鲜红辣椒、大蒜、鲜姜、雪梨用绞刀绞碎于不同的容器中，将小葱、韭菜切成不足3.3cm的段。将白萝卜去皮切丝，用少许盐和辣椒酱拌匀。

(5) 脱水脱盐　取出脱盐后的大白菜，沥干，备用。

(6) 调味料混合　将汤料放入大一点的容器里，倒入辣椒和准备好的萝卜丝、大洋葱丝、韭菜段、小葱段、海带丝、雪梨、鲜姜、大蒜、鱼露、虾酱、白糖、味精、盐，充分搅动。如果做出的酱料比较稠，可以加一点熬制好的牛肉汤搅匀。

(7) 密封发酵　双手戴上一次性塑料手套，把制好的辣椒酱均匀涂抹在大白菜上，一层一层地抹透，根部厚实的地方多抹一点。放入容器中发酵12h，置于冰箱冷藏（最好是0～4℃），随吃随取。

(十三) 日本辣白菜

1. 原料配比

白菜 10kg，海带 300g，辣椒 1.5kg，冷开水 700g，食盐 500g。

2. 工艺流程

原料处理→盐腌压水→拌料入桶→封盖成熟→成品

3. 操作要点

(1) 原料处理　挑选嫩白菜，去根，洗净，沥干，晾晒1天。小棵的白菜整个泡制，大棵白菜纵刀一切成2瓣，以便使盐水腌透。将海带洗去污物，沥干后切成块状。

(2) 盐腌压水　将白菜装进洁净盆内，均匀撒上350g食盐，挤压揉制。用石头压住白菜，掺入700g冷开水，水分涨出后，放置12h。

(3) 拌料入桶　将白菜移置木桶内，均匀装入海带、辣椒。在盐水中加食盐150g，搅拌均匀，注入木桶内。

(4) 封盖成熟　把桶盖固定封死。放置成熟10天后，启开桶盖，便可食用。

（十四）西式泡白菜

1. 原料配比

圆白菜 10kg，黄瓜 6kg，胡萝卜 6kg，葱头 4kg，青椒 4kg，菜花 4kg，芹菜 2kg，白糖 8kg，白醋 10kg，精盐 1kg，辣椒 2kg，丁香 1.2kg，水 20kg。

2. 工艺流程

原料处理→配卤→泡制→成品

3. 操作要点

（1）原料处理　将所有菜料洗净，切成小片，倒入开水中略烫一下，立即捞出，并用凉水冷却。

（2）配卤　将锅上火，放入白糖、白醋、精盐、辣椒、丁香等辅料及水，烧开成卤，再晾凉。注意不可用大火熬制泡菜卤，否则会使泡菜卤出现苦味，影响菜的质量。

（3）泡制　取干净泡菜坛一个，放入熬好晾凉的泡菜卤及切好的菜料，一般泡制 5h 即可食用。各种菜料配量可根据个人爱好增减，也可以减少菜的品种，把其量加在其他菜上。

七、果菜类泡菜

（一）酸黄瓜

酸黄瓜是一种经过自然乳酸发酵而成的腌制品，色黄绿，味酸辣，有异香，质脆嫩清爽，生产历史悠久。一般选用 12～16cm 长的小黄瓜（上海习惯叫春黄瓜）为原料，5 月中旬左右加工。

1. 原料配比

小黄瓜 100kg，食盐 6kg，辣椒粉 0.8kg，鲜香草 0.65kg，丁香粉 60g，胡椒粉 100g，辣根 0.8kg，蒜头 3.5kg，鲜芹菜 0.8kg，香叶 30g，苯甲酸钠 50g。

2. 工艺流程

选料→整理→粗制→精制→包装

3. 操作要点

（1）选料　选择个体大小均匀、条直、顶花、后把小、无大肚、无尖头、色鲜绿的黄瓜，黄瓜进厂后及时加工。

(2) 整理　黄瓜应脆嫩，忌粗老，采收后迅速整理加工。如耽搁1天，瓜的空心就会扩大，品质就会降低。

① 把整理时所需用的工具准备齐全，如木板、敲板、缸（或木桶）、笊篱、竹箩等。调好消毒水，水内放入亚硫酸盐和氯化钙各0.1%，最好用冷开水盛在缸内。

② 剔除大瓜、歪瓜、烂瓜，选择适合于加工规格的小瓜。

③ 因黄瓜表皮有蜡质，不易渗透，泡制前必须打上眼，使汤汁能及时渗入瓜内，才能使瓜体下沉。打眼时，把小瓜平摊在木板上，然后拿敲板的带针面向瓜上拍，每拍一下，约可敲瓜3个，每只瓜上可被打5～6个眼，最好能穿透瓜身。

④ 把打过眼的瓜放入消毒水中浸透，立即捞出，装入竹箩，沥净消毒水，就可泡制。每100kg消毒水，一次可浸小瓜100～150kg，并可浸瓜3次。第2次浸时，应再加相当于第1次1/2的药剂。第3次浸时，应加相当于第2次1/3的药剂。浸过3次以后，如发现水有臭气，就不能再用。

(3) 粗制　将经过消毒的小瓜，沥去消毒水。

① 把粗制过程中所需要的一切工具和必需品准备齐全，如瓜坛、水泥、黄沙、油纸、牛皮纸、漏斗、搪瓷盆、勺子、木桶、橡胶管子等，并将其中的一切工具加以消毒。瓜坛要用0.05%高锰酸钾溶液浸泡6h（装过酒的坛不用消毒，只用开水浸一通即可）。

② 调好配料，料的比例会直接影响酸小瓜的口味和品质。把鲜香草切成3cm长，辣根切成薄片，鲜芹菜切成3cm长，香叶最好研成粉末，然后一起放在搪瓷盆内调匀。

③ 烧好卤汤，每60kg淡水加食盐6kg、苯甲酸钠50g，煮沸后可灌小瓜100kg。小瓜100kg加食盐6kg，咸淡最为适宜，但不宜长期保存。

小瓜沥净后，如不精制，可装入缸中，一层瓜一层香料。装满后，在坛口上加封油纸、牛皮纸各一层，用绳捆扎，再用水泥调黄沙密封坛口。封好后存放20天或1个月（初冬约1个月，春末夏初约 20 天）即成。

酸小瓜在泡制过程中，应特别注意下列四点。

① 灌卤汤时，卤汤必须滚沸，趁热灌入坛内，不可用生水或温开水。

② 封坛口必须在包装后 2h 内完成，如果拖延 12h 以后，坛内的瓜就会发酵，酸气挥发。

③ 坛口必须封得十分严密，不能漏气。

④ 封口后不到发酵期满，切勿开坛。

(4) 精制　经过粗制以后的小瓜，已经是酸黄瓜的成品。为使酸黄瓜的滋味更加鲜美，便于长期保管，粗制完成后，还可以进行精制。精制必须将原有的卤汁抛弃，换装香蕉苹果醋卤汤。

先把精制过程中所用的一切工具准备齐全，用含高锰酸钾 0.025%的溶液加以消毒。

煮好卤汤，除瓜 100kg 用 1.5kg 蒜头外，其余配料比例均与粗制时同。把配料装在布袋里，再放入锅内和水一起煮，煮沸 30min 后，用四层纱布把煮成的卤汤滤净，使卤汤清澈，不带渣滓。再掺进相当于卤汤 10%的香蕉苹果醋或梅子醋，倒入瓷桶内散热。

(5) 包装　打开装粗制酸黄瓜的瓜坛，利用坛内原有的卤汤把瓜洗净，同时在玻璃瓶口上装上搪瓷漏斗，把瓜从漏斗口装入瓶中，再用竹筷把瓜逐条排列整齐，灌入新汤。容量 500g 的瓶装瓜 400g，卤汤 100mL。卤灌满后，加盖，旋紧即成。

由于加入了辣椒粉，所以产品存放至第 2 年的春天，必须及时换汤，免得辣椒粉变热，使产品变味。换汤办法及配料调制与精制操作完全相同。

(二) 俄式酸黄瓜

1. 原料配比

黄瓜 10kg，鲜茴香 500g，大蒜 240g，精盐 500g，辣根、香叶、干辣椒、胡椒粉各少量。

2. 工艺流程

原料整理→配料→泡制→成品

3. 操作要点

(1) 原料整理　挑选小而短粗的黄瓜，将鲜茴香洗净，切成6cm长的小段；将大蒜和辣根洗净。

(2) 配料泡制　将黄瓜放入一干净的缸内，再放入茴香、大蒜、辣根、干辣椒、胡椒粉、香叶，可根据个人爱好适当调配。将精盐放入3kg水中溶化，倒入缸内。将缸口封严，放置阴凉处(温度20℃左右为宜，环境温度不可过高，过高会造成烂菜)，10天后便产生香味。此时可将黄瓜捞出食用。

(三) 泡黄瓜

1. 原料配比

嫩黄瓜10kg，水10kg，食盐400g，花椒50g，糖300g，八角500g，干红辣椒500g，大蒜头500g，大葱500g。

2. 工艺流程

原料整理→泡制→成品

3. 操作要点

(1) 原料整理　将黄瓜洗净，沥干水分。

(2) 泡制　将锅加水，在火上烧开后投入各种调味料，将烧开的汁液倒入缸中冷透。再将黄瓜放入缸内，装满压实，盖好缸盖，并添足坛沿水，约1周后即可取出食用。

(四) 四川泡辣椒

1. 原料配比

尖头鲜红辣椒10kg，明矾0.4kg，凉开水6kg，粗盐2kg。

2. 工艺流程

制泡菜液→原料处理→泡制→成品

3. 操作要点

(1) 制泡菜液　将粗盐、明矾放入小缸内，加入凉开水，搅动，待粗盐、明矾溶解后，备用。

(2) 原料处理　挑选无虫害的红辣椒洗净，晾干，去梗，去蒂。用尖头竹签在红辣椒两旁戳 2 个小洞，以便于红辣椒入味。

（3）泡制 把红辣椒放入装泡菜液的缸内，用石头压实、盖紧。腌至半个月后，翻缸检查 1 次，捞去浮面白沫，捞出发霉腐烂的红辣椒，压实、盖严。腌制 3 个月以上就可食用，一般可腌制 1 年。泡辣椒的缸，平时应放在阴凉处，防止受曝晒，引起坏缸。从缸中取泡辣椒时切忌沾染油星，以防泡辣椒变质。

（五）泡红辣椒

1. 原料配比

红辣椒 10kg，精盐 3kg，花椒 1kg，大蒜 400g，八角 500g，生姜 400g。

2. 工艺流程

原料处理→加料→泡制→成品

3. 操作要点

（1）原料处理 将辣椒用水洗净，不去子；将大蒜去皮切片；将生姜去皮洗净，切片待用。

（2）加料 将精盐、花椒、八角、大蒜、生姜等与水一起煮沸，倒入盆中晾凉。

（3）泡制 取泡菜坛 1 只，将冷却后的汁液倒入坛中，加入红辣椒，泡菜水应当完全淹没菜体。封好坛口，添足坛沿水，保持坛沿水不干。约 20 天后即可取出食用。

（六）泡甜椒

1. 原料配比

甜椒 10kg，食盐 2.6kg，凉开水 3.5kg。

2. 工艺流程

原料处理→泡制→成品

3. 操作要点

将甜椒洗净，晾干，用针或竹签扎眼。将处理好的原料装入盛有盐水的泡菜坛中，盖好盖，添足坛沿水。10～15 天后即成。

(七) 红磨椒

1. 原料配比

鲜红辣椒 10kg，食盐 1.2kg，21%盐水适量。

2. 工艺流程

原料处理→腌制→磨碎→成品

3. 操作要点

(1) 原料处理　将新鲜红辣椒剪去梗，用清水洗涤。再用切菜机切成不规则的小片，或用铁铲均匀地铲成碎片。

(2) 腌制　将切碎的红辣椒放入缸或泡菜坛内，按鲜椒 50kg 加 5kg 食盐，层层撒盐腌制。每天混合翻拌倒缸 1 次，让盐粒均匀溶解。翻拌倒缸 3 次后，将腌渍的咸椒压实，用篾片卡紧缸头，加 21%澄清盐水，再用 2%食盐封缸储藏，即为盐水红片椒。

(3) 磨碎　将红片椒连椒带卤置于石磨或钢磨上均匀磨细，流出的辣椒应无子及碎片，浓厚、稠黏、细腻。

(八) 日本番茄泡菜

1. 原料配比

番茄 10kg，食用醋 700g，洋葱 2.5kg，咖喱粉 20g，白糖 700g，食盐 600g。

2. 工艺流程

原料处理→腌制→配料入坛→成品

3. 操作要点

(1) 原料处理　挑选无病虫害的青番茄，去蒂，洗净，沥干，横向把青番茄切成圆片；将洋葱洗净沥干，切成圆片。

(2) 腌制　把青番茄、洋葱分盛于干净的盆内，分别加食盐 450g、150g 拌匀，腌制 1 夜。

(3) 配料入坛　次日将腌好的青番茄、洋葱分别改刀切成长方形，然后混合装入泡菜坛内。将白糖加入食用醋内，全部溶化后加入咖喱粉，搅拌均匀，倒入泡菜坛内，盐渍 2~3h 后即可食用，但发酵7～10天后味道更好。如需长时间保存，可将菜装入玻璃瓶，沸水杀菌10min。

（九）泡番茄

1. 原料配比

番茄10kg，花椒150g，白酒60g，食盐600g。

2. 工艺流程

原料处理→泡制→成品

3. 操作要点

（1）原料处理　将鲜番茄洗净，放入冷却到60℃左右的开水内再清洗一遍，然后取出沥干，用带尖的筷子将番茄尾部戳几个孔，便于进咸味。

（2）泡制　将7kg清水煮沸，冷却至50℃左右后倒入坛里，立即将番茄、花椒、食盐、白酒放入坛内浸泡。待坛内热水冷至室温后，加盖，添足坛沿水。10天后即可食用。

（十）泡四季豆

1. 原料配比

四季豆10kg，新老混合盐水10kg，食盐600g，红糖100g，干红辣椒500g，白酒50g，香料包一个。

香料包配方：花椒10g，八角5g，滑菇35g，香草5g，豆蔻5g。

2. 工艺流程

原料处理→泡制→成品

3. 操作要点

（1）原料处理　选择鲜嫩、肉厚的四季豆，洗净，去掉两头，撕去边筋，在开水中烫透后捞起，晾干。四季豆不宜生吃，泡制前应适当延长预处理时间，以免影响食用，危及身体健康。

（2）泡制　将各料调匀装入泡菜坛内，放入四季豆及香料包，用篾片卡紧，添足坛沿水。泡7天即成。

(十一) 泡菜花

1. 原料配比

菜花 1kg，老盐水 1kg，红糖 20g，白酒 20g，干红辣椒 30g，精盐 30g，醪糟汁，香料包 1 个（花椒、大料、姜片）。

2. 工艺流程

原料整理→热烫→腌制→成品

3. 操作要点

(1) 原料整理　将菜花的老根和叶切除，用刀削去花朵表面的污点，在淡盐水中浸泡 0.5h，取出，掰成小朵，再清洗干净。

(2) 热烫　在锅内加少许水（能没过菜花即可），煮沸，放入洗净的菜花，烫熟，摊晾。

(3) 腌制　把各种调料装入坛中，放入菜花及香料包，装满压实，并将菜体全部淹没在水。用竹片卡住，盖上坛盖，添满坛沿水，泡 5 天即成。

(十二) 泡苦瓜

1. 原料配比

白皮苦瓜 10kg，醪糟汁 100g，一等老盐水 10kg，食盐 250g，红糖 100g，白酒 100g，香料包 1 个。

2. 工艺流程

原料整理→泡制→成品

3. 操作要点

选择色白、表皮较平坦、没有水渍损伤的苦瓜，洗净，对剖，去籽、去瓤。晒至稍蔫，出坯约 1 天，捞起，晾干。将各料调匀后装入坛内，放入苦瓜及香料包，用竹片卡紧，装满压实，盖上坛盖，添足坛沿水，泡约 2 天即可。

(十三) 泡香瓜

1. 原料配比

香瓜 10kg，浓度为 23°Bé 的盐水 10kg，红糖 200g，食盐

1.2kg，干红辣椒 200g，白酒 150g，香料包（花椒、八角、小茴香、桂皮各 100g）1 个。

2. 工艺流程

原料处理→加料泡制→成品

3. 操作要点

（1）原料处理　将新鲜香瓜洗净，用刀剖成两半，掏去瓜瓤、瓜子。用清水漂洗后捞出，放在室外晾晒至表面有皱褶时收回，用食盐腌渍 1 天后捞出沥干水分。

（2）加料泡制　将老盐水倒入坛内，加入各种调料，放入香瓜和香料包，装满压实，用竹片卡住原料，以料汤漫过香瓜 2cm 为宜。盖上坛盖，添足坛沿水，5 天后即可食用。

（十四）蘑菇泡菜

1. 原料配比

鲜蘑菇 20kg，包心菜、芹菜、莴笆笋、胡萝卜、青椒各 4kg，生姜、白酒和花椒各 500g，白糖适量。

2. 生产工艺

泡菜水制备
↓
原料选择→原料处理→泡渍→成品

3. 操作要点

（1）原料处理　将蘑菇、包心菜用清水洗净沥干；将芹菜去叶，切成 3cm 长的小段；其他切成 5～6cm 长的条或薄片。

（2）泡菜水　泡菜水以硬水较好（可以保脆），每 10kg 水加盐 800g，煮沸后冷却备用。为加快泡制速度，可在新配制的泡菜水中加入少量已泡制好的、品质优的老泡菜水或人工接种酵母菌。

（3）泡渍　将蘑菇及切好的蔬菜和花椒、白酒、生姜、白糖等均匀地投入洗净的泡菜坛内，倒入泡菜水，加盖后在坛顶水槽内加满清水封口，让其在密封条件下自然发酵数天即可食用。

第六节　其他类酱腌菜

一、虾油渍菜

虾油渍菜是我国传统酱腌菜之一，已有几百年历史。尤其在沿海城市，人们利用优质虾油浸渍鲜嫩的蔬菜，别有风味。

(一) 虾油小黄瓜

1. 原料配方

鲜黄瓜 100kg，食盐 25kg，虾油 80kg。

2. 工艺流程

原料初腌→加工整理→初腌→漂洗→复腌→漂洗→控卤→虾油浸渍→成品

3. 操作要点

鲜黄瓜采摘后，由菜农就地初腌，以保持质地脆嫩。食盐用量为每 100kg 鲜黄瓜 10kg 食盐，层菜层盐。食盐溶化后及时送至加工厂，用清水漂洗浮卤及杂质。沥净浮水，入缸复腌，每 100kg 初腌瓜坯用食盐 25kg、虾油 10kg、盐卤 15kg。待食盐全部溶化后，封缸储存。生产成品时，将咸坯入清水漂洗，然后捞出沥净浮水，入虾油中浸渍。瓜坯 100kg 用虾油 100kg，1 周后即为成品。

(二) 虾油芸豆

1. 原料配方

芸豆角 100kg，食盐 25kg，虾油 50kg。

2. 工艺流程

整理→热烫→冷却→换水→脱水→盐渍→控卤→虾油浸渍→成品

3. 操作要点

选用鲜嫩长 4cm 左右的芸豆角，去筋，入沸水锅中焯一下。

待水再沸腾1～2min后，捞入凉水中冷却，脱水，入缸盐渍。每天倒缸1次，1周后咸芸豆即制成。将咸坯捞出控卤，入虾油中浸渍，1周后即为成品。

二、糟渍菜

（一）醪糟渍菜

1. 原料配比

（1）盐渍阶段　腌大叶芥菜：鲜大叶芥菜100kg，食盐8kg，纯碱1.8kg，白酒3.6kg。

腌蒜白：鲜蒜白100kg，食盐8kg。

（2）糟渍阶段　大叶芥菜咸坯100kg（其中叶柄及菜叶91kg，菜薹及菜茎9kg），蒜白咸坯9kg，醪糟118kg（用73kg糯米酿造而成），辣椒粉9kg，食盐10kg，白糖9kg，苯甲酸钠0.26kg。

2. 工艺流程

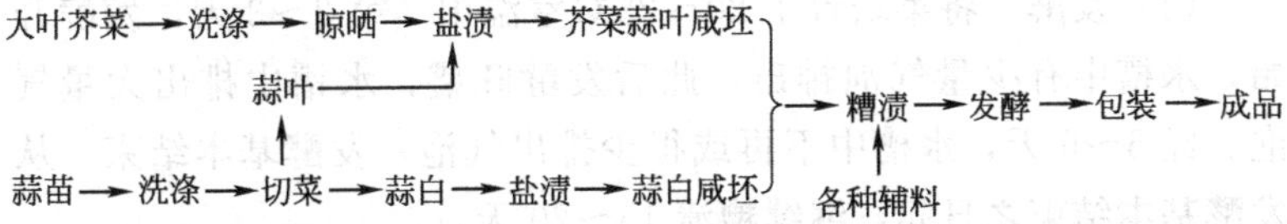

3. 操作要点

（1）蒜白咸坯制作　将蒜苗全部泥污洗净，沥去浮水，切除须根。将蒜叶和蒜白切成两部分，分别处理。蒜叶留下和大叶芥菜一起盐渍。将蒜白切成2～3cm的小段，层菜层盐，下少上多，层上压紧，至缸（池）装满。每天转缸（池）翻菜1次，连续3次，压紧封存，即蒜白咸坯。

（2）大叶芥菜咸坯制作　将大叶芥菜全部泥污洗净，沥去浮水，置于晒菜架的席上晾晒，菜层宜薄不宜厚，每天翻菜2～3次。翻菜初期，将菜薹掰成小段，每段长2～3cm，但段与段之间仍有菜薹皮连接，不要撕断（类似藕断丝连）。晾晒至叶柄和菜薹柔软，不易掰断，收得率50%时为止。将晾晒的大叶芥菜理顺，依次入缸（池）盐渍，使菜茎与菜茎的方向一致，后排的菜叶压在前排的菜茎上，排满一层菜撒上一层预留的蒜叶。层菜层盐，下少上多，层层踩紧，菜与菜和菜与缸（池）之间不准有空隙，至缸（池）装满。第 2 天，从缸（池）中抽出菜卤，晾晒后每 100kg 加入纯碱 1.8kg、白酒 3.6kg，搅匀，反复 3 次浇淋在原缸（池）的菜面上。以后每天抽卤浇淋 1 次，连续 5 次，压紧封存。经 30～40 天，即成大叶芥菜咸坯。

（3）糟渍　将菜叶撕下，切除叶鞘，再将叶柄及菜叶切成宽 0.6cm，长 2～3cm 的小段；将菜薹的表皮剥掉，使晾晒时掰断的菜薹一段段分离。削除菜茎的表皮，并切成长 2～3cm，宽 0.6cm，厚 0.2～0.3cm 的小块；将蒜叶切成长 2～3cm 的小段。将制备的叶柄、菜叶、菜薹、菜茎、蒜叶、蒜白、醪糟、辣椒粉和食盐、白糖、苯甲酸钠按配方的比例，计量配合，反复翻拌 3～4 遍，力求均匀。分 5～6 层装入洗净、空干的荷叶坛内，层层捺紧压实。坛口盖上盖碟及扣碗，水槽中注满清水。

（4）发酵　将菜坛置于 20～25℃室温中。第 2～3 天，发酵开始，水槽中有少量气泡排出，此后发酵旺盛，水槽中排出大量气泡。经 5～6 天，水槽中不再或很少排出气泡，发酵基本结束。从发酵基本结束之日起，继续糟渍 15～20 天。

（5）包装　用小荷叶坛作包装容器。将糟渍菜分 3～4 层装入小坛，层层压紧。依容器大小不同，每坛装菜 0.5～1.5kg，然后将菜卤平均灌入坛中，密封后即为成品。

（二）糟瓜

糟瓜以黄瓜或菜瓜为原料，经盐渍、糟渍制作而成的。黄瓜要求色鲜绿，8～9 条/kg，无奇形怪状，条直。菜瓜要求大小均匀，皮薄肉厚，籽少瓤小，条直。黄酒糟要求新鲜，酒味浓厚，无酸味。

1. 原料配比

（1）盐渍阶段　鲜黄瓜或菜瓜 100kg，食盐 18kg。

（2）糟渍阶段　咸瓜坯 100kg，黄酒糟 100kg，食盐 7kg，白酒（乙醇体积分数15%～20%）。

2. 工艺流程

鲜原料→洗涤→初腌→翻池→压榨→复腌→咸坯→漂洗→曝晒→摊晾→拌料→糟渍→发酵→成品

3. 操作要点

(1) 洗涤　用水洗净黄瓜或菜瓜上的泥污。用直径2.5mm的竹针在瓜蒂把处打眼2个，瓜身上每隔4～5cm扎1眼，眼不得对穿。

(2) 初腌　鲜瓜100kg，食盐9kg，按层瓜层盐，下少上多的方法腌制至缸（池）满，每隔8h转缸（池）翻菜1次，灌入原卤及未溶食盐。腌渍4天。

(3) 压榨　将初腌的瓜捞出，压榨脱水，黄瓜压榨12h，菜瓜压榨24h，至菜坯重量减少40%左右为宜。

(4) 复腌　将初腌后的瓜坯再加盐9kg，仍按层瓜层盐，下少上多的方法腌制至缸满。每天转缸（池）翻菜1次，灌入原卤及未溶食盐，3天后原缸（池）封存。

(5) 脱盐　每100kg咸瓜坯用水150kg，浸泡6～8h，直到瓜坯含盐量降至8%左右，捞出，沥去卤水。

(6) 曝晒　将脱盐的咸坯置阳光下曝晒，经常翻动，晒至手捏不出明水为宜。

(7) 糟渍

配兑：将黄酒糟、食盐、白酒、混合均匀。待食盐全部溶解，即可。

渍瓜：将曝晒后的瓜坯，置通风避阳处摊凉，再按层瓜层糟的方法腌渍在小口酒坛内，用塑料薄膜扎口后，再用黏土黄泥密封，后熟1个月后即为成品。

三、糠渍菜

（一）米糠萝卜

米糠萝卜以萝卜为原料，经盐渍、米糠渍制作而成的。米糠为紧贴在稻壳以内米粒以外的皮，质软，无土，无杂质。

1. 原料配比

(1) 盐渍阶段　鲜萝卜100kg，食盐6kg，6°Bé食盐水适量。

(2) 糠渍阶段　咸萝卜坯100kg，米糠8kg，姜黄0.04kg，细盐4kg，白砂糖4kg，糖精10kg，花椒粉0.02kg，食醋0.25kg。

2. 工艺流程

米糠、花椒粉→混合↓

萝卜→修整→洗涤→盐渍→糠渍→成品

姜黄、白砂糖、糖精、食醋、细食盐→混合→冷开水溶解↑

3. 操作要点

(1) 修整　选择细长、皮薄、脆嫩、洁白、不糠心、不黑心的象牙白种或浙大长种萝卜。削掉萝卜叶基部、尾根。

(2) 洗涤　在清水中将萝卜逐个洗净，再漂洗1次，取出，沥干。

(3) 盐渍　将食盐磨碎为可过40目筛的粉末，即细食盐。在缸底铺一层厚5mm的食盐，然后按层菜层盐、下少上多的方法腌制满缸。3天后，补加6°Bé食盐水，淹没萝卜8～10cm。7天即成咸坯。捞出沥去余卤。

(4) 糠渍　花椒粉要求褐色，油质重，麻味足，将米糠与花椒粉混合均匀，即为干辅料；将姜黄、白砂糖、糖精、细盐与食醋混合，再加少许冷开水溶解，即为湿辅料。糠渍时，在缸底铺一层萝卜，按先后次序撒上干辅料，再洒上湿辅料，要求辅料分布均匀，反复操作，至缸满，压紧至压出卤汁为度。经25～30天发酵、后熟即成品。

(二) 糠渍白菜

1. 原料配方

大白菜50kg，海带300g，米糠16kg，盐5kg，红辣椒20个。

2. 工艺流程

食盐、红辣椒、海带（先泡好切块）→混合

↓

大白菜→洗涤→切分→盐渍→糠渍→成品

3. 操作要点

（1）盐渍 选用包心大白菜，除去老帮，洗净，一切四瓣。35kg 大白菜用 2kg 食盐，按层菜层盐的顺序腌入缸内，上面压上一块石头。经 4～5h，将大白菜压下去后，再把余下的大白菜加 500g 盐腌入缸内，压上重石。2～3 天后，取出大白菜，控净水。

（2）糠渍 把米糠、余下的食盐、红辣椒、海带（先泡好切块）混合在一起，如放少量鲜酒糟，其味更佳。然后一层咸白菜一层米糠混合装入缸内（最下层米糠中可多放些盐），上面压一块重石。几天后如缸上出现白醭，淋点白酒即可除去。10 天后，将菜取出，洗去米糠，便可食用。

四、菜脯类

（一）糖冰姜

糖冰姜以块大皮薄、肉质脆嫩，香气浓郁的子姜或孙姜为原料，经浸泡、造型、压榨、糖渍制作而成。

1. 原料配方

鲜姜 120kg，绵白糖 100kg。

2. 工艺流程

鲜姜→去皮→整理→分瓣→一次浸泡→造型→二次浸泡→压榨→姜坯→晾晒→糖渍→晾晒→成品

3. 操作要点

（1）整理、一次浸泡 将子姜和孙姜掰块、洗净，搓去姜皮。用清水浸泡 32h，每 3～4h 换水 1 次。

（2）造型、二次浸泡 将浸泡过的生姜捞出，沥去浮水，用刨刀刨片，姜片呈椭圆形，厚度约 1.5mm 左右。将姜片用清水洗去姜末，再用 3 倍重量的清水浸泡 48h，每 8h 换 1 次水，泡至姜片柔韧、弯折不断为度。

（3）压榨、晾晒 起缸，沥水，装入木榨机中挤压干。以鲜姜片计，收得率40%左右。然后将姜坯放在长宽2m×1m的杉木盒或铝盒内盘晾晒至姜片微白，每盒装姜片10kg。

(4) 糖渍　共进行5次，每次用糖量占总用糖量的比例，第1次为15%；第2、第3、第4次各为20%；第5次为25%。将晾晒后的姜片与绵白糖拌和均匀，摊入盒内曝晒，待糖液溶化，渗入姜片，使之粘手时，再次拌糖曝晒，反复如此。曝晒时经常翻动，将粘连的姜片拉开。第5次拌糖后，要曝晒至干，再置于低温通风处干燥，即可装塑料袋密封储存。120kg鲜姜产成品100kg。

(二) 刀豆脯

刀豆脯选用青绿鲜嫩、无籽、肉质厚实的刀豆，经过烫漂、盐渍、糖渍制作而成。

1. 原料配比

刀豆100kg，绵白糖70kg，卤水30kg。

2. 工艺流程

卤水↓（浸渍）

刀豆→清理→烫漂→浸漂→造型→清洗→晾晒→浸渍→糖渍→装坛→曝晒→成品

绵白糖↑（糖渍）

3. 操作要点

(1) 清理　将挑选好的刀豆去掉蒂柄，清洗漂洗，除去泥沙杂质，捞出沥水。

(2) 烫漂　将清理好的刀豆置于沸水中烫漂3～4min，随即捞入凉水中冷却，再转入淘米水内浸漂5～7天。

(3) 造型　将浸渍后的刀豆横向切成条状，按要求编织成各种图案。

(4) 清洗、晾晒　将编织好的刀豆图案置清水中反复洗净淘米水，晾晒至白色。晾晒时要时时翻动，时时洒水，要求菜体洁白而不枯干。

(5) 浸渍　卤水配制：将明矾0.7kg、柠檬酸0.7kg、细盐

1.3kg、食用胭脂红素67g，溶解于100kg水中。将晒白的刀豆坯盛入缸中，按比例灌入卤水浸渍一夜，捞出沥净卤水。

(6) 糖渍　将卤水浸渍后的刀豆坯与绵白糖混合拌匀，装入缸中，每天早晚各转缸翻菜1次，糖渍3天即可。

(7) 装坛、曝晒　将糖渍后的刀豆装坛，加盖曝晒。每7天开盖检查1次，晒至糖全部融化，糖液可拉成丝为止。

(三) 糖藕片

1. 原料配方

鲜藕50kg，白砂糖25kg，白糖粉1.5kg，柠檬酸或白醋、食盐适量。

2. 工艺流程

选料→清洗→去皮→烫煮→切片→漂洗→煮制→糖渍→拌糖粉→冷却→包装→成品

3. 操作要点

(1) 选料　选用湖州、苏州9～10月间生产的优质鲜藕。剔除伤烂、孔中有泥污、严重锈斑的藕。

(2) 清洗　将鲜藕用清水刷洗干净，去除泥污。用铜刀或竹刀刮去表皮，清水冲洗干净后，立即浸入1.5%的盐水中护色，浸泡时间不超过15min。

(3) 烫煮　将鲜藕放入煮锅，注入清水，加热煮熟（能用竹筷插入）后，在流动水中冷却待用。

(4) 切片　用铜刀将藕横斜切成3～5mm的均匀薄片，并削尽残留外皮斑点。

(5) 漂洗　将藕片放入清水中漂洗，以去除藕丝和胶体。

(6) 煮制、糖渍　取白砂糖25kg，加入清水10kg，加热煮沸，倒入适量柠檬酸或白醋，然后将藕片放入，加热煮制。煮到藕片呈现淡红色时停止加热，静置糖渍。如此反复2次，最后煮至藕片呈鲜红色，糖液汁浓，滴水成珠时，捞出藕片，沥去糖液。

(7) 拌糖粉　预先将白糖粉铺在容器中，将煮好的藕片趁热放在里面，拌和均匀，使藕片全部粘满白糖粉，经冷却后即为成品。

五、菜酱类

菜酱类种类繁多，主要包括辣椒酱、番茄酱、番茄沙司、辣椒沙司等。

（一）红辣椒酱

1. 原料配方

鲜大红椒100kg，食盐15kg。

2. 工艺流程

选料→剪蒂→洗涤→切碎→盐腌→磨细→存放→成品

3. 操作要点

（1）选料　选成熟、新鲜、红色辣椒为原料。剔除腐烂、破熟的辣椒。

（2）剪蒂　用剪刀剪去红椒的蒂把。

（3）洗涤　将剪蒂后的红椒倒入清水中，洗去泥沙等污物，捞入竹箩，沥干水分。

（4）切碎　将沥干后的红椒倒入电动椒机剁碎，或用菜刀切碎。

（5）盐腌　将切碎的红椒加盐腌渍，鲜大红椒100kg加食盐15kg。先将一层辣椒放在缸内，再撒一层食盐。每天搅拌1次，连续10天使盐全部溶化即成椒酪（椒块）。

若为了长期储存，避免经常搅动，可在腌渍后的椒块缸内，先放入一个篾筒，上面盖上竹帘，压上石块。从篾筒内抽出卤汁，再将原卤灌入缸边，需要时再起缸磨细。

（6）磨细　将椒酪放进电磨或手推磨磨细，即成辣椒酱。

（7）存放　将磨细后的辣椒酱存放在阴凉处，每天或捞出销售时搅动1次，防止上层干、下层稀。取后用纱布盖好，防止污染，以保持产品清洁。

(二) 番茄酱

1. 原料配比

番茄 100kg，辣椒粉 2kg，洋葱 4kg，大蒜糊 6kg，生姜糊 4kg，桂皮 0.04kg，胡椒粉 0.04kg，豆蔻果 20 粒，白砂糖 8kg，食盐 6kg，味精 0.04kg，食醋 6kg，苯甲酸钠 0.1kg。

2. 工艺流程

洋葱糊、大蒜糊、生姜糊
辣椒粉、胡椒粉、白砂糖、食盐
番茄→洗涤→剥皮→切碎→过筛→番茄糊
桂皮、豆蔻果
食醋、味精
}→煮酱→降温→包装→成品

3. 操作要点

(1) 番茄糊制备　将番茄洗净，入锅加 10%水，加热，待番茄煮软后捞出。用不锈钢刀削去萼片及表皮。切碎，过 80 目筛去籽，即为番茄糊。

(2) 煮酱　用不锈钢汽浴夹层锅，将番茄糊、洋葱糊、大蒜糊、生姜糊、辣椒粉、胡椒粉、白砂糖、食盐及用纱布包裹的桂皮、豆蔻果粉（将豆蔻果打碎，磨成粉）按配比数量置于锅中，加热。同时，不断搅拌，待品温达到 100℃后，保持 30min。加入食醋及苯甲酸钠，继续搅拌，促进水分蒸发。品温降至 80℃以下，加入味精，搅拌均匀。即成糊状番茄酱。

(三) 豆豉生姜

1. 原料配比

鲜姜 40kg，大豆 100kg，面粉 33kg，食盐 22kg，白酒 2kg，五香粉适量。

2. 工艺流程

(1) 生姜腌制

鲜姜→挑选→浸泡→脱皮→漂腌→封缸→切块

(2) 豆豉成曲

大豆→洗净→浸泡→蒸熟→摊凉→面粉拌和→接种制曲→成曲

（3）豆豉生姜

咸姜块、豆豉成曲、食盐水、白酒、五香粉→混合拌匀→装坛封固→曝晒→取出晒干→挑拣→包装

3. 操作要点

（1）生姜腌制　采用人工分块，剔除瘟姜（瘟姜色阴）、质不脆、无姜味的生姜和嫩芽。每100kg鲜姜用40～50kg清水浸泡，人穿草鞋沿缸边踩踏，踩去姜皮。或用机器脱皮。捞出，用清水漂洗，除去泥沙和姜皮。每100kg鲜姜用20°Bé盐水60kg浸泡，3～4天后，姜卤浓度下降至12°Bé，及时补盐，恢复为20°Bé，再漂腌5天。捞入缸，盖上竹席、竹片或木棍，压上石块。灌入20～22°Bé的澄清盐水，漫过竹席，加盖面盐2%，置阴凉处储存。次年春天清明前后，更换22°Bé盐水，可继续储存，保持黄色。咸坯出品率因姜的品种不同而异，一般为65%～80%。将腌制好的姜块，切成每边0.5cm的立方体，放在缸内备用。

（2）豆豉成曲　将大豆筛选后，加水清洗浸泡，入锅蒸煮至熟（2～3h，要保证颗粒完整），煮豆水留着备用。出锅后冷却至50～55℃，拌入面粉，使其均匀，然后接入米曲霉，进曲室培养。制曲时间为3天左右，待菌丝长满，并有曲香味时出曲室晒干，除去粉末，即成淡豆豉，备用。

（3）豆豉生姜　将成曲打散，然后将切好的姜粒、淡豆豉与辅料拌和均匀装坛，倒入用煮豆水配制成的11°Bé盐水（盐水用量为成曲的40%）。进行曝晒，时间视季节、气温而定，温度高时，曝晒时间可短一些，一般曝晒40～60天。

第四章

酱腌菜加工设备

第一节　场地和容器

一、摊晒场

摊晒场用于蔬菜的堆放、整理、清洗、摊晒。地面结构以水泥地面为好，堆放蔬菜损耗少，便于摊晒，不易粘上泥污。地面也可用砖砌成，不宜用泥沙地。摊晒场的规格依据生产量和厂地实际情况而定，总的来说，宜大不宜小。

二、腌菜池

腌菜池在各地使用较普遍，筑池的材料有砖质、石质、钢筋混凝土质等几种。腌菜池每池容积不宜过大，一般在 10～40t 为好，池深不宜超过 2m，以免压力过大，可溶性物质被压出，影响出品率。有些地方的腌菜池大于 40t。腌菜池的布局需考虑行车的跨度，筑池时注意分段进行，以避免池底下沉或断裂，池的分布排列采取与车间平行的长方形排列，两排池中间留有一定走道，以便操作。如腌菜采用卤腌法，可在菜池尽头设置卤水储存地下池和管道自流回收系统。池子四周的地面，要有一定的坡度，要有良好的排水管道。

腌菜池主要用于腌渍、储存咸坯，全部采用混凝土捣制，基础部分依现场施工而定。

三、陶瓷缸

大陶瓷缸的容量虽比水泥池小，不能供大规模加工之用，但是可以搬移，对少量腌渍蔬菜操作和管理比较方便，特别适宜于自产自销的工厂。陶缸不仅便宜，而且清洁卫生，不宜被食盐腐蚀，较高档且产量不大的酱腌菜厂用陶瓷缸生产更为合适。

四、木桶

木桶宜用栗木或杉木制成，桶的形状分为直圆筒形或上口直径大、下口直径小的圆筒形。桶的容积一般比缸大，大型的可装菜2～3t，搬迁方便，不容易撞破。但使用木桶，要仔细检查有无漏水情况，如有，需加修理；木桶不能直接放在地面上，要垫高以免桶底木料腐烂。

泡菜、酱菜设备采用缸和小池子时，在其底部最好有卤水排放口，以便安装排放管道，回收卤水。半干菜历来都是采用天然室外晾晒法，不能适应大规模的生产。最好采用玻璃房晾晒，注意卫生通风，有条件的可以吹入干燥的热空气。使用玻璃房成本低，也较卫生。

第二节　加工器具

一、缸罩

套在缸口的尼龙罩，可以防止苍蝇、灰尘，保护成品卫生。

二、箴盖

圆形，较缸口小，放在缸内，用竹箴编成网状。

三、石头

在池内、缸内压各种腌渍品，保护产品的卤汁质量。

四、水具

包括水瓢、水桶等，在各个环节上随带使用的工具。

五、刀具

包括菜刀、尖刀、刨刀、剪刀，是各种不同品种的蔬菜加工时经常使用的一类工具。

六、案板

大案板设在固定的操作场所，加工切菜用。小案板是个体切菜流通搬移方便的工具。

七、搅拌、抓菜工具

齿耙：有短柄的四齿耙、二齿耙，用于搅拌花色酱渍品。

池耙：有长柄四齿耙、长柄三齿铁耙，在池内用于抓菜或铲平。

酱耙：二面有四齿的木柄长耙，是捣酱汁、捣盐卤的常用工具。

铁簸箕：主要用于起缸内、池内的产品，使用轻便。

铁锹：用于卸车，如卸蒜头、红白萝卜等，也是地面晒制腌渍品的铲具。

木棒：在装坛时使用，坛装成品必须要装实筑紧，不透空隙，能延长产品的储存期。

八、晒制用具

晒席：竹篱笆摊的晒垫，卫生又透风。

晒架：晒制腌渍品需要的凉架，包括竹竿架、木杆架、铁杆架。

九、罗筛

用于捞除在池、缸内的灰尘，保护质量。

十、针具

穿针是红白萝卜串线晒制的小型工具。

十一、搬运工具

推车：搬运原料、成品的常用运具，有二齿小推车、四齿小推车、双轮胶盘推车、三轮车、木板推车。

肩具：有扁担、铁钩、抬杠、绳子，在操作场所小、不能使用推车时，使用肩具。

十二、水管

用于清洁冲地、放池水、放缸水。常用橡胶水管，能长能短，使用方便。

十三、仪表

糖度、盐度的测定仪器是波美比重计，准确性较高。

十四、苇席

生产旺季的腌渍蔬菜，需要排陈卤水，用苇席围囷来压挤蔬菜中的水分，适应大生产使用。

十五、磅秤

凡是所需用的原料，一定要经过磅秤的计量，确保投料数量的准确性。

十六、包装用具

篾篓：使用无眼缝的篾篓，使用时不漏盐。

箩筐：可以用底部有小眼孔的箩筐，能自漏去泥沙和废卤水。

漏斗：有铁漏斗、篾漏斗，是包装成品如装萝卜干、油辣萝卜、八味菜等装坛的使用工具，保护成品不抛散。

瓷桶：装食油、红白糖等原料，易于保管。

瓷盆：是拌石膏、封坛口、包装时常用用具。

瓷碗：装香料、五香粉、辣椒粉、白酒等原料，使用方便。

第三节 输送设备

酱腌菜生产中主要利用封闭的环形输送带作为承载件和牵引件，水平或倾斜地输送蔬菜、半成品等物料。输送带也可运送成件的包、袋等物料，有网状钢丝带、塑料带等多种。

带式输送机结构简单，管理方便，工作可靠又可连续工作，无噪音。输送量及输送距离都较大，动力消耗低，被输送物料不易碎。

第四节 洗菜设备

目前各地还没有足够的设备对全部大宗产品进行清洗加工处理，仅有个别产品使用机械洗涤。如武汉在藠头（薤）清洗方面采用了震筛喷淋组合机械；广州清洗生姜采用了旋转式磨刷机；也有一些地方采用了管式旋叶喷淋洗菜机清洗鲜菜，效果较好，如斜底洗菜池和链式提升洗菜机。洗菜池面积为 $18m^2$ 左右，容积 $10m^3$ 左右，处理量 6～10t/h，整个设备还配有水循环系统、吸水和排污系统。操作时鲜菜浸于池内，用循环高压水冲洗，然后经链式提升机送至池外，再用抓斗送至腌菜池。

第五节 倒菜设备

目前各地已对这一工序做了很大的改革和改进。如济南某酱菜厂将矿山机械改革成抓斗，每次可提取蔬菜 200～250kg；上海吊车抓斗每次可抓 50～100kg，效果较好，制造也方便，配电动机 1.5kW；北京某酱菜厂将小铲车改装成荷花式抓斗，用三级油压传动工作，机型比较美观，操作灵活方便。济南某酱菜厂根据厂房跨度小（腌池车间跨度 4.2m）的具体条件，因陋就简，设计制造池子上面轨道活动龙门架行车，全机配有三个不同的传动系统，既能灵活地自动纵横走动，又能把坯料送至各处。池与池之间设有空间吊轨，活动龙门架子可以到任何一组腌菜池面上走动，它的结构、造型有利于较小的车间使用，具有结构简单，制造容易的特点。

各地使用的抓斗有荷花式和泥斗式两种，各有长处。荷花式是六合式的，力较均匀，对坯料的破损较小。泥斗式的，力较集中，对坯料的破损性略大一些，但能一机多用。对于新建腌菜车间以行车抓斗设备为好。

第六节　食盐溶解设备

盐渍菜加工过程中，常常用到食盐的溶解这一操作。食盐的溶解有冷水溶解法和热水溶解法两种，但因食盐的溶解度受温度影响甚微，为操作方便和经济起见，目前几乎全用冷水溶解法。下面介绍 4 种溶盐设备。

一、溶盐池

混凝土制成，池底必须做成足够的斜度，使每次制成的盐水均能抽吸干净。溶盐池的加盐口配以相应大小的竹筐，筐口与加盐口间不留空隙，竹筐上需加一只孔径为 100 目以上的涤纶网，以拦截盐中的泥沙及杂物。盐仓中的食盐通过供盐孔进入盐筐，开动水泵，液流通过冲淋管直接冲浇盐筐内的盐层。液流冲到处盐层会迅速溶解，进入溶盐池，池中即为调制后的食盐水。

二、流水式食盐溶解槽

流水式食盐溶解槽是目前国外大型厂使用的溶盐设备。槽由混凝土制成，槽一侧安装给水管，而槽底则设有多根给水支管，管中开孔，可使水流入槽中。以 6m/h 的流速，让水从盐层下面上涨，食盐即被溶解，制成的食盐水向上溢流，收集供用。

三、移动式食盐溶解槽

移动式食盐溶解槽是目前国外中型以下的工厂使用的溶盐设备。这种槽一般是木制的，槽的一端设有进水管，此管与槽底的水管相通，槽底水管上有许多小孔，水可自孔中流出。食盐自槽端的槽壁与隔板间投入，遇水逐步溶解成食盐水，盐水量逐步增加而溢流入槽壁与隔板间隔而成的区域，溢流液经过竹席可挡住杂质。

四、食盐连续溶解槽

食盐连续溶解槽是国外应用的一种制食盐水的设备，是连续性的，适用于大规模生产。溶解槽中央有突出棒状物，其上有许多小孔，水由底部经棒状物由小孔流出，与食盐接触而使其溶解。调制成食盐水，透过拦阻杂质的网，进入存留食盐水的外槽，从食盐水排出口排出。

第七节　脱盐、脱水设备

一、脱盐设备

脱盐一般都是手工操作，劳动强度大。根据广州地区洗豆豉设备原理而制造的浸泡脱盐机，配合脱水设备一起工作，时间可根据品种含盐量而定，一般在 10min 钟左右可处理 150kg。其工作原理是使带螺片的立轴旋转产生压力，迫使坯料随水从出料门排出罐外，经震筛把大部分水分分离，然后进到活动储料器，再送至压榨机压榨。

另外，有利用搅拌罐来脱盐的，即把菜坯放在带有搅拌的平底缸内，一边放水一边搅拌，待达到要求时，打开侧面的罐口，让菜坯落到事先准备的容器内。

二、脱水设备

脱水机械一般采用油压、丝杠压机等几种。还有的地区曾使用真空泵抽负压脱水，储料池用筛网夹层，使用时只需将水放出，然后关闭出水口，打开真空泵运行10～15min，使储料池下部造成负压，用大气的压力压挤成品，使之排出水分。但储料池固定安装，成品出池不便。下面分别介绍杠杆式木制压榨机、螺旋式压榨机、水压机、离心式甩干机。

1. 杠杆式木制压榨机

杠杆式木制压榨机的结构简单，利用硬木材制作，主要由支架、支脚、杠杆、底板、榨箱、盖板、拉杆及加压架等构成。杠杆由长5m左右的坚硬木棍制得，一端插入支架的纵孔中，形成支点；另一端与拉杆连接，在拉杆上置有铁攀，它钻有许多孔洞，可以上下移动，与杠杆固定。拉杆的底端与加压架连接，此加压架上可以加压石板（或在杠杆一端悬挂重石）。支架的近旁，安装木框榨箱。石块的重力通过枕木加之于被榨物上进行压榨。这种压榨装置，劳动强度较大，压力缓和，压榨时间长，使用比较笨重。

2. 螺旋式压榨机

螺旋式压榨机一般有两种形式：一种是由一个螺旋转动下降而产生压力，这种形式仅在小型试验上使用；另一种是由一个螺旋转动而使另一个螺旋下降进行压榨的，或者在榨箱的上部垫上枕木，利用千斤顶的升高原理而产生压力进行压榨。螺旋压榨机所占面积小，但压力较杠杆式的大。由于所产生的压力是暂时的，随着被榨物容积的缩小，压力减少，因此必须经常进行旋转，方能在短时间内得到较高的出水量。螺旋式压榨机的榨箱有木制的，也有使用钢筋水泥的。

3. 水压机

水压机多用于大规模生产。水压机的压力强，压力缓和而均匀，压榨迅速。水压机的原理是利用水的压力通过钢管传导到压榨机。一般水压机由水压泵、蓄力机及压榨机组成。蓄力机是为了充分发挥水压机效力的一种装置，即使水压泵停止运转，但因蓄力机储有压力，仍可继续进行压榨。首先借水压泵将蓄力机的重锤升高，当其下降时的重力使蓄力机的水柱受到强压而产生压力，因此水压泵停止运转，蓄力机仍可供给压榨机压力而保持压榨的进行。

4. 离心式甩干机

离心式甩干机利用离心力使水分脱除，设备可为立式或卧式。

第八节 改制菜生产设备

酱腌菜的形状繁多，许多形状都由人工或机器切成。除了部分要求较高的产品由人工切外，大部分已用机器来切制。

一、切菜机

全国各地拥有的各类切菜机有 20 多种。在这些机械中，又以切丁、丝、条、块、片的机器为大多数，这类机器大致分为一次成型和二次成型（加皮带输送）两种。一次成型离心式切菜机，功率 2kW，体积小，重量 50kg 左右，功效 1500～2000kg/h，但切制形状局限于丝、条、片状。两次成型的机器有斜刀式切菜机、剁刀式切菜机、往复拉刀加剁刀式切菜机等，该类机型可以切制不同品种，如菱形块、梅花块、蜈蚣条及丝、条、块、片等。转数 300r/min，刀具调换保养方便，适合一机多用，缺点是噪声大。

此外，各地还试制了一些其他类型的单用机械，如苤蓝头擦丝除皮机和磨茄机、大头菜开片机、滚刀加剁刀式开片机、橘形切菜机、苤蓝头去皮机，以及使用较广的圆盘式切菜机，还有新型高速小型离心式切菜机、切椒机和剁椒机。

从各地目前拥有的各类型切菜机来看，已基本能取代手工操作，切制各种形状的品种，但由于机械结构及刀具质量上的问题，机械加工产品的光亮度还不及手工，产品碎料也较多。另外，各地切菜机材质上也存在问题，普通钢材易锈蚀、易损坏，故有些地区对使用机械缺乏信心。为了进一步提高产品质量，必须进一步研究改进机械结构和刀具质量，尽可能地采用优质合金钢刀具，用不锈钢材料或尼龙、塑料等材料做机架，并进一步加强专人维修保养。

二、电磨

电动机带动的石磨或钢磨都叫电磨，电磨可分为立式电磨和卧式电磨两种。

1. 立式电磨

立式电磨的磨盘与地面垂直，机壳里有两个靠在一起的磨盘，一个磨盘固定不动，叫做固定磨盘；另一个磨盘和一个皮带轮固定在同一轴上，叫做转动磨盘。调节手轮用于调整两个磨盘的距离，保持大小适当的间隙。电动机通过皮带传动使电磨的磨盘转动，从而使被磨物从出料口均匀地漏下来。立式电磨的构造简单，造价便宜，使用方便，效率较高，出现故障也易排除，因此应用比较广泛。

2. 卧式电磨

卧式电磨的磨盘是水平放置的，机壳内有两个石磨盘，上边磨盘和一个大伞形齿轮固定在一条轴上，伞形齿轮转动时，上边的磨盘也跟着转动。伞形齿轮是由另一个小伞形齿轮来带动的，小伞形齿轮和一个大皮带轮固定在同一轴上，皮带轮是由电动机利用皮带传动直接带动。

第九节　包装设备

随着人民生活的不断提高，对酱腌菜的包装要求越来越高，各地酱腌菜生产单位相继发展了瓶装、塑料袋装等小包装。瓶装设备主要有空瓶消毒器、洗瓶机、链式蒸汽消毒装置盖机及冷却机等。

塑料袋小包装发展更快，目前国内酱腌菜大量采用复合塑料薄膜、铝箔复合膜小包装。这种包装美观，携带方便，不仅能包装半干产品，也可包装带卤产品，储存期也较长。它使用的主要设备包括自动真空包装机、自动灭菌冷却装置、灌浆机、封口机等。食品包装设备按其功能的不同分为袋装机、裹包机、热收缩包装机、真空与真空充气包装机、高压蒸煮袋包装机和充填灌装（瓶装）机械设备等。下面就与盐渍菜相关的包装机械作一介绍。

一、袋装机

将固体或流体物质装入用柔性材料制成的包装袋，然后排气或充气，封口以完成成品的包装，所用机械称为袋装机械。袋装之前先要制袋。制袋用的柔性材料如纸、蜡纸、塑料薄膜、铝箔及其复合材料等，应具有良好的保护性能，价廉质轻，容易印制、成型、封口和开启使用；制成的袋体积大小适宜，轻巧美观。由于塑料薄膜及其复合材料具有良好的热封性、印刷性、透明性和防潮透气性等待点，因此广泛应用于实际生产。

袋装机是采用热封的柔性包装材料，自动完成制袋、物料的计量和充填、排气或充气、封口及切断等多功能的包装设备。用袋装机加工成的塑料薄膜袋的形式较多，常见的有下列几种。

① 枕形袋，按接缝方式可分为纵缝搭接袋和纵缝搭接侧边折叠袋。

② 扁平袋，可分为三面封口袋和四面封口袋，盐渍菜多采用这类。

③ 自立袋，可分为尖顶角形袋、椭圆柱形袋、三角形袋和立方柱形袋。

制袋过程中，一般是先纵向封口，然后横向封口，所以在枕形袋搭接和对接封口缝的全长内，封口部分有三层或四层薄膜重叠在一起，这对封口质量有一定影响。扁平式三面封口袋的内薄膜的层数相等，封接质量较好，但袋的外形不对称，美观性较差。四面封口克服了上述两种情况的缺点，但包装材料用得较多。各种自立袋的外形美观、有立而不倒的优点，便于后续装箱工序的进行和产品的安置陈列，但对包装材料的要求较高，需采用复合包装材料。

1. 制袋式袋装机

制袋式袋装机适用于生产枕形袋、四面封口袋、四面封口扁平袋等。

2. 给袋式袋装机

给袋式袋装机在使用前，应将事先加工好的各种空袋叠放在空袋箱里，工作时，每次从空袋箱的袋层上取走一个空袋，由输送链夹持手带着空袋在各个工位停歇，完成各个包装动作。给袋式袋装机按输送链行走路线可分为立移型和回转型两种，前者输送链带着空袋作直线移动，后者作回转移动。两者的工作原理基本相同。

二、真空包装及真空充气包装机械

真空包装适用于容易氧化变质的食品。抽真空可以除去空气中的氧，防止细菌繁衍引起的食品腐败；便于密封后加热杀菌，否则空气膨胀会使包装件破裂；可以缩小膨松物品的体积，便于保存、运输，并节省费用；防止食品氧化和变质。为了保护内装物和延长保存期，还可在抽真空后再充入其他情性气体，如二氧化碳和氮气等，称为真空充气包装。

真空包装和真空充气包装使用的包装材料有阻气性强的金属铝箔和非金属（塑料薄膜、陶瓷等）的筒、罐、瓶和袋等容器。按照包装材料的不同，真空包装机可分为金属罐（含玻璃罐）真空包装机（即真空封罐机）和塑料容器真空包装机两大类。真空封罐机是将已经计量充填后的金属罐或玻璃罐送入真空腔进行抽气和封口的设备，封罐时采用机械卷边挤压密封和旋扭滴塑盖密封。塑料容器真空包装机可分为机械挤压式和腔室式等形式的真空包装机。

1. 机械挤压式真空包装机

塑料袋内装料后留一个口，然后用海绵类物品挤压塑料袋，以排除袋内空气，随即进行热封。对于要求不高的真空包装可采用这种包装方法。真空包装蒸煮食品时，当食品温度在60℃以上时，袋内充满水蒸气，而不是空气。采用此法可以得到近乎真空的包装，故此法又称热封真空包装。

2. 腔室式真空包装机

这是目前应用最为广泛的一种真空包装设备，尤其是盐渍制品的包装。根据结构形式不同，有以下几种。

（1）合式真空包装机　将人工装好物料的塑料袋放在台面上的承受盘的腔室内，关闭真空槽盖，由限位开关使继电器控制后面的真空包装备工序自动连续地进行下去。各工序所需时间可由定时器任意调节。加工包装体的封口宽度一般为 3～10mm，长度可达 700mm，生产率为 12～30 袋/min。

（2）传送带式真空包装机　这种包装机适于连续批量生产，只需人工把装好物料的塑料袋排放在输送带上，其他操作即可自动进行。腔室内有两对封口杆，故每次可封装几个塑料袋。真空室长宽尺寸为 950 mm×1010mm，高为 200～300mm。

（3）真空收缩包装机　用于需要排除空气、缩小物料体积的收缩包装。

真空泵是真空包装机的主要工作部件，其性能好坏将直接影响到真空度的高低。真空包装机中采用的真空泵主要有两种类型：一种是油浴偏心转子式真空泵，也称滑阀式真空泵；另一种是油浴旋片式真空泵。转子式真空泵一般用于排气量为 500L/min 以上的真空包装机上，而旋转片式真空泵通常用于最小排气量为 300L/min 的包装机。各类真空包装机需用真空泵的容量：小型真空包装机为 300～500L/min，中型真空包装机为 500～2500L/min，大型真空包装机为 2000～4000L/min。真空泵必须采用真空润滑油进行润滑，否则将影响真空泵的性能和使用寿命。

三、高压蒸煮袋包装设备

将装好物料（如盐渍菜、米饭、肉食品等）抽空封好口的复合薄膜袋，置于 100～120℃的高温高压蒸汽杀菌设备内处理，这种操作方法称为高压蒸煮袋包装，它可以长期储存，起到和金属罐头容器同样的作用。因为它是用软包装材料包装食品，所以又称为

"软罐"。

与金属容器相比，高压蒸煮袋包装具有以下优点：比金属罐头包装大约减少1/4的包装体积，减少生产车间的包装面积，软罐的质量轻、体积小，抗腐蚀性能好，便于携带，各类生、熟食品和熏烤制品都可以用它包装。制作高压蒸煮袋的复合薄膜要求能耐高温，以便能进行短时杀菌。

四、热收缩包装机

热收缩包装又称收缩包装或热缩包装，采用具有热收缩性的塑料薄膜作包装材料，直接包裹在食品上或覆盖在被包装容器的进料口上，当热收缩塑料薄膜包装件通过一个箱式加热室或热收缩隧道时，受到一定的温度作用，热收缩塑料薄膜会自动收缩，从而达到紧贴住被包装件的目的。热收缩膜包装迅速、工效快、成本低、操作方便、产品便于运输和销售，因此在食品加工业上应用甚广。

热收缩塑料薄膜的强度、透明度和延伸率均比一般塑料薄膜好。当它延伸时若给予适当的温度则薄膜的延伸率，在冷凝前被延伸的比例会增加到（1∶4）～（1∶7），而普通薄膜的延伸率只有1∶2。

目前应用较多的收缩薄膜有聚氯乙烯（PVC）、聚乙烯（PE）和聚丙烯（PP），还有聚偏二氯乙烯（PVDC）、聚酯（PET）、聚苯乙烯（PS）、乙烯-醋酸乙烯共聚物（EVA）等几种。

热收缩包装机一般由包装机和加热通道两部分组成，对于小件物料的包装可采用卧式袋装机，只是把包装材料换成热收缩薄膜，包装形态可以是枕形三面封口或对折三面封口，也可以是四面封口，包装后再进行加热收缩。对于尺寸在宽200～500mm，长250～1500mm的包装，可采用中型四面封口式包装机。而大型收缩膜包装机主要用于多个包装物或包装箱的集合收缩膜包装，也可以连同托盘一起包装，最大包装宽度可达2m，为整箱食品和农产品等包装。

五、固体物料充填机

固体物料的形状多种多样，通常有粒状、粉状、片状、块状和不规则的几何形状等，且具有吸附性、吸湿性和不易流动、密度变化大等特点。所以充填机多属专用设备，种类和形式也比较多。固体物料充填入袋、罐、盒和瓶等都有一个定量问题，固体物料充填机常用的定量方法有三种，即容积定量法、重量定量法和数量定量法。盐渍菜种类繁多，形状千差万别，部分自动定量装填设备还在研制和开发之中，下面就重量定量充填设备进行介绍。

重量式定量充填设备采用称重方法对物料进行计量，而后装入容器的设备。称重设备一般由供料器、秤和控制系统三个基本部分组成。常用的秤有杠杆秤、弹簧秤、液压秤和电子秤。有间歇式和连续式两种称重方式。

1. 间歇式称重充填设备

该设备可以称净重（先称重后装料），也可以称毛重（先装料后称重）。可分为以下两种。

（1）单路称重充填设备　又称一次加料称重设备，利用杠杆秤的原理，一次称重和装料，其计量精度较低，为了提高称重精度，可由单路称重改为双路称重。

（2）双路称重充填设备　又称二次加料称重设备，即由粗称和精称两部分来完成整个称重工作，粗称重量占全部重量的80%～90%，而剩下的10%～20%由精称完成。按下料方式不同，双路称重又可分为靠倾斜自重下料和靠振动下料两种下料方式。双路称重装置的下料循环一般为10s左右，其最高速度不大于30次/min。

为了提高称重速度，可采取转盘式多称计量装置，即将若干个天平秤安装在一个等速旋转的圆盘上，圆盘转速一般以5r/min为宜，这样可以成倍提高计量充填的速度。或者采用集中称重离心等分装置，即集中称重后再等分成若干份，进行充填包装。

2. 连续式称重设备

（1）电子皮带秤　计量速度快，能适应视密度变化大的物料的计量。常用的有以下3种。

① 控制闸门开启的电子皮带秤　物料在皮带输送过程中连续地流经秤盘，位于秤盘上面这段皮带上的物料因视密度变化而发生

重量变化，并将该变化通过传感器，如差动变压器转化为电量变化，并与给定值进行比较，再综合放大后驱动执行机构，如可逆电机使控制闸门升降，以调节料层厚度。在电子皮带秤物料流出端的下方设置一个等速旋转的等分格转盘。适当调节皮带速度相等分格转盘的速度，就能截取预定重量的物料进行充填。

② 控制皮带速度的电子皮带秤　当皮带上的物料重量、流量发生变化时，通过传感器、计重调节器、测速发电机和调速电机调整皮带的运动速度，从而使重量、流量恢复到应有的数值。

③ 闸门和皮带速度的电子皮带秤　可达到调整物料重量流量，并保持一个恒定值。电子皮带秤的计量速度为20～200包/min，计量范围为50～100g/包。

(2) 螺旋计量秤　可分为速度调节式和重量调节式两种型式，适用于流动性好的粉粒物料的计量。

六、贴标签机、捆扎机

1. 贴标签机

贴标签机是将印刷有包装容器内食品的品名、成分、功能、使用方法、商标图案、生产厂家等的标签贴在容器一定部位上的机器。贴标机种类很多，常按以下方法分类：按操作的自动化程度，分为半自动贴标机和自动贴标机；按容器种类，分为镀锡薄钢板圆罐贴标机和玻璃瓶罐贴标机；按容器运动方向，分为横行贴标机和竖行贴标机；按容器运动形式，分为直通式和转盘式贴标机。在调味品工业中，包装容器大多使用玻璃瓶，其贴标工艺由下列基本动作组成。

取标签：由取标机构将标签从标签盒中取出。

传标签：将标签传送给贴标部件。

盖印：把生产日期、产品批号数码印在标签上。

涂胶：在标签背面涂上黏合剂。

贴标：把标签贴附在瓶子上。

熨平：使黏附在瓶上的标签舒展平坦，使之消除缺陷，贴实。

常用的玻璃瓶贴标机有龙门式贴标机和真空转鼓式贴标机。龙门贴标机由单排移动输瓶机、黏胶贴标、辊轮抹标、储罐转盘、机体传动等部件组成。这种贴标机只能贴长度大致等于半个瓶身周长的标签，而且只能贴圆柱形瓶身的身体，标签的粘贴位置也不够准确。但这类贴标机具有结构简单的显著特点，在中小型工厂使用较多。真空转鼓式贴标机的特点是真空转鼓具有起标、贴标及进行标签盖印、涂胶工作的作用。

2. 捆扎机

捆扎机是供各种大小纸箱或包封物品，利用各种绳带将其捆扎用的机械。捆扎机发展很迅速，形式各异。最常用的为台式捆扎机，被包装捆扎物放在工作台上，即可进行捆扎作业。这种捆扎机适用性广、捆扎物最大尺寸约为600mm×400mm，捆扎速度可达2.5～3s/次。

第十节　杀菌设备

为了抑制造成食品败坏的微生物的生命活动，使密封后的食品能较长时间的保存；防止食物中毒，不因致病菌活动而影响人体健康，往往要对加工的食品进行杀菌。有的在原料加工过程中进行杀菌，罐装或袋装后的酱腌菜则在包装后进行杀菌。

食品工业中杀菌设备形式较多，有各种分类方法，根据杀菌温度不同，可分为常压杀菌设备和加压杀菌设备。常压杀菌设备的杀菌温度为100℃以下，用于pH值小于4.5时的酸性产品杀菌。利用巴氏杀菌原理设计的杀菌设备也属这一类。加压杀菌一般在密封的设备中进行，压力高于100kPa，杀菌温度在120℃左右，用于肉类等罐头的杀菌。高温瞬时杀菌设备，其杀菌温度可达135～150℃，主要用于乳液、果汁等液体食品的灭菌。根据操作方法不同，可分为间歇操作和连续操作杀菌设备。前者有立式、卧式杀菌锅和间歇式回转杀菌锅等，后者有常压连续式、水静压连续式和水封连续式杀菌设备等。根据杀菌设备所用的热源不同，可分为直接蒸汽加热杀菌设备、热水加热杀菌设备、火焰连续杀菌设备及辐射杀菌设备等。此外，根据罐藏容器的材质不同，又可分为金属罐藏食品杀菌设备、玻璃罐藏食品杀菌设备与复合薄膜包装食品（即软罐头食品）杀菌设备等。

第五章

酱腌菜生产质量控制

第一节　酱腌菜厂设计与卫生要求

酱腌菜厂址最好选在离种植区不远的城郊或农村，以保证原料新鲜；同时要求交通便利。其次，厂址所在地应有一定的供电条件，以满足生产需要。在供电距离和容量上得到供电部门的保证。水源要充足，符合饮用水要求，泉水或深井水要未受污染。厂址应建在地势高处，通风良好，光照好，排污方便，附近没有大的污染源，没有有害气体、粉尘、垃圾场、畜牧养殖场等。

一、酱腌菜厂平面设计基本原则

酱腌菜厂平面设计应遵循食品工厂总平面设计的基本原则。

1. 总平面设计必须符合工厂生产工艺的要求

① 按生产流程布置主车间、仓库等，并尽量缩短距离，避免物料往返运输。

② 全厂的货流、人流、原料、管道的运输应有各自的路线，力求合理安排，避免交叉。

③ 动力设施靠近变电所，用汽量大的工序靠近锅炉房。

2. 食品工厂总平面设计必须满足食品卫生要求

① 生产区、生活区及办公区要分开，尽量不在厂内搞饲养与屠宰场。

② 注意生产车间朝向，一般采用南北方向，保证阳光充足、通风良好。生产车间与城市公路有一定的防护区，中间最好有绿化带以阻挡尘埃。

③ 厕所要与主车间、食品原料仓库等相隔30m以上，并保持厕所卫生。

④ 厂区各建筑物布置应符合规划要求，同时合理利用地质、地形和水文等自然条件。

⑤ 工厂的缸、坛等容器，应集中堆放在地势高、宽敞的地方，且有冲洗及排水渠道。

3. 卫生设施完善

酱菜品厂与其他食品企业一样，应有相应的消毒、更衣、盥洗、采光、通风、防腐、防尘、防蝇、防鼠、污水排放及垃圾箱等设施。

（1）更衣室　更衣室应位于加工车间的入口处，备有个人用具储柜。储柜与地面、墙壁距离保持适中，严格选择水泥原料，并在槽底及槽壁涂覆一层惰性的无毒涂料。

（2）塑料容器和包装材料卫生　塑料是一种高分子化合物，是以合成树脂为主要原料，再加入适量的辅助原料制成的。目前塑料制成的包装材料、容器在食品中的应用越来越广泛，特别是塑料薄膜，作为食品的外包装，已开发出各种各样的产品。但是在使用时，必须注意卫生问题，哪些可直接接触食品，哪些不能接触，要严格掌握。

二、卫生管理与卫生制度

食品和食品企业的卫生管理工作，不仅需要食品卫生知识，且必须掌握有关方针政策及食品卫生法规，同时还必须建立健全完整的机构保证实施。食品企业必须制定必要的卫生制度，以保证卫生措施的贯彻执行。卫生制度应针对食品卫生质量有严重影响的各个生产环节和较易出现的卫生问题，例如车间和工具容器的清洗消毒制度、个人卫生制度及成品检查制度等。

1. 卫生管理制度

食品企业的卫生管理人员，应注意以下 6 项主要工作。

① 企业的建筑物、生产设备、工具容器和其他设施，状态保持良好。

② 防止食品污染，所有设备、容器必须根据需要经常清洗、消毒。

③ 地面、墙壁、水沟等完工后每日进行清洗，并规定指标和要求。

④ 保持厂区环境整洁。

⑤ 检查原料及产品有无霉变。

⑥ 严格质量检验合格制度。

2. 环境卫生制度

各种食品，从原料到成品，都要经过一定的加工、储存、运输、销售过程，才能供人食用。环境卫生，大致包括作业场所的内外卫生、工具整洁及有无害虫的滋生。

3. 个人卫生制度

由于食品从生产到销售离不开人的活动，所以讲究个人卫生对于防止食品污染和保护消费者有重要意义。因此，对食品企业从业人员，尤其是一线工人，应培养成良好的卫生习惯，工作时穿戴工作衣帽，手要清洗消毒，勤剪指甲、勤换衣服等。

4. 消毒制度

食品企业中的消毒工作是保证食品卫生质量的关键，食品企业生产车间的桌、工具、架和生产环境每班清洗，定期消毒。为保证消毒效果，消毒前先清洗除去油污，可以配合使用酸、碱清洗液等。常用的消毒方法有物理和化学方法。

物理方法包括热力消毒、紫外线消毒、微波消毒或臭氧消毒等。目前常用的为热力消毒，即利用较高的温度使蛋白质变性而致微生物死亡，但对某些包装不适合。微波杀菌是微波热效应和非热效应共同作用的结果。微波的热效应主要起快速升温杀菌作用；非热效应则使微生物体内蛋白质和生理活性物质发生变异，丧失活力或死亡，因此微波杀菌温度低于常规方法。臭氧是一种强氧化剂，灭菌过程属生物化学氧化反应。目前微波及臭氧消毒距大范围应用尚有一段距离。

化学消毒是利用化学试剂消灭微生物。漂白粉溶液（0.2%），用于地面、墙壁、桌面、工具的消毒；高锰酸钾溶液（0.1%～3%），用于手、食具、果蔬消毒；过氧乙酸溶液，用于食具、工具、热食表面的消毒。

目前，不断有新的消毒方法问世，企业选择机会更多，效果也会越来越好。

三、酱腌菜的卫生管理

酱腌菜是人们日常生活所必需的蔬菜制品，产销量大，供应面广，生产的卫生状况直接影响到产品质量的优劣，关系到广大消费者的健康。如果生产中不注意卫生，还可能引起食物中毒等，因此世界各国对各类食品工厂卫生都有明确的法令和法规。我国已制定了“食品卫生法”，对保证食品卫生、防止食品污染和有害因素对人体的危害、保障人民身体健康起到了积极的推动作用和法令保证作用。酱腌菜加工厂和其他食品厂一样，生产卫生主要包括工厂环境、建筑物、设备等的选择、设计与使用；原辅料、水质要求；生产车间、渍制工艺卫生；操作人员卫生以及废水废料的处理、消除、消毒、利用；有害昆虫的防治等。

（一）酱腌菜生产污染来源

一般食品的污染来自致病性微生物和致病性寄生虫卵、农药、工业三废（废气、废水、废渣）以及致癌物和放射性物质等。酱腌菜生产污染来源包括两个方面，微生物污染和有毒有害物质的污染。

1. 微生物污染

酱腌菜的加工过程是一个包含了微生物生命活动的过程，在这一过程中，不仅要促使有益微生物发挥作用，同时也要想尽一切办法来防止和抑制有害微生物，主要是真菌和腐败菌的作用。

酱腌菜有关微生物污染的卫生标准主要以大肠菌群和致病菌(沙门菌、志贺痢疾杆菌、变形杆菌等)为主要检测对象和控制指标。渍制品被微生物细菌污染,往往会出现细菌性食物中毒。细菌性食物中毒分为感染型和毒素型两大类。感染型中毒是食品污染和繁殖了大量的病原菌或致病菌随同食物进入人体,引起消化道的感染而发生中毒,如沙门菌和变形杆菌食物中毒。毒素型中毒则是食品中污染了某些细菌以后,在适宜的条件下产生了毒素,其毒素所引起的中毒,如肉毒杆菌毒素和金黄色葡萄球菌肠毒素中毒。这些有害微生物的主要来源为制品的原辅料、生产用水以及生产环境。

有许多传统品种酱腌菜为保持其传统风味,采用天然野生菌种进行天然发酵,而这些野生菌种没有进行有效的检测,往往会混杂着产毒的菌种。使用霉变的原料也会使酱制品受到黄曲霉素的污染。黄曲霉素的毒性剧烈,在人体中积累后能诱发肝癌。另外,在酱腌菜生产过程中,还很可能污染上能产生毒素的青霉菌。在某些渍制品中的灰绿曲霉、交链孢霉、杂色曲霉等真菌代谢产物对动物都有毒害作用,有的损害脏器,有的则可致癌。

2. 有毒有害物质的污染

有毒有害物质主要指重金属(如铅、砷、汞、镉)、农药(如有机磷、有机氯)、有害添加剂等非生物的污染。

重金属污染的来源主要是工业三废(废气、废水、废渣)超过标准规定所造成的。如果蔬菜原料受到污染,那么用其加工的酱腌菜制品也会受到污染。另外,铅的污染还可来源于陶瓷窑器,包括生产中常用的缸、坛、盆等。陶器在制作时为了美观耐用,常在其表面挂一层陶釉。陶釉在制作过程中要加入氧化铅,特别是劣质的陶器为了制作简便,常常加入过多的氧化铅,使用这种含铅量较高的陶器来储存酱菜,特别是用其制作泡菜,就会使铅在酸性环境中溶解出来,使食品受铅的污染而造成对人的危害。铅的污染还来自搪瓷容器中的珐琅釉以及水泥盐池等。

农药的污染是造成蔬菜原料不安全的重要因素。人们如果食用了含有残留农药的酱腌菜,农药在人体中积累就可危害人的神经系统及肝、肾，导致人体慢性中毒。农药的污染是我国盐渍品出口的一大障碍，特别是对欧美和日本等发达国家的出口。

塑料器具应慎重选用，有些塑料器具带有荧光物质，有些塑料本身无毒，但生产中加入的增塑剂与稳定剂常常使塑料带毒。如聚丙烯、聚氯乙烯等，尤其是聚氯乙烯除增塑剂、稳定剂有毒外，其本身由于聚合不全常有氯乙烯单体，这些有毒物质常对人体产生慢性致癌作用。

制作酱腌菜所使用的食品添加剂主要有防腐剂、色素、糖精等，如不按规定使用均会产生毒害作用。

（二）酱腌菜生产的卫生管理

酱腌菜生产管理应设卫生科室，负责监督检查环境及车间等各方面的卫生，并定期组织卫生大检查及对个人卫生（如每年度全面体检）监督。中小型酱腌菜厂可委托当地卫生防疫机构来监督执行，切不可忽视。

环境、车间和设备的卫生要求如下。

(1) 厂址的选择　酱腌菜工厂必须有独立的环境，要有足够的水源和良好的水质，并有较完整的排水系统，废物垃圾要有固定存放点，远离车间，并能及时运出。

(2) 厂房卫生设计及设施　在车间内部，地面应以水泥或其他防水材料构筑，表面平而不滑，并保留有适当的坡度，以利于排水，不允许有局部积水现象。墙壁由地面到高 2m 处采用水磨石或白瓷砖为墙围裙。窗台也要有 45°的倾斜度，有利于冲洗。天花板以浅色为原则，应有适宜的高度，要维持清洁，并时常刷洗。水管及蒸汽管应避免在工作台上空通过，以防凝结水或不洁物掉落食品中。门窗要有防蚊蝇设施（如风门、纱窗）。工作场地光线要充足，通风排风要好，有条件的工厂可建密闭空调车间。注意电灯安装位置及防护装置。车间要布局合理，防止交叉感染。

进车间工作人员洗手冲水要用脚踏板或感应洗手器，洗后用热风吹干或用干净毛巾擦干，并用酒精球消毒。厕所应为冲水式，与厂房要有适当的距离。

(3) 库房设计　库房设计时应注意大小适宜，通风排水好，应有良好的防尘防潮和完善的防虫、鼠、鸟侵入的设施。

(4) 设备卫生　设备、工具、器具的卫生要求应符合下列原则：容易拆卸及清洗；与渍制品接触的部分为不锈钢且表面要光滑，避免凹凸及缝隙，不可用铝、铜等易腐蚀或有毒性的金属；防止润滑物、污水、杂物等的污染；所有设备应易于进行卫生冲洗；设备的表面吸着力要小；生产前后都要坚持卫生清洗消毒制度。

(三) 原辅料的卫生要求

酱腌菜的原料主要是各种蔬菜，辅料主要是食盐、水和调味料。

1. 原料

严格选择蔬菜原料，不能使用不易消除污染的原料。对于适用原料，在渍制之前一定要彻底清洗干净，除净污泥、细菌和农药等污染物。有些蔬菜洗后还需要晾晒，通过晾晒可蒸发蔬菜内的水分，缩小体积，便于盐制，而且阳光中的紫外线具有杀菌作用，使盐制的咸菜不易腐烂。

2. 水

酱腌菜加工用水量极大，虽对于水的质量要求不如酿酒等严格，但也绝不可忽视其卫生质量。一般自来水、井水或清洁的江、河、湖水等，只要符合 GB 5749—2006 生活饮用水卫生标准都可以使用。自来水水质卫生可靠，其他用水则易被微生物及化学物质污染。如水中含有较高的硝酸盐、亚硝酸盐（苦井水），硝酸盐在细菌作用下能还原成亚硝酸盐，造成人体急慢性中毒，因此必须使用经卫生部门鉴定合格的水源。此外水质保持适当的硬度对渍制品保脆有一定的好处。

3. 食盐

食盐是酱腌菜生产的主要辅料，其卫生质量要求符合食盐卫生标准 GB 2721—2015。有的地区腌制用盐多用海盐，海盐易受三废污染，有的省市海盐中氟含量甚至高达30～40mg/kg（比标准高10倍以上），氟含量过高可引起氟中毒（骨骼变形）。矿盐中常含有较高的硫酸盐，用这种矿盐腌菜容易腐烂，而且味道苦涩不佳，必须将其溶解去杂后才能使用。

4. 食品添加剂

食品添加剂是指在食品生产、加工、保藏等过程中有意加入和使用的少量化学合成物或天然物质。化学合成的食品添加剂不是食品的天然成分，大多没有营养价值，个别甚至有些有微毒，但它具有防止食品腐败变质或增强食品感官性状的作用。在酱腌菜加工中最常使用的有防腐剂、甜味剂和色素等，必须严格按照GB 2760—2015掌握其用量。

（四）生产工人的卫生管理

生产工人要选用健康的人员，未上岗前均应进行体检。患有传染病的工人应及时调离生产岗位。生产工人要做到勤洗手、勤剪指甲，工作时要穿戴工作服、工作帽，并保持清洁。

酱腌菜生产的卫生管理涉及生产和经营的各个环节。因此，要搞好酱腌菜产品的卫生，防止产品污染，就要严格按照国家食品卫生法规，建立产品卫生管理制度，加强卫生检验和管理，组织好产品的生产加工和经营活动，防止不符合卫生质量的产品流入市场，以保证人民群众的身体健康。

四、酱腌菜感官评定方法

（一）样品及工具

样品由专人负责登记编号。评比工具有白瓷盘、小刀、瓷托盘、评比样品。参加评比的人员每人一份工具和样品，以便仔细鉴定。

（二）感官评比方法

1. 色泽体态

将样品放于白瓷盘中，观察其颜色是否具有该产品应有的颜色、是否有光泽及晶莹感、卤汁是否清亮，造型是否整齐、一致，有无菜屑、杂质及异物，有无霉花浮膜。

2. 香气

将定量渍菜放白瓷盘中，用鼻嗅其气味，反复数次鉴别其香气，是否具有本身菜香，是否具有酱香及酯香，有无氨、硫化氢、焦糖、焦煳气、哈喇味气及其他异味。

3. 质地滋味

取一定量样品于口中，鉴别质地脆嫩程度，咸甜是否适口，有无异味和其他不良滋味。

(三) 评分标准

鉴定后，按照标准分别评分。表 5-1 为盐渍菜评分标准参考表，表 5-2 为酱渍菜评分标准参考表。

表 5-1 盐渍菜评分标准参考表

项目	标准	扣分/分	得分/分
色泽及体态	色泽正常、新鲜、有光泽、造型美观，规格大小一致，无杂质、无异物，无霉花浮膜		30
	颜色不正，发乌、无光泽	1～6	
	菜坯形体不整齐、规格大小不一	1～6	
	有杂质或异物	1～8	
	有霉花浮膜	10	
香气	具有本产品固有的香气，以及蔬菜应有的香气，无不良气味		30
	香气差	1～5	
	气味不正	1～10	
	有不良气息或霉气	5～15	
质地及滋味	滋味鲜美，质地脆嫩，无咸苦及涩味		40
	菜质不嫩，咀嚼有渣	1～5	
	菜质不脆或脆度差	1～5	
	鲜味差	1～5	
	咸而苦	3～10	
	味不正，有其他不良异味	5～15	

表 5-2 酱渍菜评分标准参考表

项目	标准	扣分/分	得分/分
色泽及体态	具备品种应有颜色,独具红、黄、翠、乳白、苍绿、酱黄等色,或各色相同,有光泽及晶莹感,卤汁清亮,红褐色或黄褐色,不发乌		20
	颜色不正或不鲜明	1～3	
	光泽差或无光泽	1～5	
	晶莹感差或无晶莹感	1～5	
	带卤汁的酱腌菜卤汁浑浊或发乌或带酱的颜色不正、无光泽	1～7	
	咸菜坯体整齐,规格一致,无菜屑、无伤痕、无杂质、无霉花浮膜		20
	咸菜坯体不整齐	1～2	
	剖菜规格不一致	1～2	
	有菜屑、菜屑多	1～3	
	有伤痕、伤痕多	1～2	
	有杂质、杂质多	1～3	
	有霉花浮膜	8	
香气	具有浓郁酱香及酯香,具有本身菜香,无不良气味		30
	无酱香或酱香差	1～5	
	无酯香或酯香差	1～5	
	有氨及硫化氢气味	5～10	
	有焦糖气、焦煳气、哈喇气或其他不良异味	5～10	
质地及滋味	质地脆嫩或质地软嫩,味道鲜美,咸甜适口,不发酸,无异味		30
	菜质不嫩,咀嚼有渣	1～6	
	菜质不脆或脆度差	1～6	
	鲜味差或无鲜味	1～5	
	咸甜不适口,有过量糖精味	1～5	
	发酸或有不良异味	4～8	

第二节 酱腌菜质量标准

一、酱腌菜食品安全国家标准

酱腌菜食品安全国家标准（GB 2714—2015）适用于各种以新鲜蔬菜为主要原料，经腌渍或酱渍加工而成的各种蔬菜制品，包括酱渍菜、盐渍菜、酱油渍菜、糖渍菜、醋渍菜、糖醋渍菜、虾油渍菜、盐水渍菜和糟渍菜等。

（一）技术要求

1. 原料要求

蔬菜应新鲜，原料应符合相应的食品标准和有关规定。

2. 感官要求

取适量试样置于白色瓷盘中，在自然光下观察色泽和状态。闻其气味，用温开水漱口后品其滋味。要求其具有酱腌菜固有的滋味和气味，无异味、无异嗅，无霉变、无霉斑白膜，无正常视力可见的外来异物。

3. 污染物限量

污染物限量应符合 GB 2762—2012 中腌渍蔬菜的规定。砷≤0.5mg/kg，铅≤1.0mg/kg，亚硝酸盐≤20mg/kg。

4. 微生物限量

致病菌限量应符合 GB 29921—2013 中即食果蔬制品（含酱腌菜类）的规定。

发酵型腌渍菜样品的采样和处理按 GB 4789.1—2010 执行，采样方案分为二级和三级采样方案，二级采样方案设有 n、c 和 m 值，三级采样方案设有 n、c、m 和 M 值。

n 为同一批次产品应采集的样品件数；c 为最大可允许超出 m 值的样品数；m 为微生物指标可接受水平的限量值；M 为微生物

指标的最高安全限量值。

按照二级采样方案设定的指标，在 n 个样品中，允许有≤c 个样品其相应微生物指标检验值大于 m 值。按照三级采样方案设定的指标，在 n 个样品中，允许全部样品中相应微生物指标检验值小于或等于 m 值；≤c 个样品其相应微生物指标检验值在 m 值和 M 值之间；不允许有样品相应微生物指标检验值大于 M 值。酱腌菜中大肠菌群检验方法按 GB 4789.3—2010 平板计数法实施，检验结果应符合 $n=5$，$c=2$，$m=10$CFU/g，$M=1000$CFU/g。即从一批产品中采集 5 个样品，若 5 个样品的检验结果均小于或等于 m 值（≤10CFU/g），则这种情况是允许的；若≤2 个样品的结果（X）位于 m 值和 M 值之间（10CFU/g＜X≤1000CFU/g），则这种情况也是允许的；若有 3 个及以上样品的检验结果位于 m 值和 M 值之间，则这种情况是不允许的；若有任一样品的检验结果大于 M 值（＞1000CFU/g），则这种情况也是不允许的。

5. 食品添加剂

食品添加剂的使用应符合 GB 2760—2014 中腌渍蔬菜或发酵蔬菜制品的规定。

（二）检验方法

总砷、铅、亚硝酸盐按 GB/T 5009.54—2013 规定的方法检验。大肠菌群、致病菌按 GB/T 4789.3—2010 规定的方法检验。

二、酱腌菜国内贸易行业标准

酱腌菜国内贸易行业标准参照 SB/T 10439—2007。

（一）酱腌菜感官特性

酱腌菜感官特性应符合表 5-3。

（二）酱腌菜理化指标

1. 酱渍菜理化指标

水分≤85g/100g，食盐（以氯化钠计）≥3g/100g，总酸（以乳

表 5-3 酱腌菜感官特性

项目	色泽	香气	滋味	体态	质地
酱渍菜	红褐色,有光泽	具有酱香气,无不良气味	无酸味,无异味	具有各种产品应有规格,厚薄均匀,无杂质,卤汁无混浊	具有各种产品特有的脆、嫩质地
盐渍菜	具有应有色泽	具有应有香气,无不良气味	无酸味,无异味		
酱油渍菜	红褐色,有光泽	具有酱油香气,无不良气味	无酸味,无异味		
糖渍菜	乳白或金黄色,有光泽	具有应有香气,无不良气味	无酸味,无异味		
醋渍菜	金黄或红褐色,有光泽	具有应有香气,无不良气味	无异味		
糖醋渍菜	金黄或红褐色,有光泽	具有应有香气,无不良气味	无异味		
虾油渍菜	具有蔬菜的天然色泽	具有应有香气,无不良气味	无酸味,无异味		
盐水渍菜	具有应有色泽	具有应有香气,无不良气味	无异味		
糟渍菜	具有应有色泽	具有酯香气,无不良气味	无酸味,无异味		

酸计)≤2g/100g,氨基酸态氮(以氮计)≥0.1g/100g,还原糖(以葡萄糖计)≥1g/100g。

2. 盐渍菜理化指标

水分≤85g/100g,食盐(以氯化钠计)≥6g/100g。

3. 酱油渍菜理化指标

水分≤85g/100g,食盐(以氯化钠计)≥3g/100g,总酸(以乳酸计)≤2g/100g,氨基酸态氮(以氮计)≥0.1g/100g。

4. 糖渍菜理化指标

水分≤70g/100g,食盐(以氯化钠计)≤4g/100g,总酸(以乳酸计)≤2g/100g,总糖(以葡萄糖计)≥20g/100g。

5. 醋渍菜理化指标

水分≤80g/100g,食盐(以氯化钠计)≤6g/100g,总酸(以乳酸计)≤3g/100g。

6. 糖醋渍菜理化指标

水分≤70g/100g，食盐（以氯化钠计）≤6g/100g，总酸（以乳酸计）≤3g/100g，总糖（以葡萄糖计）≥10g/100g。

7. 虾油渍菜理化指标

水分≤75g/100g，食盐（以氯化钠计）≤20g/100g，总酸（以乳酸计）≤2g/100g，氨基酸态氮（以氮计）≥0.3g/100g。

8. 盐水渍菜理化指标

水分≤93g/100g，食盐（以氯化钠计）≤9g/100g，总酸（以乳酸计）≤2g/100g。

9. 糟渍菜理化指标

水分≤73g/100g，食盐（以氯化钠计）≥6g/100g，总酸（以乳酸计）≤2g/100g，氨基酸态氮（以氮计）≥0.1g/100g，还原糖（以葡萄糖计）≥10g/100g。

（三）食品添加剂

食品添加剂质量应符合相应的标准和有关规定。食品添加剂的品种和使用量应符合 GB 2760。

（四）卫生指标

卫生指标应符合 GB 2714—2015 的规定。

（五）净含量

应符合国家质量监督检验检疫总局［2005 年］75 号令的规定。

（六）生产加工过程的卫生要求

应符合 GB 14881—2013 的规定。

（七）试验方法

1. 感官检验

在自然光线条件下观察容器密封情况、外观，并将内容物倒入洁净的瓷盘，用肉眼观察其色泽及杂质，嗅其气味，尝其滋味。结果应符合表 5-3 的规定。

2. 理化指标检验

按 GB/T 5009.54—2003 规定的方法检验。

3. 卫生指标检验

按 GB/T 5009.54—2003 规定的方法检验。

参考文献

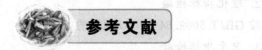

[1] 章善生．中国酱腌菜．北京：中国商业出版社，1994.

[2] 王庆国，杨风光．腌菜、泡菜、酱菜配方与制作．北京：中国农业出版社，1999.

[3] 陈功．盐渍蔬菜生产实用技术．北京：中国轻工业出版社，2001.

[4] 谭兴和．新版酱腌泡菜与脱水菜配方．北京：中国轻工业出版社，2003.

[5] 张新昌，陆柳兰．酱腌菜食品包装．北京：化学工业出版社，2005.

[6] 索良民．腌菜酱菜泡菜．郑州：河南科技出版社，2006.

[7] 刘建学．食品保藏原理．南京：东南大学出版社，2006.

[8] 孙晓雪，史德芳．酱腌菜加工技术．武汉：湖北科学技术出版社，2010.

[9] 徐清萍．酱腌菜生产技术．北京：化学工业出版社，2011.

[10] 尹立明，李旭，魏莹，等．浅谈我国酱腌菜的生产现状及发展．中国调味品，2012，37(9)：16-18.

[11] 范珺．包装材料与技术对酱腌菜酸败抑制的研究．中国调味品，2014，39(2)：81-83.